甘味农产品产地环境评价

GANWEI NONGCHANPIN
CHANDI HUANJING PINGJIA

崔增团 顿志恒 张美兰 ◎ 主编

甘肃科学技术出版社

图书在版编目(CIP)数据

甘味农产品产地环境评价 / 崔增团, 顿志恒, 张美兰主编. -- 兰州：甘肃科学技术出版社, 2023.5
ISBN 978-7-5424-3068-7

Ⅰ. ①甘… Ⅱ. ①崔… ②顿… ③张… Ⅲ. ①农产品－产地－环境质量评价－甘肃 Ⅳ. ①X821.42

中国国家版本馆CIP数据核字(2023)第077443号

甘味农产品产地环境评价
崔增团　顿志恒　张美兰　主编

责任编辑　陈学祥　于佳丽
封面设计　麦朵设计

出　版	甘肃科学技术出版社
社　址	兰州市城关区曹家巷1号　730030
电　话	0931-2131572(编辑部)　0931-8773237(发行部)

发　行　甘肃科学技术出版社		印　刷　兰州人民印刷厂	
开　本　880毫米×1230毫米　1/16　印张 12.75　插页 4　字　数 288千			
版　次　2023年8月第1版			
印　次　2023年8月第1次印刷			
印　数　1~1 000			
书　号　ISBN 978-7-5424-3068-7　　定价 198.00元			

图书若有破损、缺页可随时与本社联系:0931-8773237
本书所有内容经作者同意授权,并许可使用
未经同意,不得以任何形式复制转载

编委会

顾　　问	李旺泽	谢双红	范瑞雪		
主　　编	崔增团	顿志恒	张美兰		
副 主 编	郭世乾	贾蕊鸿	王怀涛		
参编人员	张　丽	吴世蓉	祝秀梅	王洛峰	李保军
	马　超	梅玉丽	陈　旭	张玉霞	高　飞
	郑　杰	董星晨			

主编简介

崔增团，男，1963年8月生

陕西省华阴市人

农业技术推广研究员

  崔增团，男，汉族，1963年8月生，陕西省华阴市人，大学本科学历，学士学位，中共党员。甘肃省耕地质量建设保护总站站长，推广研究员（二级）。1986年6月毕业于西北农业大学植物保护专业；1986年7月—1996年9月在甘肃省农业厅人事处工作，主任科员；1996年10月—2001年12月在甘肃省农业厅外经外事处工作，副处长；2002年1月调入甘肃省土壤肥料工作站（2004年更名为甘肃省农业节水与土壤肥料管理总站，2016年更名为甘肃省耕地质量建设管理总站，2019年更名为甘肃省耕地质量建设保护总站）任站长至今。

  享受国务院政府特殊津贴，甘肃省555创新人才，甘肃省领军人才（第一层次），中国科协九大代表，中国共产党甘肃省第十四次代表大会代表，首届陇原最美科技工作者，2020年度感动甘肃·陇人骄子，2022年第八届甘肃省道德模范。先后获得1993年农业部"全国农民技术教育先进工作者"、

2005年全国农技中心"全国农业技术推广先进工作者"、2005年中国经济体制改革研究会等"中国农村改革百名优秀人物"、2007年农业部"全国测土配方施肥工作先进个人"、2009年农业部"全国粮食生产先进工作者"、2023年人社部和农业农村部"全国农业先进工作者"等多项荣誉称号。曾担任甘肃省土壤肥料学会理事长、甘肃省肥料协会会长。

自参加工作以来,主持完成了省部级重大项目16项:其中省部级一等奖4项、二等奖3项、三等奖5项,地厅级一、二、三等奖4项;作为主编出版了《甘肃省耕地质量》等专著16部;在国内外核心期刊发表论文46篇,其中SCI 2篇;作为主要完成人制定国家行业标准、甘肃省地方标准3部;取得新型实用专利、软件著作权8项。

顿志恒，男，1969年10月生

甘肃省张家川回族自治县人

农业技术推广研究员

    顿志恒，男，1969年10月生，甘肃省张家川回族自治县人，中共党员，土壤农化专业，大学本科学历，农学学士学位，推广研究员（三级）。1992年6月毕业于甘肃农业大学，大学本科学历，农学学士学位，甘肃省领军人才（第一层次）。1992年7月至今在甘肃省耕地质量建设保护总站工作。

    先后获得甘肃省555创新人才、甘肃省第一层次领军人才、甘肃省12316"三农"服务热线优秀专家，"全省土肥先进工作者""全国测土配方施肥先进个人""全省测土配方施肥先进个人""万名农技推广骨干人才培养计划"，省直属机关工委"优秀共产党员"，省农牧厅系统"优秀共产党员"等荣誉称号。参加工作以来，主要研究方向为耕地质量提升技术推广应用，参与了第三次土壤普查工作。近年来主持完成了省部级重大项目10余项：其中获省部级一等奖1项、二等奖1项、三等奖3项，地厅级一等奖1项、三等奖1项；先后在国内外核心期刊发表专业技术论文15篇，其中SCI 1篇；作为主编出版了《甘肃省耕地质量》等专著3部。

张美兰，女，1982 年 5 月生

甘肃省康县人

农艺师

  张美兰，女，1982 年 5 月生，甘肃省康县人，中共党员，农艺师，中科院西北生态资源环境研究院在读博士研究生，生态学专业。2010 年毕业于兰州大学生命科学学院，获硕士学位；2010 年 7 月入职甘肃省耕地质量建设保护总站至今，主要从事全省耕地质量动态监测与质量等级评价工作、第三次土壤普查等工作。自参加工作以来，先后参与了甘肃省测土配方施肥补贴项目、耕地质量监测与调查评价、甘肃省现代丝路寒旱产地环境评价等研究与示范推广项目。2021 年 6 月入选"陇原人才"；获省部级一等奖 1 项；发表中文核心期刊、省级期刊 5 篇，SCI 1 篇，软件著作权 1 个，参与完成实用新型专利 1 个、团体标准 1 个。

前　言

甘肃省农产品消费进入结构转型期，市场对绿色、无公害的高质量农特产品需求日渐增加，而传统农业生产更多关注产量导致农产品质量不高，优质农产品供给不足，造成供给结构与需求结构脱节的结果；不同区域农产品同类型化、同质化现象严重，土特产品不"土"不"特"，地域品牌影响力弱化，特色产业发展效益不高；为此，甘肃省委、省政府基于对农业生产条件、发展方向和市场定位等多方考量，提出发展特色"现代丝路寒旱农业"，充分挖掘高寒干旱气候条件下农业发展的资源潜力，探索具有"现代"方向引领、"丝路"时空定位、"寒旱"内在特质的新时代农业发展路子，成为全省新时代农业发展的主要导向和行动指南。

由于甘肃地形地貌复杂，气候类型多样，具有干旱高寒、光照时间长、昼夜温差大的气候特点，其独特的地理区位和寒旱资源禀赋为发展现代丝路寒旱农业提供了优良的气候、土壤和水资源环境。为了推动具有甘肃特色的现代丝路寒旱农业持续、健康的发展，打造甘肃"甘味"农产品品牌知名度，从2020年起，在甘肃省农业农村厅特色优势农产品评价工作领导小组统一协调下，由甘肃省耕地质量建设保护总站牵头，甘肃省农业生态环境保护管理站、甘肃省农产品质量安全监督检测中心、甘肃省水利厅水质检测中心、甘肃省气象局信息中心等多个部门配合，构建了现代丝路寒旱产地环境评价大数据平台。对静宁红富士苹果、天水花牛苹果、安定区马铃薯、岷县当归、榆中高原夏菜等多个"甘味"农产品产地环境经行了科学评价，并将评价结果用于全省"甘味"农产品的生产实际当中，为发展现代丝路寒旱农业提供技术支撑。

本书编纂工作时间紧、内容多，编者掌握的资料有限，书中不足之处在所难免，欢迎读者提出宝贵意见，以期不断改进与提升。

编 者

2023 年 4 月

目　　录

第一章　绪　论	001
一、研究背景	001
二、研究意义	001
三、研究综述	001

第二章　概　况 ……………………………………………………… 004

第一节　自然环境条件 …………………………………………………… 004
　一、地理位置 …………………………………………………………… 004
　二、行政区划 …………………………………………………………… 005
　三、地形地貌 …………………………………………………………… 005
　四、生物植被 …………………………………………………………… 006
　五、气候条件 …………………………………………………………… 007
　六、水文条件 …………………………………………………………… 008

第二节　甘味农产品播种面积及产量 …………………………………… 012
　一、马铃薯的播种面积及产量 ………………………………………… 012
　二、玉米的播种面积及产量 …………………………………………… 031
　三、中药材的播种面积及产量 ………………………………………… 042
　四、甘味苹果产量 ……………………………………………………… 061

第三章　产地环境评价 ……………………………………………… 064
　一、产地环境概述 ……………………………………………………… 064
　二、国外产地环境研究现状 …………………………………………… 064
　三、国内产地环境研究现状 …………………………………………… 065
　四、产地环境评价概述 ………………………………………………… 069
　五、国外产地环境评价研究进展及现状 ……………………………… 080
　六、国内产地环境评价研究进展及现状 ……………………………… 081

第四章　甘味农产品产地环境评价 ………………………………… 087
　一、硬件准备 …………………………………………………………… 087
　二、软件准备 …………………………………………………………… 087
　三、基础与专题图件资料 ……………………………………………… 087

四、数据文本资料 …………………………………………………………… 088
　　五、数据库与评价单元建立 …………………………………………………… 094
　　六、产地环境评价模型建立 …………………………………………………… 097

第五章　甘肃省产地环境评价结果与分析 ………………………………………… 108
　　一、绿色食品产地土壤环境质量评价结果 …………………………………… 108
　　二、绿色食品产地水质环境质量评价结果 …………………………………… 109
　　三、绿色食品产地空气环境质量评价结果 …………………………………… 110
　　四、有机食品产地土壤环境质量评价结果 …………………………………… 111
　　五、有机食品产地水质环境质量评价结果 …………………………………… 111
　　六、有机食品产地空气环境质量评价结果 …………………………………… 112
　　七、无公害食品产地土壤环境质量评价结果 ………………………………… 113

第六章　甘味农产品适宜性评价 …………………………………………………… 114
　　一、安定区马铃薯适宜性评价 ………………………………………………… 114
　　二、榆中县高原夏菜适宜性评价 ……………………………………………… 121
　　三、定西市岷县当归适宜性评价 ……………………………………………… 128
　　四、静宁县红富士苹果适宜性评价 …………………………………………… 134
　　五、天水市麦积区花牛苹果适宜性评价 ……………………………………… 141
　　六、兰州百合适宜性评价 ……………………………………………………… 148
　　七、永登县玫瑰种植适宜性评价 ……………………………………………… 154
　　八、陇南油橄榄种宜性评价 …………………………………………………… 160
　　九、金塔县葡萄适宜性评价 …………………………………………………… 167
　　十、文县纹党适宜性评价 ……………………………………………………… 173
　　十一、临泽县玉米适宜性评价 ………………………………………………… 178

第七章　甘味农产品产地溯源探究 ………………………………………………… 184
　　一、甘肃省马铃薯产地环境溯源探究 ………………………………………… 184
　　二、甘肃省高原夏菜产地环境溯源探究 ……………………………………… 185
　　三、甘肃省当归产地环境溯源探究 …………………………………………… 186
　　四、甘肃省富士苹果产地环境溯源探究 ……………………………………… 187
　　五、甘肃省花牛苹果产地环境溯源探究 ……………………………………… 188

参考文献 ……………………………………………………………………………… 190

第一章 绪 论

一、研究背景

中国农产品消费进入结构转型期,市场对绿色、无公害的高质量农特产品需求日渐增加,而传统农业生产更多关注产量,这导致农产品质量不高,优质农产品供给不足,造成供给结构与需求结构出现脱节的问题;不同区域农产品同类型化、同质化现象严重,土特产品不"土"不"特",地域品牌影响力弱化,特色产业发展效益不高;为此,甘肃省委、省政府基于对农业生产条件、发展方向和市场定位等多方考量,提出发展特色"现代丝路寒旱农业"的思路,充分挖掘高寒干旱气候条件下农业发展的资源潜力,探索具有"现代"方向引领、"丝路"时空定位、"寒旱"内在特质的新时代农业发展路子,成为甘肃省新时代农业发展的主要导向和行动指南。

由于甘肃地形地貌复杂,气候类型多样,具有高寒干旱、光照时间长、昼夜温差大的气候特点,其独特的地理区位和寒旱资源禀赋为发展现代丝路寒旱农业提供了优良的气候、土壤和水资源环境。为了推动具有甘肃特色的现代丝路寒旱农业持续、健康地发展,打造甘肃农产品品牌——"甘味"知名度。从2020年起,在甘肃省农业农村厅特色优势农产品评价工作领导小组统一协调下,由甘肃省耕地质量建设保护总站牵头,肃省农业生态环境保护管理站、甘肃省农产品质量安全监督检测中心、甘肃省水利厅水质检测中心、甘肃省气象局信息中心等多个部门配合,构建了现代丝路寒旱产地环境评价大数据平台。

二、研究意义

围绕"牛、羊、果、菜、薯、药"6大产业和"6+1"战略性农业重点产业,整合甘肃省土壤、灌溉水质、空气质量、环保、气象等基础数据构建甘肃省现代丝路寒旱农业产地环境评价数据库;开发甘肃省现代丝路寒旱农业产地环境评价平台;完成产地环境评价模型构建;完成永昌等20个"6+1"产业重点县重点产业的生产基地产地环境评价;建立符合甘肃地形地貌和气候特征的农产品产地环境评价体系,及时向社会发布和宣传"甘味"农产品产地环境优势,为打造"甘味"知名品牌提供科学依据,为发展现代丝路寒旱农业提供技术支撑。

三、研究综述

(一)研究内容

1. 数据搜集整理工作

共收集了包括甘肃省土壤、灌溉水质、空气质量、环保、气象等基础数据。

(1) 耕地质量等级及土壤立地条件、养分、农田管理措施等数据。一是2005—2016年测土配方施肥数据，即2016年以前各县产地环境评价工作空间中产地环境调查点点位属性数据表中数据；二是2017—2021年耕地质量监测数据，每年8000个耕地质量调查监测、44个国家长期定位监测、轮作休耕监测数。

(2) 土壤污染详查数据。包括镉、汞、砷、铅、铬五大重金属元素的耕地土壤样点检测值。

(3)"三品一标"认定数据。包括水质pH、总汞、总镉、总砷、总铅、六价铬、氟化物、化学需氧量、石油类、粪大肠菌群等10个项目，空气细颗粒物(PM2.5)、颗粒物(PM10)、空气总悬浮颗粒物、一氧化碳、二氧化硫、二氧化氮、臭氧、氟化物等8个项目。

(4) 甘肃省24个灌区水质测试数据、36个地级市地表水监测断面数据。包括水质pH、总汞、总镉、总砷、总铅、六价铬、氟化物、化学需氧量、石油类、粪大肠菌群等10个项目。

(5) 地球化学数据。包括氧、硅、铝、铁、钙、钠、钾、镁、锶、硒等42个元素。

(6) 近20年的气象数据。包括年平均气温(℃)、年极端最高气温(℃)、年极端最低气温(℃)、年降雨量(mm)、年大于0℃积温值、年大于10℃积温值等6个项目。

2. 补充采样调查

在58个县(市、区)采集土样1312个、植株样36个、水质样40个、空气样27个。分析化验重金属，大、中、微量元素，物理性状等项目35 558项次。

补充采样调查数据主要是植株样品、水样、空气样品、部分土壤样品，补充采样检测项次主要为水样品的pH、总汞、总镉、总砷、总铅、六价铬、氟化物、化学需氧量、石油类、粪大肠菌群，空气的总悬浮颗粒物、二氧化硫、二氧化氮、氟化物等，土壤样品的重金属，大、中、微量元素，物理性状等45项指标。

3. 大数据平台建设工作

主要包括平台数据库的建设，产地环境评价模型的整理和评价功能编制等，产地环境评价工作主要包括了20个"6+1"产业重点县重点产业的生产基地产地环境评价；甘肃省红富士苹果、花牛苹果、马铃薯、当归、高原夏菜等5个特色农作物的适宜性评价体系文件编制；全省红富士苹果、花牛苹果、马铃薯、当归、高原夏菜等5个特色农作物的适宜性评价等工作。

4. 产地环境评价模型构建与特色农产品适宜性评价

建立了满足绿色食品、有机食品、无公害食品生产需求的水、土壤、空气质量评价模型，构建了甘肃省红富士苹果、花牛苹果、马铃薯、当归、高原夏菜等5个特色农作物的适宜性评价指标体系、隶属函数模型、层次分析模型，完成了上述农产品的适宜性评价。

（二）技术路线

在搜集整理田间调查采样历史数据、补充调查获取更新数据的基础上，构建甘肃省产地环境评价数据库，建立产地环境评价模型，包含水质评价模型、土壤质量评价模型、空气质量评价模型。并建立"甘味"农产品适宜性评价指标体系，邀请专家打分确定指标体系权重，在全省范围内依据"甘味"特色农产品生产习性，探索出更多适宜"甘味"农产品的区域，为保障"甘味"农产品品质打好基础，详细技术路线见图1-1。

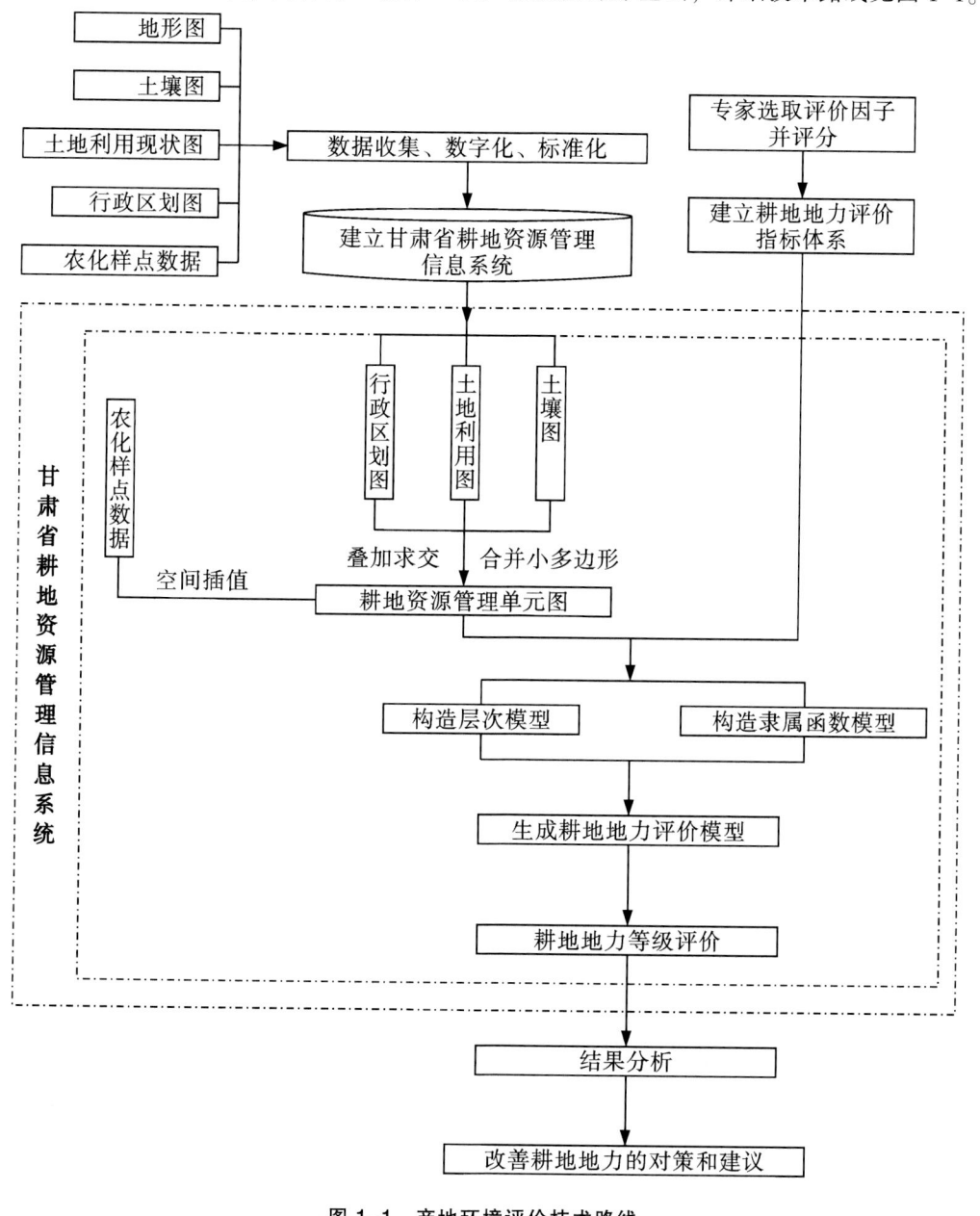

图1-1 产地环境评价技术路线

第二章 概 况

第一节 自然环境条件

甘肃省位于黄河上游，分属黄河、长江、内陆河三大流域。地域狭长，南北宽530km，东西长1655km，全省土地总面积45.44万平方千米。省内山地、高原、平川、河谷、沙漠、戈壁交错分布，以山地和高原为主。这样的地域和地貌决定了甘肃省农业生产、自然生态、生产条件的多样性。气候干燥、光能充足，独特的日照资源使农业生产地域差别较大。河西走廊干旱少雨但具有良好的水利设施和灌溉条件，是中国重要的商品粮基地、制种基地和高原夏菜基地；陇中、陇东属旱作农业区，是中国重要的马铃薯、中药材、小杂粮、羊羔肉生产基地；甘南及河西牧区是中国重要的牛羊肉生产基地和细毛羊基地；陇南地区属亚热带气候，雨量充足，植被覆盖率高、动物资源丰富，是甘肃省重要的特色农产品基地。

河西地区地势平坦，大部分系冲积、洪积平原，土地质量好，但处于内陆干旱区，水资源匮乏。陇南山地和甘南高原区降雨量充足，水资源丰富，但耕地质量较差，大部分区域不宜耕种。水浇地少、旱地多，川(塬)地少、山地多，全省水土资源分布错位，这些自然条件严重制约着甘肃省的农业生产。

耕地是土地的精华，是农业生产的最重要的资源，耕地地力的好坏影响到农业的可持续发展和粮食安全。随着经济、社会发展，耕地减少与人口增长矛盾日益突出，自然、人因素对耕地保护冲击力度持续增加，耕地面临着严峻的挑战。珍惜、合理利用土地已成为中国的基本国策。因此，加强耕地质量建设，落实耕地地力评价，实现耕地的科学化管理，是我们农业工作者目前至关重要的课题。

耕地地力，是指在当前管理水平下，由土壤本身特性、自然背景条件和基础设施水平等要素综合构成的生产能力。对耕地地力进行全面、客观评价以获得其时间、空间分布，是解析中低产田主要障碍因子、实现地力定向培育和农田精准管理的前提，对保障国家的粮食安全具有重要意义。

一、地理位置

甘肃省介于北纬32°31′~42°57′、东经92°13′~108°46′之间。处于青藏高原、黄土高原和内蒙古高原三大高原交会处，主要有黄河、长江、内陆河三大流域。省内地貌类型错综复杂，以山地和高原为主，与平川、河谷、沙漠、戈壁交错分布。甘肃省周围环山，北有六盘山、合黎山和龙首山，东为岷山、秦岭和子午岭，西接阿尔金山和祁连山,南壤青泥岭。甘肃省东接陕西省、南邻四川省、西连青海省、新疆维吾尔自治区、北靠内蒙古自治区、宁夏回族自治区并与蒙古人民共和国接壤。

二、行政区划

甘肃省辖 12 个地级市、2 个自治州,17 个市辖区、4 个县级市、58 个县、7 个自治县,详情见表 2-1。根据全国第二次土地调查数据显示,甘肃省总耕地面积 541 万公顷。2014 年甘肃省总人口为 2591 万人。其中,农业人口 2075 万人,人均耕地 0.21 hm^2。

三、地形地貌

甘肃省地处青藏高原、黄土高原和内蒙古高原三大高原交会地带,分属黄河流域、长江流域及内陆河流域,在构造上属于鄂尔多斯地台、阿拉善—北山地台、祁连山褶皱系和秦岭褶皱系。甘肃省地貌实为一个山地形高原。地势高亢、地貌类型复杂。

表 2-1 甘肃省行政区划

地、州、市名称	所辖县(区)市
兰州市	城关区、七里河区、西固区、安宁区、红古区、永登县、皋兰县、榆中县
嘉峪关市	
金昌市	金川区、永昌县
白银市	白银区、平川区、靖远县、会宁县、景泰县
天水市	秦州区、麦积区、清水县、秦安县、甘谷县、武山县、张家川回族自治县
武威市	凉州区、民勤县、古浪县、天祝藏族自治县
张掖市	甘州区、肃南裕固族自治县、民乐县、临泽县、高台县、山丹县
平凉市	崆峒区、泾川县、灵台县、崇信县、华亭县、庄浪县、静宁县
酒泉市	肃州区、玉门市、敦煌市、金塔县、瓜州县、肃北蒙古族自治县、阿克塞哈萨克族自治县
庆阳市	西峰区、庆城县、环县、华池县、合水县、正宁县、宁县、镇原县
定西市	安定区、通渭县、陇西县、渭源县、临洮县、漳县、岷县
陇南市	武都区、成县、文县、宕昌县、康县、西和县、礼县、徽县、两当县
临夏回族自治州	临夏市、临夏县、康乐县、永靖县、广河县、和政县、东乡族自治县、积石山保安族东乡族撒拉族自治县
甘南藏族自治州	合作市、临潭县、卓尼县、舟曲县、迭部县、玛曲县、碌曲县、夏河县

注:本数据来源于 2015 年甘肃省统计局

甘肃省主要的地貌类型为高山、中山、低山、丘陵、平原和黄土塬,其中面积最大的地貌类型是平原,面积为 1431 万公顷,占总土地面积的 32%,主要分布在河西地区;其次是丘陵,面积为 1300 万公顷,占总土地面积的 29%,主要分布在酒泉市北部、白银市、临夏州、定西市、天水市、庆阳市;再次是中山,面积为 1060 万公顷,占总土地面积的 23%,主要分布在甘南、陇南两市州;然后是高山,面积为 544 万公顷,占总土地面积的 12%,主要分布在酒泉市、张掖市和武威市的南部以及甘南州的南部。最后是黄土塬和低山，面积分别为111万公顷和98万公顷，黄土塬主要分布在平凉市和庆阳市，而低山主要分布在兰州市、白银市。根据甘肃的地貌概况，可将其归为6个地貌单元，陇南山地、陇东陇中黄土高原、甘南高原、祁连山地、河西走廊高平原和北山山地。见表2-2。

表2-2 甘肃省地貌类型面积分布

地貌类型名称		面积(万公顷)	占总土地面积比例(%)
低山	干燥剥蚀低山	98	2
高山	冰川冰缘作用高山	544	12
	流水侵蚀高山		
平原	冲积平原	1431	32
	干燥倾斜平原		
	洪积冲积平原		
	洪积倾斜平原		
	沙丘覆盖平原		
丘陵	干燥剥蚀丘陵	1300	29
	流水侵蚀红岩丘陵		
	流水侵蚀黄土丘陵		
黄土塬	流水侵蚀黄土塬	111	2
中山	干燥剥蚀中山	1060	23
	流水侵蚀中山		
总计		4544	100

四、生物植被

甘肃省地形狭长，具有多个气候带，森林植被类型多样。森林资源总量不足，分布不均是甘肃森林最大的特点。甘肃省林业用地面积802.72万公顷，有白龙江、洮河、祁连山脉、大夏河等地的天然森林植被。全国第六次森林调查显示，甘肃省森林覆盖率为9.9%，森林面积为229.2万公顷。

(一)常绿阔叶、落叶阔叶混交林带

分布在陇南文县、康县和武都区的南部及徽县、成县的局部地区，海拔1200 m以下的河谷和低山山麓地带，是中国亚热带常绿阔叶、落叶阔叶林带向西延伸部分。构成本带的主要树种，如常绿的树种有黑壳楠、岩栎、尖叶栎、青冈栎、铁橡树、匙叶栎、山胡椒等，落叶树种有栓皮栎、麻栎、槲栎、锐齿栎、黄檀、泡花树、枫杨、枫香、黄杨木等，该地带栽培有棕榈、油桐、乌桕、柑橘、枇杷、无花果、茶、杉木等热带经济作物和果树。

(二)落叶阔叶林带

分布在天水以南的北秦岭和徽成盆地，属暖温带气候。植被类型以夏绿落叶阔叶林和针阔叶混交林为主。树种组成以栎属的几种落叶栎类为主，如栓皮栎、锐齿栎、辽东栎、槲树、槲栎、华椴、小叶椴、青榨槭、刺楸、千金榆、油松等组成混交林。

（三）森林草原带

主要分布在黄土高原南部，临夏、康乐、渭源、秦安、平凉、庆阳一线以南，是暖温带落叶阔叶林向草原过渡的地带。森林主要分布于温湿梁峁的阴坡和石质山地、沟壑边缘或名胜古迹附近。阴坡以针叶树松为主，半阴坡以山杨为主。主要的森林类型有辽东栎林、山杨林、白桦林和油松林及白桦、华山松、云杉、山杨混生的针阔叶混交林。在干暖的阳坡、半阳坡及梁峁顶部则多草原植被，其主要组成种类有长芒草、大针茅、白草、白羊草、黄背草、野古草、虎榛子、铁杆蒿、冷蒿、沙棘、珍珠梅、狼牙刺、山桃、绣球绣线菊等。

（四）草原带

分布于森林草原带以北，兰州、靖远、环县一线以南，即甘肃黄土高原的中部地区，属温带半干旱气候。这里普遍为农田，自然植被只残留在黄土荒坡和石质山岭。主要植被有大针茅、短花针茅、针茅、长芒草、赖草、芒草、蒿属、百里香、山杨、白桦、辽东栎、青杆、云杉等。

（五）荒漠草原带

分布在景泰县的一条山以南，草原带以北的地区，是草原向荒漠过渡类型。主要植被有红砂、短花针茅、驴驴蒿、珍珠猪毛菜、盐爪爪、合头草、沙生针茅、灌木亚菊、白刺、油蒿等。

（六）荒漠带

主要分布在河西走廊及北山地带以及苏干湖盆地和哈尔腾河谷等地。植被稀疏，主要有短叶假木贼、合头草、红砂、泡泡刺、膜果麻黄、中麻黄、梭梭柴、白梭梭、白刺、沙拐枣、骆驼刺、芨芨草、芦苇、苦豆子、甘草、罗布麻等。

五、气候条件

（一）甘肃省气候状况

甘肃省可概括为5个气候区。陇南山区为暖温带湿润区，是秦岭的西延部分；陇中高原为温带半湿润区，位于甘肃中部；陇东高原为半干旱区，居于黄土高原西端，水土流失严重；甘南草原为高寒湿润区，位于甘肃省西南部，南邻四川，西界青海，以高寒草甸草原为主；河西走廊为暖温带干旱区，东起乌鞘岭，西至甘新交界处星星峡，南以祁连山、阿尔金山为界，北与内蒙古自治区相邻，绿洲、沙漠、戈壁广泛分布。

甘肃深居西北内陆，海洋温湿气流不易到达，成雨机会少，大部分地区气候干燥，属大陆性很强的温带季风气候。冬季寒冷漫长，春夏界线不分明，夏季短促、气温高，秋季降温快。全省年平均气温0.3~15.1 ℃，各地海拔不同，气温差别较大，日照充足，日温差较大。全省年降水量36.6~734.9 mm，大致从东南向西北递减，乌鞘岭以西降水明显减少，陇南山区和祁连山东段降水偏多。受季风影响，降水多集中在6—8月份，占全年降水量的50%~70%。全省无霜期各地差异较大，陇南河谷地带一般在280 d

左右，甘南高原最短，只有140 d。省内光照充足，光能资源丰富，年日照时数1700~3800 h，自东南向西北增多。河西走廊年日照时数2800~3800 h，敦煌是日照最多的地区；陇南1800~2300 h，是日照最少的地区；陇中、陇东和甘南为2100~2700 h（数据资料均来源于甘肃省气象局）。

（二）气候对农业生产的影响

温度是影响农作物生长与发育的主要因素。一般农作物在日平均温度≥10℃的情况下才能活跃生长，可把日平均温度≥10℃的持续期视为农作物的生长期。把生长期内每天的日平均温度累加得到的温度总和，叫作积温。

气温的日较差和光照对农作物的产量和质量有着重要影响。白天气温高、日照强，有利于农作物的光合作用，能产生更多的营养物质；夜间气温低，农作物的呼吸作用被削弱，减少了对能量的消耗，有利于营养物质的积累。河西地区气候干旱、多晴天、光照强，白天在强烈的太阳照射下增温很快，夜间散热也很快，使气温发生急剧的变化，夏季气温日较差非常大。

水分条件制约着农作物的生长，不同的农作物需水量不同。需水较多的农作物有水稻、甘蔗、茶叶等，需水较少的农作物有甜菜、小麦、玉米和高粱等。甘肃省的降水主要受夏季风的影响，分布上东南多、西北少。

光热、水分的组合对农业生产的影响很大。水、热条件在时间、空间上结合得越好，越有利于农业生产的发展。甘肃省河西地区，光照资源充足，具有良好的水利设施和灌溉条件，是中国重要的商品粮基地、制种基地和高原夏菜基地。

六、水文条件

甘肃省水资源主要分属黄河、长江、内陆河3个流域。内陆河流域位于河西走廊东端的乌鞘岭以西，总面积27万平方千米，从西到东分布有疏勒河、黑河、石羊河3个水系；黄河流域位于甘肃省中东部地区，总面积14.6万平方千米，有黄河干流、洮河、湟水、渭河、泾河5个水系；长江流域主要在陇南地区，总面积3.8万平方千米，除汉江水系八庙河外都属嘉陵江水系。全省年径流量大于1亿平方千米的河流90条，其中：内陆河流域20条，黄河流域36条，长江流域34条。另外，在祁连山区有部分冰川分布，省内湖泊较少。

（一）地表水资源

地表水资源指河流、湖泊、冰川等地表水体的动态水。根据2013年《甘肃省水资源公报》，内陆河流域水资源量58亿立方米，黄河流域水资源量122亿立方米，长江流域水资源量116亿立方米。

（二）地下水资源

地下水资源量指降水、地表水体补给浅层地下水含水层的动态水量，用补给量和排泄量作为定量的依据，只考虑矿化度小于2g/L的地下水作为地下水资源量。全省地下水资源量139亿立方米。内陆河流域地下水资源量48亿立方米，黄河流域地下水资源量49亿立方米，长江流域地下水资源量42亿立方米。

（三）水资源总量

水资源总量指评价区内当地降水形成的地表和地下水总量，即地表水资源量和降水入渗补给量之和。全省水资源总量303亿立方米，内陆河流域水资源总量62亿立方米，黄河流域水资源总量125亿立方米，长江流域水资源总量116亿立方米，见图2-1。

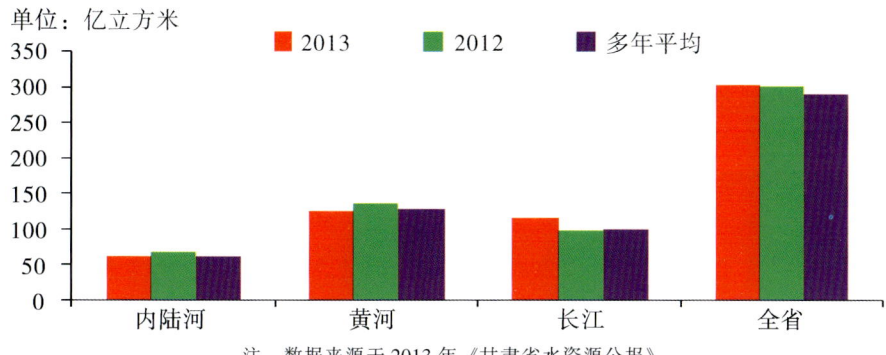

注：数据来源于2013年《甘肃省水资源公报》

图2-1　2013年与2012年及多年平均各流域分区水资源总量比较图

（四）水资源的开发利用状况

1. 供水量

全省总供水量122亿立方米，其中内陆河流域79亿立方米，黄河流域41亿立方米，长江流域2亿立方米。按供水工程类型分，蓄水工程34亿立方米，引水工程40亿立方米，提水工程15亿立方米，从黄河流域调入内陆河流域3亿立方米，地下水工程29亿立方米，其他水源供水1.6亿立方米。

2. 用水量

全省总用水量122亿立方米，其中内陆河流域79亿立方米，黄河流域41亿立方米，长江流域2亿立方米。按用水行业分，农田灌溉91亿立方米，林牧渔畜9亿立方米，工业用水13亿立方米，城镇公共用水3亿立方米，居民生活用水5亿立方米，生态环境用水2亿立方米。见图2-2。

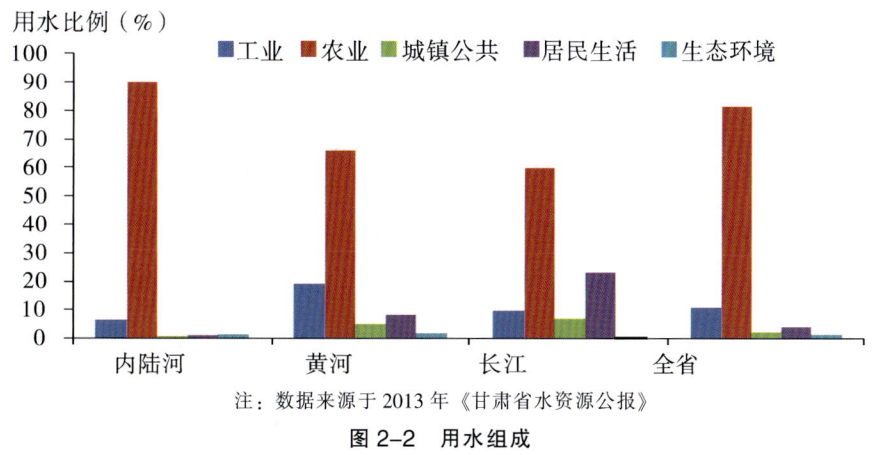

注：数据来源于2013年《甘肃省水资源公报》

图2-2　用水组成

3. 地级城市建成区供用水量

全省地级城市合计建成区面积588平方千米，人口612.39万，工业增加值625.36亿元，总供水量8.03亿立方米，其中地表水6.86亿立方米、地下水0.87亿立方米、污水回用0.30亿立方米。总用水量8.03亿立方米，其中居民生活2.45亿立方米，城市公共1.13亿立方米，工业3.86亿立方米，城市环境0.58亿立方米。

4. 耗水量

全省净耗水量80.56亿立方米，综合耗水率为65%。其中：内陆河流域51.98亿立方米，综合耗水率为69%；黄河流域26.45亿立方米，综合耗水率为59%；长江流域2.13亿立方米，综合耗水率为68%。按用水行业分，农田灌溉63.42亿立方米，耗水率为71%；林牧渔2.91亿立方米，耗水率为67%，牲畜1.42亿立方米，耗水率为100%；工业5.16亿立方米，耗水率为33%，其中火(核)电工业0.68亿立方米耗水率为40%、一般工业4.48亿立方米耗水率为32%；城镇公共1.21亿立方米，耗水率60%；居民生活4.50亿立方米，耗水率为62%；生态环境1.95亿立方米，耗水率为65%。

5. 废污水排放量

全省废污水排放总量为8.71亿吨，其中内陆河流1.73亿吨，黄河流域6.72亿吨，长江流域0.26亿吨。按排放行业分，城镇居民生活2.96亿吨，第二产业5.27亿吨，第三产业0.49亿吨。

（五）大中型水库蓄水量

全省29座大中型水库2013年末蓄水总量36亿立方米。内陆河流域：3座大型水库年末蓄水量3.7亿立方米；17座中型水库年末蓄水量3.7亿立方米。黄河流域：2座大型水库年末蓄水量27亿立方米；4座中型水库年末蓄水量0.27亿立方米。长江流域：1座大型水库年末蓄水量1.6亿立方米；2座中型水库年末蓄水量0.017亿立方米。详情见表2-3。

表2-3　2013年末大中型水库蓄水量

单位：亿立方米

水库名称	蓄水量	水库名称	蓄水量	水库名称	蓄水量	水库名称	蓄水量
党河	0.2887	双树寺	0.0508	西营河	0.0521	锦屏	0.0179
双塔	1.6990	翟寨子	0.0232	南营	0.0468	东峡	0.0340
赤金峡	0.2265	李桥	0.0425	红崖山	0.3815	崆峒	0.1978
鸳鸯池	0.8161	祁家店	0.0256	黄羊	0.1488	巴家咀	0.0705
解放村	0.1083	西大河	0.3010	大靖峡	0.0393	红河	0.0682
鹦鸽嘴	0.0193	金川峡	0.5080	刘家峡	26.900	晚家峡	0.0390
瓦房城	0.0499	皇城	0.4638	高崖	0.0479	碧口	1.6290
昌马	1.1800						

注：数据来源于2013年《甘肃省水资源公报》

（六）地表水水质状况评价

全省共选用108个水质监测断面的资料，对地表水水质状况进行评价，其中内陆河流域30个，黄河流域64个，长江流域14个。评价标准采用《地表水环境质量标准》(GB 3838—2002)，评价河长为水质监测断面实际控制河长。

1. 全省入河污水量及入河主要污染物

全省共统计工业、生活、混合类废污水排污口602个，入河污水量共计6.057亿吨，入河主要污染物中化学需氧量为11.969万吨，氨氮为1.729万吨。内陆河流域排污口30个，入河污水总量1.056亿吨，入河主要污染物中化学需氧量2.219万吨，氨氮0.544万吨；黄河流域排污口442个，入河污水总量4.836亿吨，入河主要污染物中化学需氧量9.595万吨，氨氮1.609万吨；长江流域排污口130个，入河污水总量0.216亿吨，入河主要污染物中化学需氧量0.156万吨，氨氮0.024万吨。

2. 全省河流水质状况

全年评价河长6 137.1km，其中Ⅰ~Ⅲ类水的河长3 865.1km，占评价总河长的63.0%；Ⅳ类水的河长371.6km，占评价总河长的6.1%；Ⅴ类水的河长378.7km，占评价总河长的6.2%；劣Ⅴ类水的河长1 521.7km，占评价总河长的24.7%。

3. 大中型水库水质状况

对党河水库、赤金峡水库、昌马水库、双塔堡水库、鸳鸯池水库、鹦鸽嘴水库、李桥水库、双树寺水库、瓦房城水库、金川峡水库、红崖山水库、黄羊水库、崆峒水库、刘家峡水库、八盘峡水库、盐锅峡水库、九甸峡水库、巴家咀水库、碧口水库等19座水库进行了评价。评价结果为巴家咀水库全年为Ⅴ类水，主要超标项目为COD（化学需氧量）、硫酸盐；红崖山水库全年为Ⅳ类水，主要超标项目为COD、氨氮；金川峡水库汛期为Ⅳ类水，主要超标项目为氨氮；赤金峡水库汛期为Ⅳ类水，主要超标项目为氨氮；其余15座水库均为Ⅰ~Ⅲ类水。

4. 饮用水水源地水质状况

对列入全省水源地名录的46处水源地进行评价，其中44处的水源地全年水质合格率为100%；金昌市金川峡水库水源地水质合格率为75.0%，主要超标项目为氨氮；庆阳市巴家咀水库水源地水质合格率为8.3%，主要超标项目为硫酸盐、化学需氧量。

5. 水功能区水质状况

全省共划水功能区234个，区划河长15 000.7km，本次评价水功能区96个，评价河长6 089km。内陆河流域，评价水功能区27个，评价河长1 801.4km，达标水功能区22个，达标率81.5%，达标河长1 590.9km，达标率88.3%，该区主要超标项目为氨氮、化学需氧量；黄河流域，评价水功能区58个，评价河长3 437.7km，达标水功能区31个，达标率53.4%，达标河长1 398.2km，达标率40.7%，该区主要超标项目为氨氮、化学需氧量；长江流域，评价水功能区11个，评价河长849.9km，达标水功能区9个，达标率81.8%，达标河长708.9km，达标率83.4%；该区主要超标项目为氨氮。

第二节 甘味农产品播种面积及产量

"甘味"内涵丰富:第一,"甘"代表甘肃、"甘味"表明是甘肃的农产品;第二,"甘"有甜的意思、"甘味"寓意味道甜美;第三,在中医上,甘味具有补益、和中、缓急等含义,寓意甘肃农产品具有保健养生功效;第四,甘肃昼夜温差大,农产品干物质积累多,"甘"同"干"谐音;第五,"甘味"还是纯正实在的代名词,表明甘肃农产品货真价实、味道醇厚。甘肃地形地貌复杂,气候类型多样,具有干旱高寒、光照时间长、昼夜温差大的气候特点,其独特的地理区位和寒旱资源禀赋为发展"现代丝路寒旱农业"提供了优良的气候、土壤和水资源。推动了具有甘肃特色的"现代丝路寒旱农业"持续、健康地发展。甘味农产品主要有马铃薯、中药材、苹果、高原夏菜、油橄榄、玫瑰、藜麦、百合、食用菌、葡萄等,其中,甘味品牌影响力较大、种植面积较广的优势农产品有定西马铃薯、岷县当归、临泽制种玉米和天水花牛苹果。

一、马铃薯的播种面积及产量

定西地处青藏高原、蒙新荒漠、东南季风区会合之处,属半干旱农业气候区,是全国最适宜马铃薯种植的三大区域之一,所产马铃薯薯块大、薯皮光滑、薯型整齐、干物质含量高、口感绵爽、耐运输、耐贮藏,产量和质量在全国均处于一流水平。马铃薯在整个种植生长周期内病虫害发生甚微,用药次数很少,在种植管理中多采用农家有机肥,产区种植过程化肥施用量较国内同类产品产区少1/3,产品达到了绿色食品认定的要求。安定区被命名为"中国马铃薯之乡",渭源县被命名为"中国马铃薯良种之乡"。

(一)兰州市马铃薯生产状况

从马铃薯播种面积变化来看,2011—2020年兰州市马铃薯播种面积总体呈先增加后减少又增加的趋势。2011年马铃薯播种面积为49.56万亩(1亩=666.67㎡);2016年播种面积最大,增长到56.75万亩;到2019年全市马铃薯播种面积减少至32.18万亩,较2014年减少约24.57万亩;2020年马铃薯播种面积较2019年增加了4.12万亩。见图2-3。

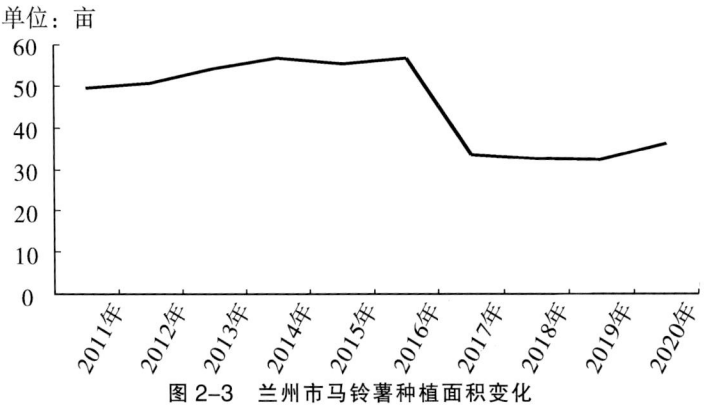

图2-3 兰州市马铃薯种植面积变化

从马铃薯总产量变化来看，2011—2020 年兰州市马铃薯总产量总体呈先增加后减少又增加的趋势。2011 年马铃薯总产量为 8.28 万吨；2014 年总产量最高，增长到 10.92 万吨；到 2019 年全市马铃薯总产量减少至 6.74 万吨，较 2014 年减少约 4.18 万吨；到 2020 年马铃薯总产量稍有回升。见图 2-4。

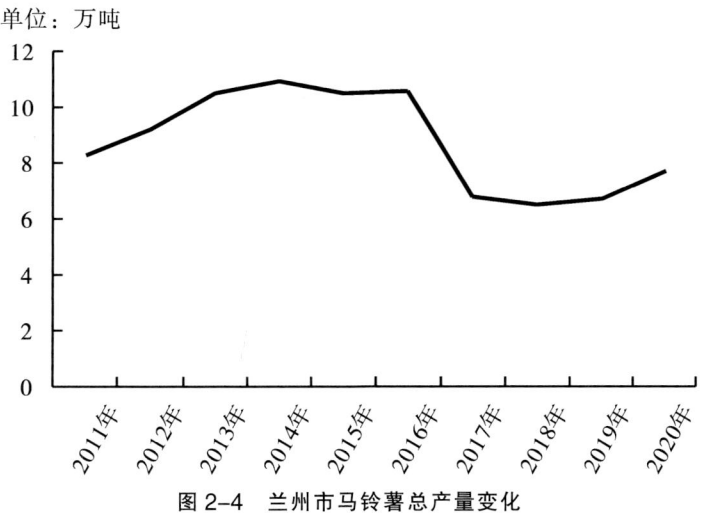

图 2-4　兰州市马铃薯总产量变化

从马铃薯单产变化来看，2011—2020 年兰州市马铃薯单产整体呈增长趋势。2011 年马铃薯单产为 167.03kg/亩；到 2020 年全市马铃薯单产增长至 212.41kg/亩，较 2011 年马铃薯单产增长了 45.38kg/亩。见图 2-5。

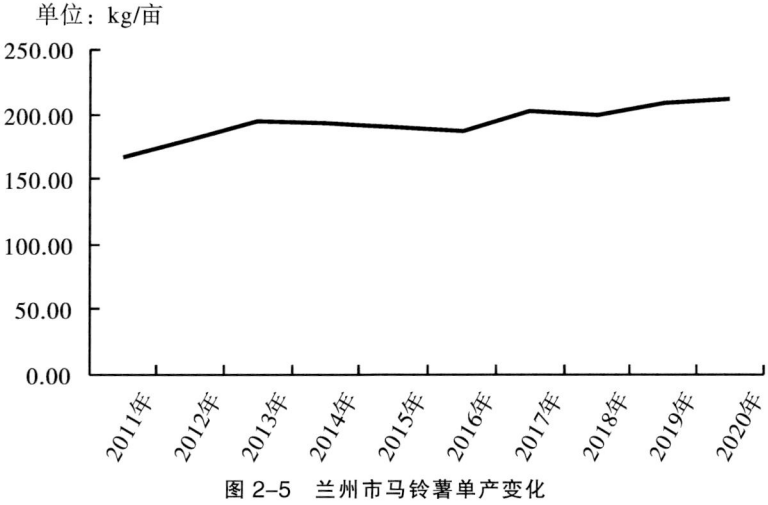

图 2-5　兰州市马铃薯单产变化

（二）嘉峪关市马铃薯生产状况

从马铃薯播种面积变化来看，2011—2020 年嘉峪关市马铃薯播种面积总体呈波动式变化的趋势。2011 年马铃薯播种面积为 0.12 万亩；2012 年减少至 0.08 万亩；2013 年又增加至 0.12 万亩；2014—2015 年马铃薯播种面积持续增加；2016 年播种面积又降至 0.12 万亩；2017 年播种面积最大，增长到 0.23 万亩；到 2018 年全市马铃薯播种面积减少至0.20万亩；2019年播种面积又增加至0.23万亩；2020年马铃薯播种面积降至0.14万亩，较2011年增加了0.02万亩。见图2-6。

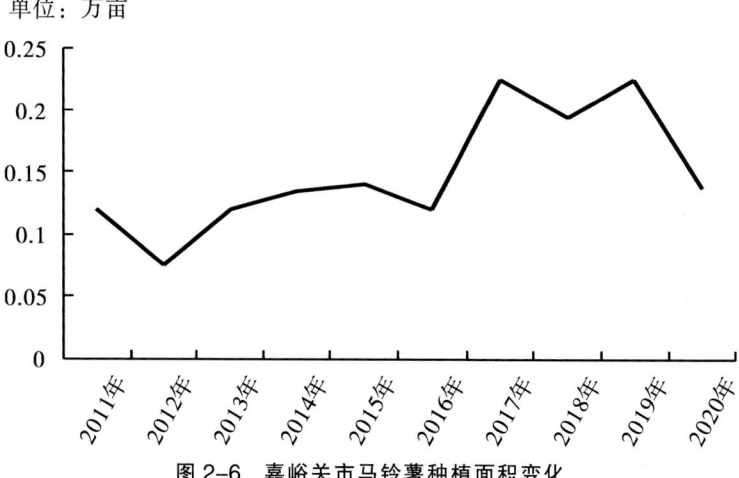

图2-6 嘉峪关市马铃薯种植面积变化

从马铃薯总产量变化来看，2011—2020年嘉峪关市马铃薯总产量总体也是呈现波动式变化的趋势。2011年马铃薯总产量为0.07万吨；2012年减少至0.05万吨；2012—2014年呈现增加的趋势；2014年总产量达到0.08万吨；2015年又降至0.06万吨；2016—2018年马铃薯总产量维持在0.10万吨；2019年总产量最高，增长到0.13万吨；到2020年全市马铃薯总产量减少至0.09万吨，较2019年减少约0.04万吨。见图2-7。

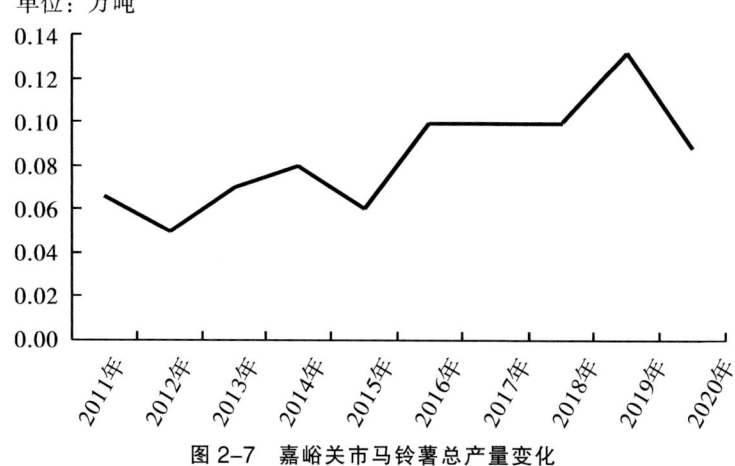

图2-7 嘉峪关市马铃薯总产量变化

从马铃薯单产变化来看，2011—2020年嘉峪关市马铃薯单产整体呈波动式变化趋势。2011年马铃薯单产为551.67kg/亩；到2012年全市马铃薯单产增长至666.67kg/亩，较2011年马铃薯单产增长了115kg/亩；2012—2015年呈减少的趋势；2015年马铃薯总产量减少至425.53kg/亩；到2016年马铃薯产量最高，达到826.67kg/亩；2017年马铃薯单产最低，低至444.44kg/亩，较2016年减少382.23kg/亩；2018—2020年又呈现增加的趋势；2020年马铃薯产量达到638.85kg/亩。见图2-8。

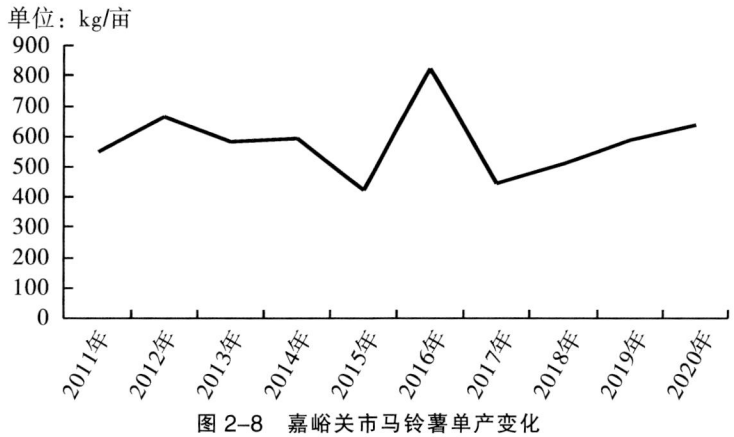

图 2-8 嘉峪关市马铃薯单产变化

(三)金昌市马铃薯生产状况

从马铃薯播种面积变化来看,2011—2020 年金昌市马铃薯播种面积总体呈先增加后减少又增加的趋势。2011 年马铃薯播种面积为 1.97 万亩;2017 年播种面积最大,增长到 10.47 万亩;到 2019 年全市马铃薯播种面积减少至 7.83 万亩,较 2017 年减少约 2.64 万亩;2020 年马铃薯播种面积达到 10.35 万亩,较 2019 年增加了 2.52 万亩。见图 2-9。

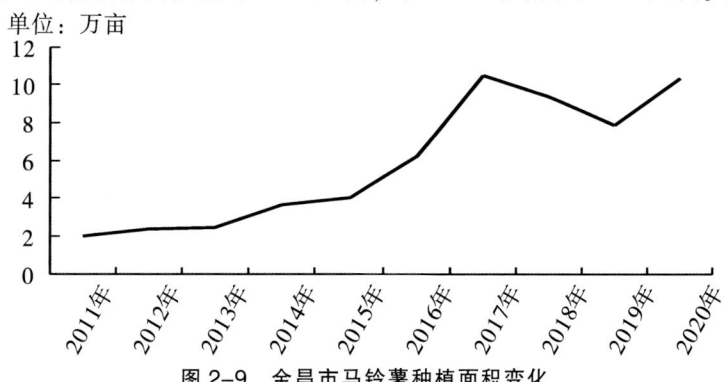

图 2-9 金昌市马铃薯种植面积变化

从马铃薯总产量变化来看,2011—2020 年金昌市马铃薯总产量总体呈先增加后减少又增加的趋势。2011 年马铃薯总产量为 1.10 万吨;2017 年总产量增长到 50.18 万吨;到 2019 年全市马铃薯总产量减少至 4.18 万吨,较 2017 年减少约 1 万吨;到 2020 年马铃薯总产量最高,达到 5.58 万吨。见图 2-10。

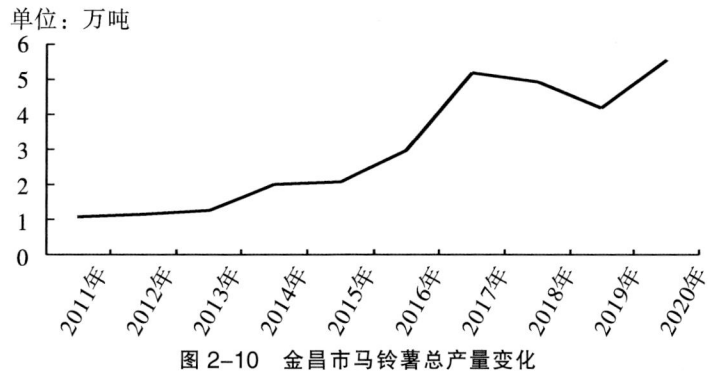

图 2-10 金昌市马铃薯总产量变化

从马铃薯单产变化来看，2011—2020年金昌市马铃薯单产整体呈先减少后增加又减少后增加的趋势。2011年马铃薯单产为562.29kg/亩；2012年单产降低至490.79kg/亩；到2014年增长到546.75kg/亩；2016年又降至478.57kg/亩；到2020年全市马铃薯单产增长至538.76kg/亩，较2011马铃薯单产减少了23.53kg/亩。见图2-11。

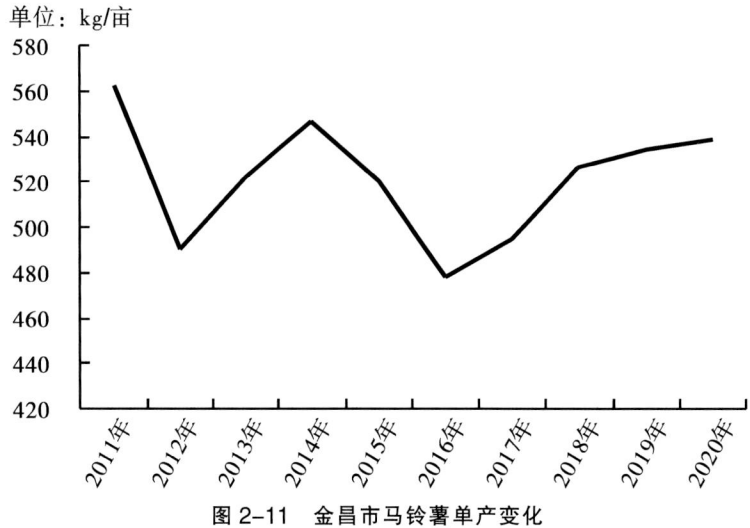

图2-11 金昌市马铃薯单产变化

（四）白银市马铃薯生产状况

从马铃薯播种面积变化来看，2011—2020年白银市马铃薯播种面积总体呈先增加后减少又增加的趋势。2011年马铃薯播种面积为102.74万亩；2013年播种面积最大，增长到104.43万亩；到2018年全市马铃薯播种面积减少至97.28万亩，较2013年减少约7.15万亩；2020年马铃薯播种面积达到104.21万亩，较2018年增加了6.93万亩。见图2-12。

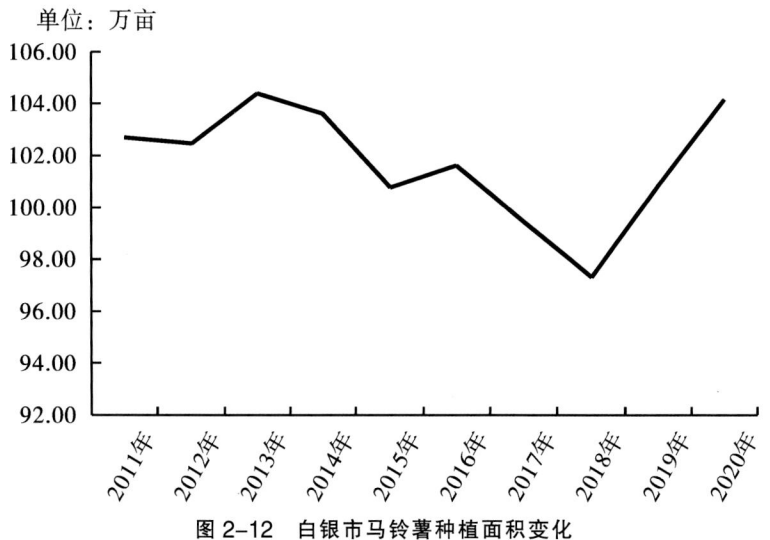

图2-12 白银市马铃薯种植面积变化

从马铃薯总产量变化来看，2011—2020年白银市马铃薯总产量总体呈先减少后增加的趋势。2011年马铃薯总产量为16.38万吨；2016年总产量减少到14.70万吨；到2020年全市马铃薯总产量最高，达到22.57万吨，较2016年增加7.87万吨。见图2-13。

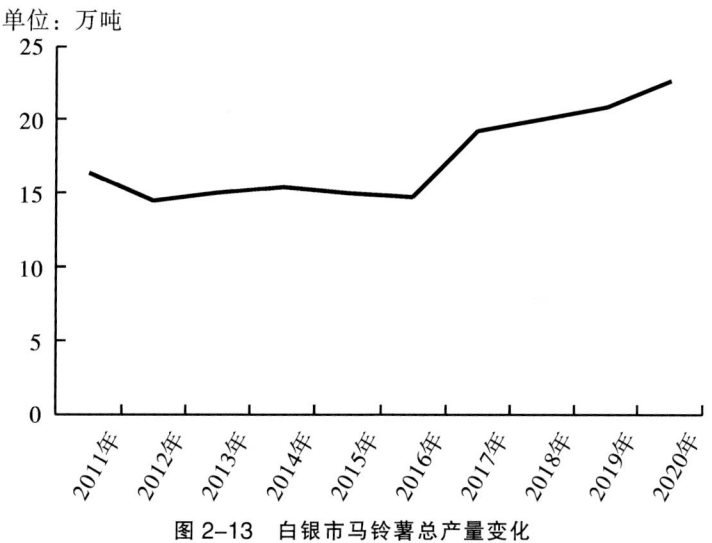

图2-13 白银市马铃薯总产量变化

从马铃薯单产变化来看，2011—2020年白银市马铃薯单产整体呈先减少后增加的趋势。2011年马铃薯单产为159.44 kg/亩；2012年单产降低至141.82 kg/亩；到2020年马铃薯单产最高，达到216.56 kg/亩；较2011年马铃薯单产增加了57.12 kg/亩。见图2-14。

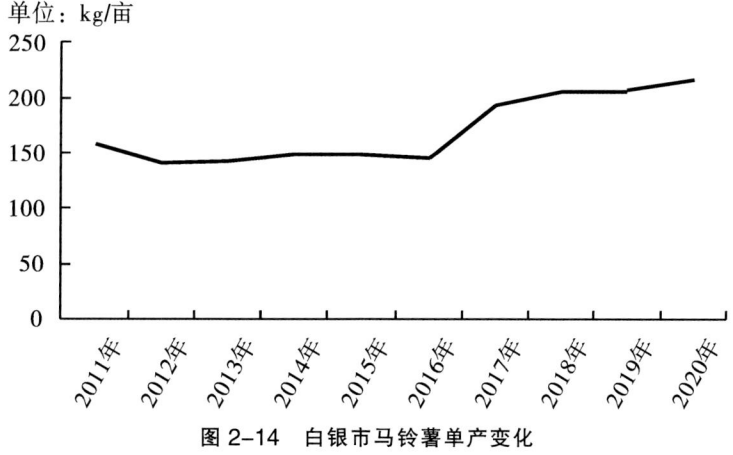

图2-14 白银市马铃薯单产变化

（五）天水市马铃薯生产状况

从马铃薯播种面积变化来看，2011—2020年天水市马铃薯播种面积呈先减少后增加的趋势。2011年马铃薯播种面积为104.33万亩；2015年播种面积最小，减少到99.77万亩；2015—2020年天水市马铃薯播种面积呈增加趋势；到2020年全市马铃薯播种面积增加至120.40万亩，较2015年增加约20.65万亩，2020年马铃薯播种面积较2011年增加了16.07万亩。见图2-15。

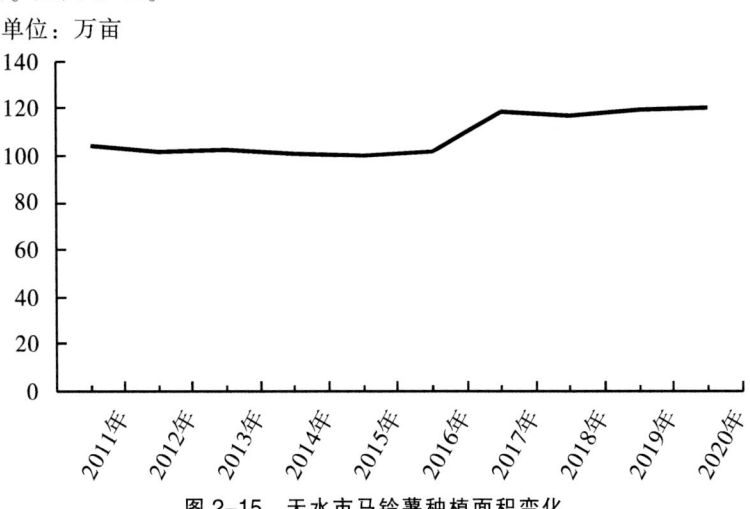

图2-15 天水市马铃薯种植面积变化

从马铃薯总产量变化来看，2011—2020年天水市马铃薯总产量总体呈波动式变化的趋势。2011年马铃薯总产量为25.65万吨；2012年马铃薯总产量降至22.51万吨，较2011年减少了3.14万吨；2012—2015年天水市马铃薯总产量呈现增加的趋势；到2015年马铃薯总产量达到25.08万吨；2016年马铃薯总产量较2015年又有所下降，马铃薯总产量为19.28万吨；2017—2020年天水市马铃薯总产量先减少后增加；2020年总产量达到最大，为26.74万吨，较2011年增加1.09万吨。见图2-16。

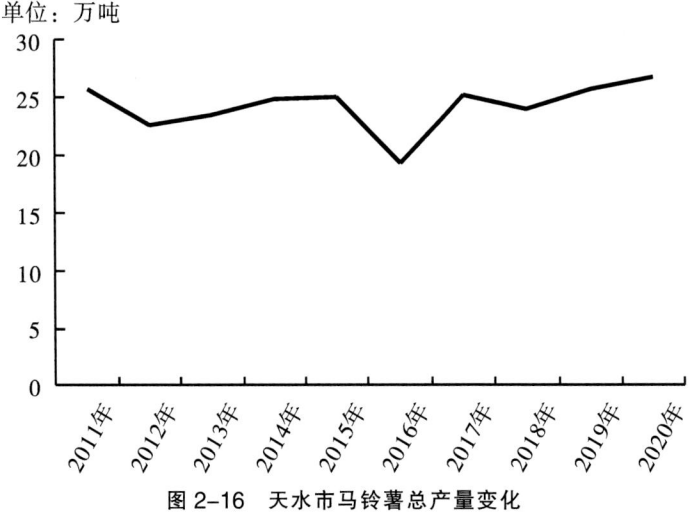

图2-16 天水市马铃薯总产量变化

从马铃薯单产变化来看，2011—2020年天水市马铃薯单产整体呈波动式变化趋势。2011年马铃薯单产为245.82kg/亩；2012年马铃薯单产降至222.09kg/亩；2013—2015年天水市马铃薯单产呈现增长的趋势，到2015年马铃薯单产达到251.42kg/亩；2016年又降至189.06kg/亩；2017—2020年天水市马铃薯单产先减少后增加；2020年马铃薯单产达222.11kg/亩，较2011年减少23.71kg/亩。见图2-17。

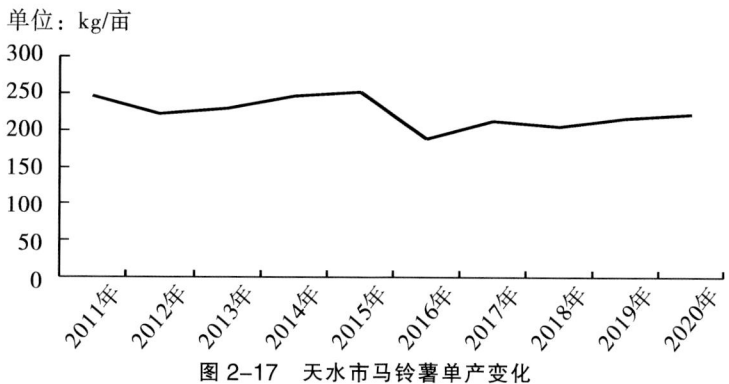

图 2-17 天水市马铃薯单产变化

(六) 武威市马铃薯生产状况

从马铃薯播种面积变化来看，2011—2020 年武威市马铃薯播种面积总体呈先增高后降低的趋势。2011 年马铃薯播种面积为 43.80 万亩；2013 及 2014 年武威市马铃薯播种面积持续增加；2013 年达到最高，播种面积为 47.76 万亩，较 2011 年增高 3.96 万亩；2015—2020 年播种先增加后减少；2020 年面积最小，减少到 14.83 万亩，较 2011 年减少了 28.97 万亩。见图 2-18。

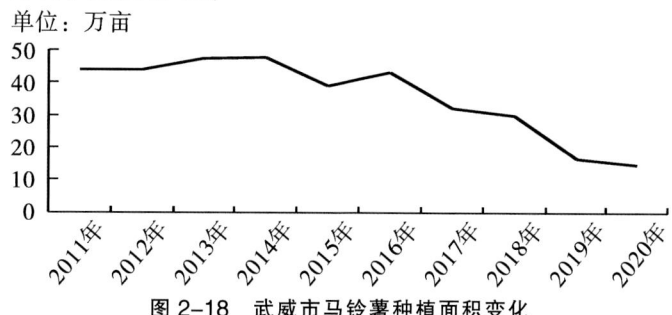

图 2-18 武威市马铃薯种植面积变化

从马铃薯总产量变化来看，2011—2020 年武威市马铃薯总产量总体呈先增加后降低的趋势。2011 年马铃薯总产量为 13.38 万吨；2012—2014 年马铃薯总产量持续增加；2014 年武威市马铃薯总产量达到最高，为 16.54 万吨，较 2011 年增加 3.16 万吨；2015 年马铃薯总产量较 2014 年有所降低，但 2016 年武威市马铃薯总产量又有所回升，达到 16.26 万吨；2016—2020 年马铃薯总产量持续下降；到 2020 年武威市马铃薯总产量最低，为 6.99 万吨，较 2011 年降低 6.39 万吨。见图 2-19。

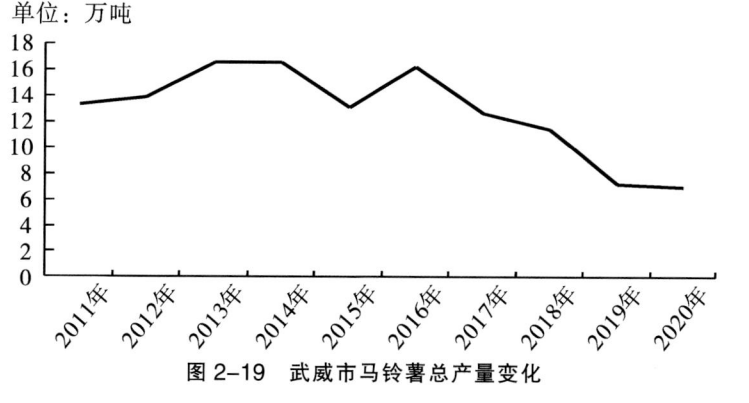

图 2-19 武威市马铃薯总产量变化

从马铃薯单产变化来看，2011—2020年武威市马铃薯单产整体呈先增加后降低又增加的趋势。2011年武威市马铃薯单产为305.53kg/亩；2012年马铃薯单产降至222.09kg/亩；2012年、2013年马铃薯单产持续增加；在2013年单产达到351.26kg/亩；2014年、2015年马铃薯单产又开始持续降低；2015年马铃薯单产跌到336.22kg/亩；2018—2020年武威市马铃薯单产呈现增长的趋势；到2020年马铃薯单产达到最大，为471.21kg/亩，较2011年增加165.68kg/亩。见图2-20。

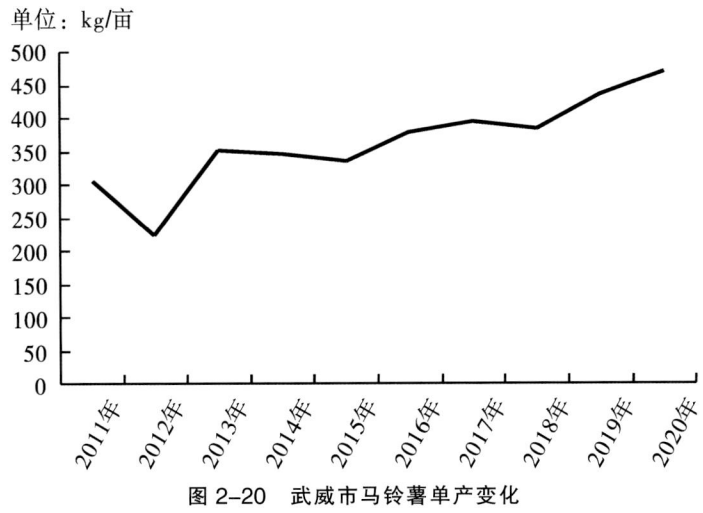

图2-20　武威市马铃薯单产变化

（七）张掖市马铃薯生产状况

从马铃薯播种面积变化来看，2011—2020年张掖市马铃薯播种面积呈先增加后降低的趋势。2011年马铃薯播种面积为43.34万亩；2012年、2013年张掖市马铃薯播种面积呈增长状态；2013年达到44.67万亩；2014—2019年，马铃薯播种面积呈降低趋势；2019年马铃薯播种面积，为30.12万亩，较2011年降低了13.22万亩；2020年张掖市马铃薯播种面积较2019年稍有回升，但是相较2011年还是减少了9.59万亩。见图2-21。

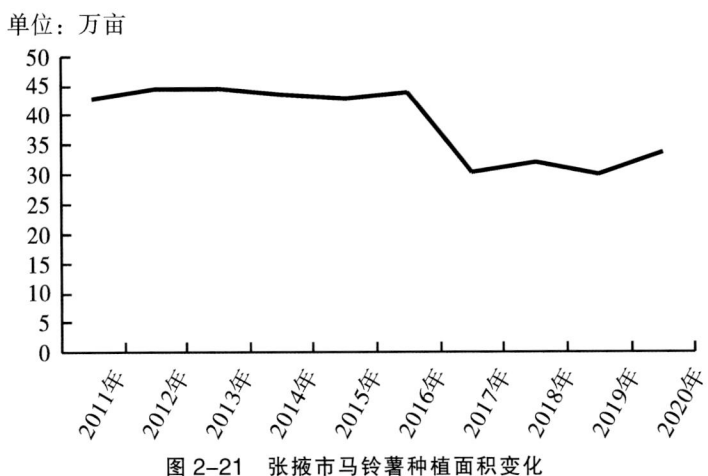

图2-21　张掖市马铃薯种植面积变化

从马铃薯总产量变化来看，2011—2020 年张掖市马铃薯总产量总体呈波动式变化的趋势。2011 年马铃薯总产量为 23.66 万吨；2012—2014 年马铃薯总产量居于平稳状态；2016—2017 年持续降低；2017 年张掖市马铃薯总产量达到最低，为 13.53 万吨；2018 年又有所回升，但在 2019 年，张掖市马铃薯总产量又降低至 14.97 万吨；2020 年较 2019 年又有所回升，但是 2020 年张掖市马铃薯总产量较 2011 年还是有所降低，降低了 6.26 万吨。见图 2-22。

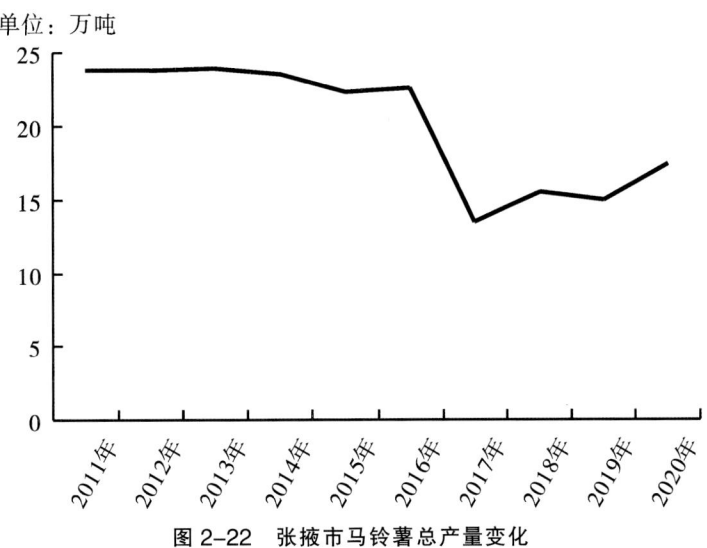

图 2-22　张掖市马铃薯总产量变化

从马铃薯单产变化来看，2011—2020 年张掖市马铃薯单产整体呈先降低后增加的趋势。2011 年马铃薯单产为 546.03kg/亩；2017 年马铃薯单产降至最低，为 444.12kg/亩；2018—2020 年张掖市马铃薯单产呈现增长的趋势；到 2020 年马铃薯单产达到 515.78kg/亩，较 2011 年减少 30.25kg/亩。见图 2-23。

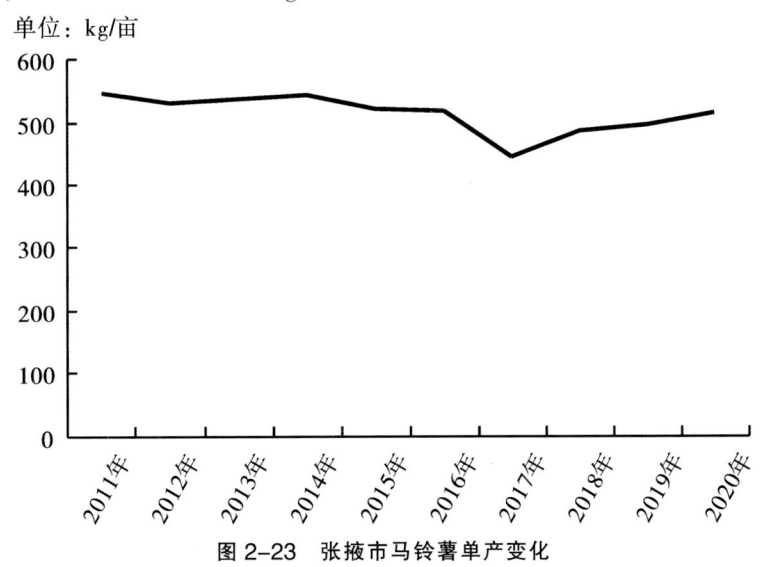

图 2-23　张掖市马铃薯单产变化

(八) 平凉市马铃薯生产状况

从马铃薯播种面积变化来看,2011—2020年平凉市马铃薯播种面积呈先增加后降低的趋势。2011年马铃薯播种面积为82.92万亩;2011—2016年平凉市马铃薯播种面积呈逐步增加的趋势;2016年播种面积达到最大,为118.89万亩,较2011年增加35.97万亩;2018—2020年,平凉市马铃薯播种面积呈下降趋势;2020年播种面积为90.02万亩,略高于2011年的播种面积。见图2-24。

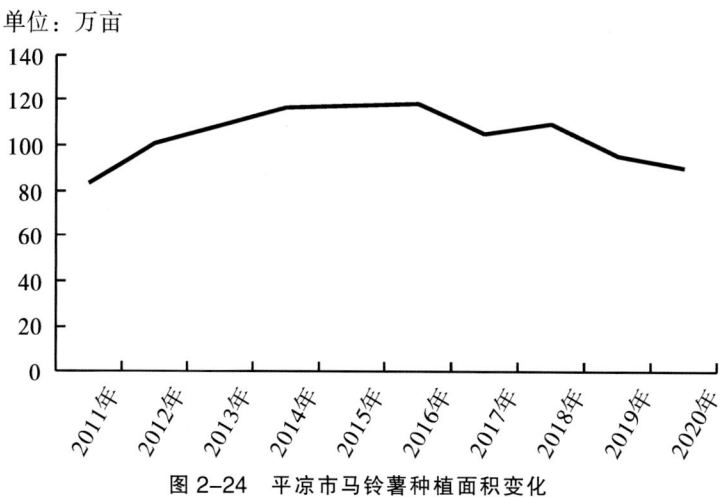

图2-24 平凉市马铃薯种植面积变化

从马铃薯总产量变化来看,2011—2020年平凉市马铃薯总产量总体呈持续增加的趋势。2011年马铃薯总产量为14.20万吨;2011—2020年平凉市马铃薯总产量呈现逐步增加的趋势;到2020年总产量达到22.07万吨,较2011年增加7.9万吨。见图2-25。

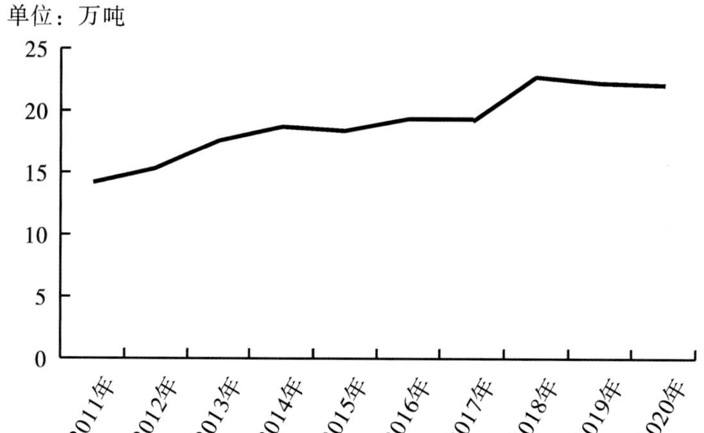

图2-25 平凉市马铃薯总产量变化

从马铃薯单产变化来看,2011—2020年平凉市马铃薯单产整体呈先降低后增加的趋势。2011年马铃薯单产为171.24kg/亩;2012年马铃薯单产降至151.92kg/亩;2013—2015年平凉市马铃薯单产呈现降低的趋势;到2015年马铃薯单产达到156.48kg/亩,2015年平凉市马铃薯单产达到最低;2016—2020年平凉市马铃薯单产呈持续增加;

2020年马铃薯单产达245.15 kg/亩，较2011年增加73.91kg/亩。见图2-26。

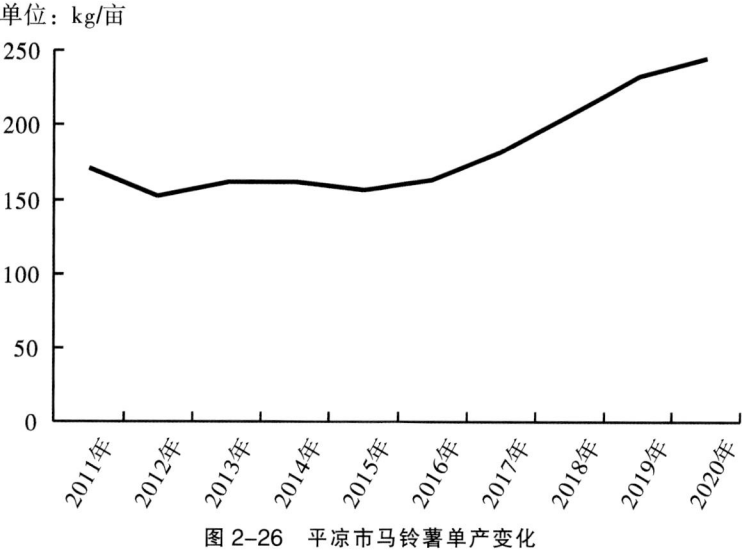

图2-26 平凉市马铃薯单产变化

（九）酒泉市马铃薯生产状况

从马铃薯播种面积变化来看，2011—2020年酒泉市马铃薯播种面积呈波动式变化的趋势。2011年马铃薯播种面积最高，为0.89万亩；2012年酒泉市马铃薯播种面积降至0.50万亩；2013—2015年播种面积呈增加的趋势；2015年马铃薯播种面积达到0.64万亩；2016年马铃薯播种面积最小，为0.45万亩；2017年又增加到0.66万亩；2018—2019年，酒泉市马铃薯播种面积持续减少；到2020年面积为0.53万亩；较2011年减少0.36万亩。见图2-27。

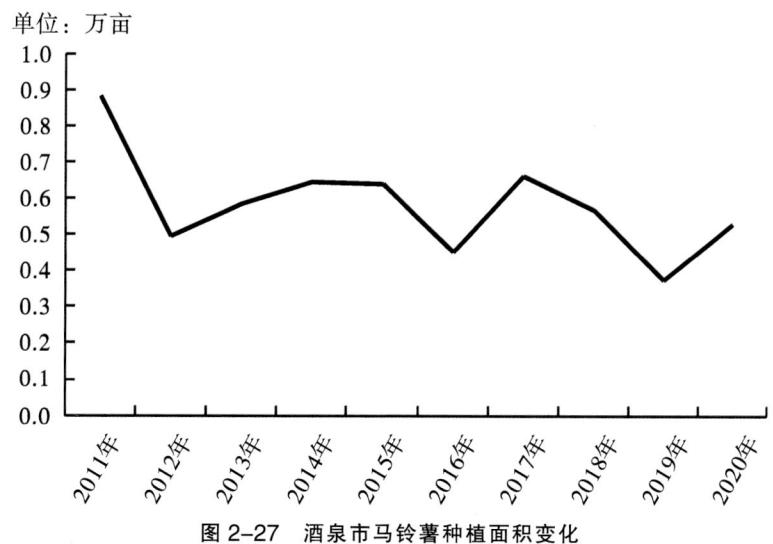

图2-27 酒泉市马铃薯种植面积变化

从马铃薯总产量变化来看，2011—2020年酒泉市马铃薯总产量总体也呈波动式变化的趋势。2011年马铃薯总产量为0.62万吨；2012年马铃薯总产量降至0.35万吨，较

2011年减少了0.27万吨；2014年马铃薯总产量稍有回升，达到0.42万吨；2015—2019年，酒泉市马铃薯总产量逐步降低；2019年达到最低，为0.22万吨，与2011年相比，减少0.40万吨；2020年马铃薯总产量相较2019年稍有回升，但相较于2011年还是减少了0.31万吨。见图2-28。

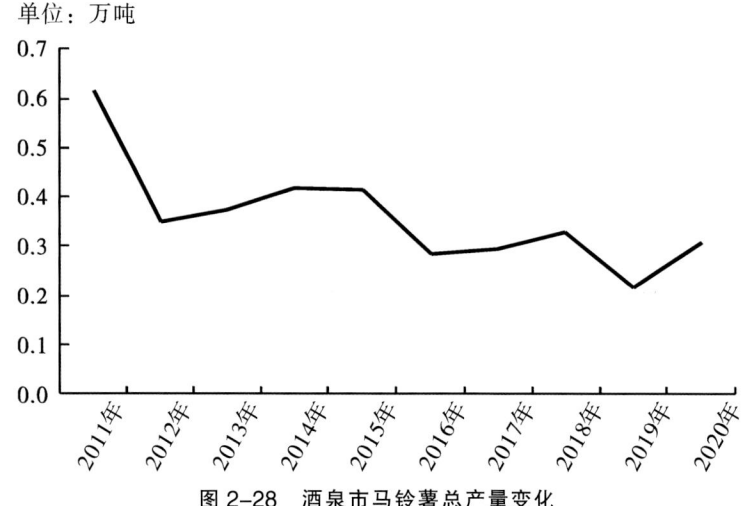

图2-28 酒泉市马铃薯总产量变化

从马铃薯单产变化来看，2011—2020年酒泉市马铃薯单产整体呈先降低后升高趋势。2011年马铃薯单产为696.61kg/亩；2012年马铃薯单产为703.84kg/亩，较2011年增加7.23kg/亩；2013—2017年酒泉市马铃薯单产呈现下降的趋势；到2017年马铃薯单产达到最低，为450.00kg/亩，较2011年降低120.61kg/亩；2020年酒泉市马铃薯单产较2011年降低了116.79kg/亩。见图2-29。

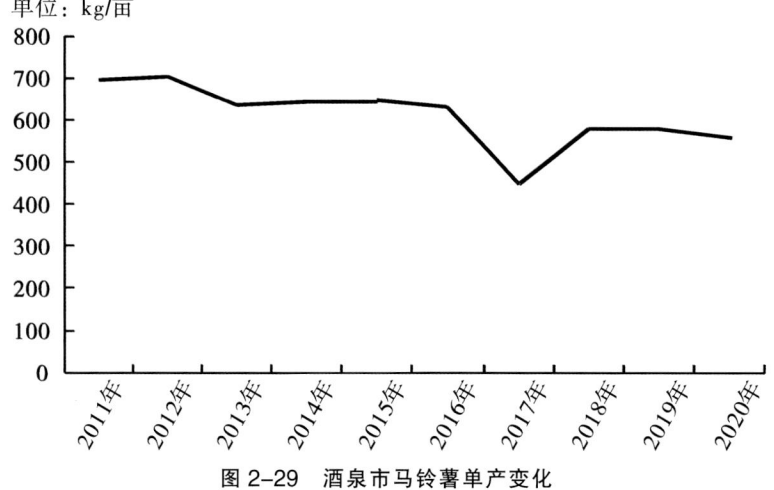

图2-29 酒泉市马铃薯单产变化

（十）庆阳市马铃薯生产状况

从马铃薯播种面积变化来看，2011—2020年庆阳市马铃薯播种面积呈持续降低的趋势。2011年马铃薯播种面积为75.42万亩；2011—2019年庆阳市马铃薯播种面积呈下降的趋势；2019年马铃薯播种面积最小，减少到32.36万亩；2020年庆阳市马铃薯播种面积较2019年稍有增加，到2020年全市马铃薯播种面积增加至38.68万亩，但是较2011年仍减少36.74万亩。见图2-30。

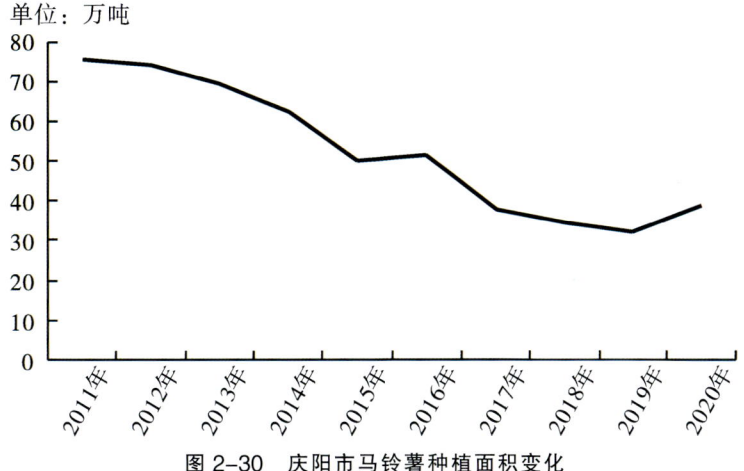

图2-30 庆阳市马铃薯种植面积变化

从马铃薯总产量变化来看，2011—2020年庆阳市马铃薯总产量总体呈波动式变化的趋势。2011年马铃薯总产量为11.35万吨；2012年马铃薯总产量增加至13.24万吨；2013—2015年马铃薯总产量连续降低；2015年庆阳市马铃薯总产量为9.45万吨；2016年又增加至10.37万吨；2017年庆阳市马铃薯总产量为10年内最低，为6.95万吨，2018—2020年总产量又持续升高；2020年达到9.73万吨，较2011年降低1.62万吨。见图2-31。

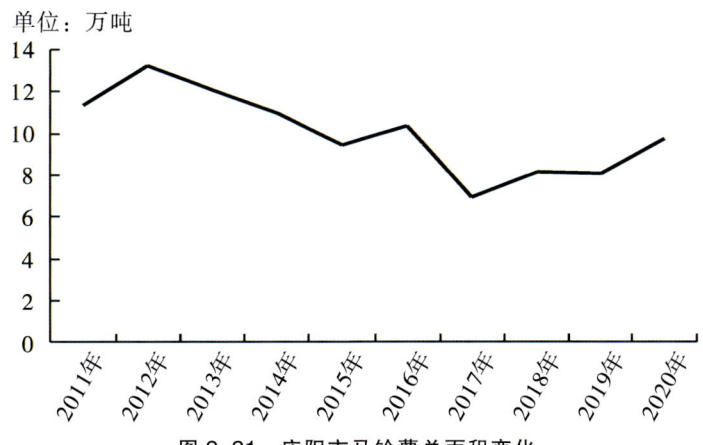

图2-31 庆阳市马铃薯总面积变化

从马铃薯单产变化来看，2011—2020年庆阳市马铃薯单产整体呈增加的趋势。2011年马铃薯单产为150.50kg/亩；2011—2016年庆阳市马铃薯单产呈持续增加的趋势；2016年马铃薯单产达201.58kg/亩；2017年马铃薯单产降至184.67kg/亩；2018—2020年马铃薯单产呈持续上升的趋势；2020年马铃薯单产达251.52kg/亩，较2011年增加101.02kg/亩。见图2-32。

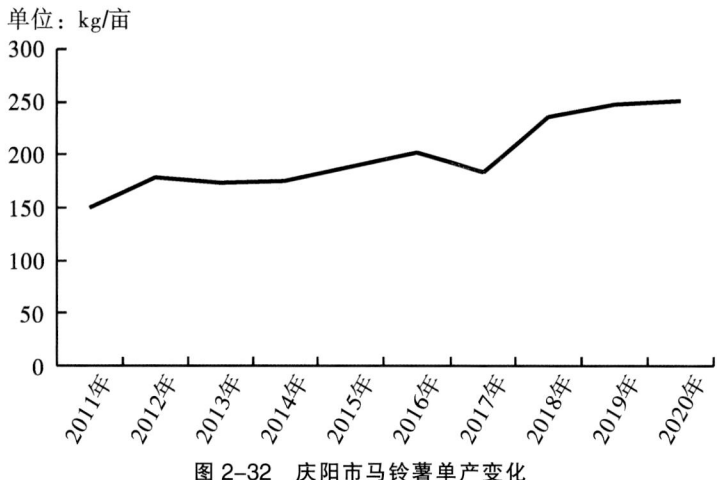

图 2-32 庆阳市马铃薯单产变化

(十一) 定西市马铃薯生产状况

从马铃薯播种面积变化来看，2011—2020 年定西市马铃薯播种面积呈持续降低的趋势。2011 年马铃薯播种面积为 323.45 万亩；2012—2015 年定西市马铃薯播种面积持续减少；2015 年定西市马铃薯播种面积为 286.71 万亩；2016 年马铃薯播种面积增加至 295.16 万亩；2017 年定西市马铃薯播种面积达到最小，为 235.16 万亩，较 2011 年减少 88.29 万亩；2018—2020 年马铃薯播种面积又持续增加；2020 年播种面积为 263.33 万亩；较 2011 年减少 60.11 万亩。见图 2-33。

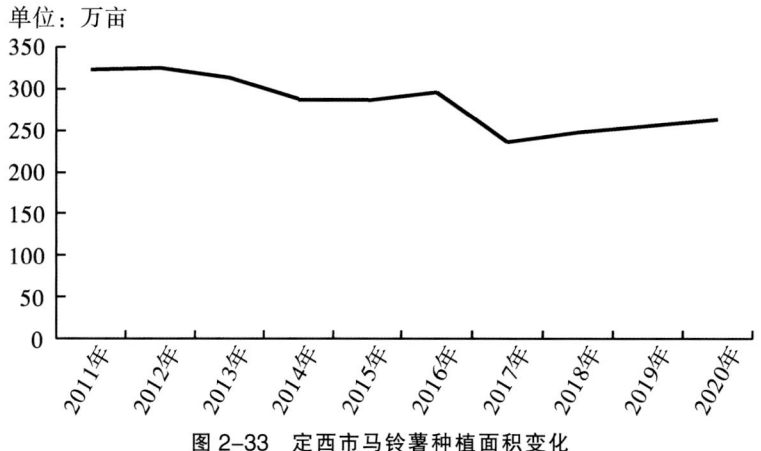

图 2-33 定西市马铃薯种植面积变化

从马铃薯总产量变化来看，2011—2020 年定西市马铃薯总产量总体呈波动式变化的趋势。2011 年马铃薯总产量为 60.64 万吨；2012 年马铃薯总产量降至 58.54 万吨，较 2011 年减少了 2.10 万吨；2013 年马铃薯总产量又稍有增加；2013—2015 年定西市马铃薯总产量呈现下降的趋势；到 2015 年马铃薯总产量为 60.99 万吨；2016 年、2017 年马铃薯产量又出现降低的趋势；2017 年马铃薯总产量达到最低，为 50.43 万吨；2018—2020 年定西市马铃薯总产量又出现增高的趋势；到 2020 年马铃薯总产量达到 67.97 万吨，较 2020 年增加 7.33 万吨。见图 2-34。

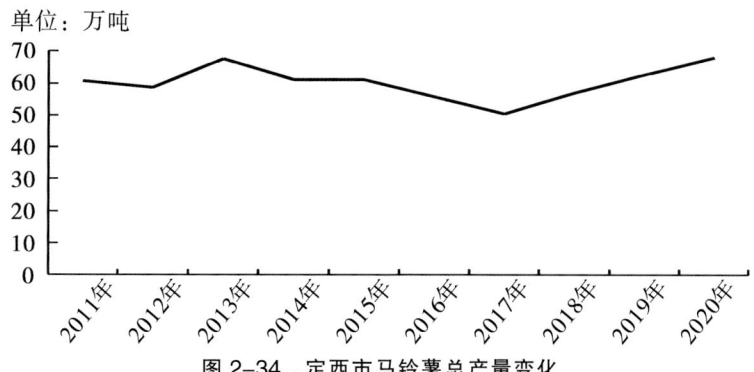

图 2-34 定西市马铃薯总产量变化

从马铃薯单产变化来看，2011—2020 年定西市马铃薯单产整体呈波动式变化趋势。2011 年马铃薯单产为 187.49kg/亩；2012 年马铃薯单产降至 179.88kg/亩；2013—2016 年定西市马铃薯单产呈现持续降低的趋势；到 2016 年马铃薯单产为 189.01kg/亩，2017 年又增加至 214.46kg/亩；2017—2020 年定西市马铃薯单产呈持续增加；2020 年马铃薯单产达 258.12 kg/亩，较 2011 年增加 70.63kg/亩。见图 2-35。

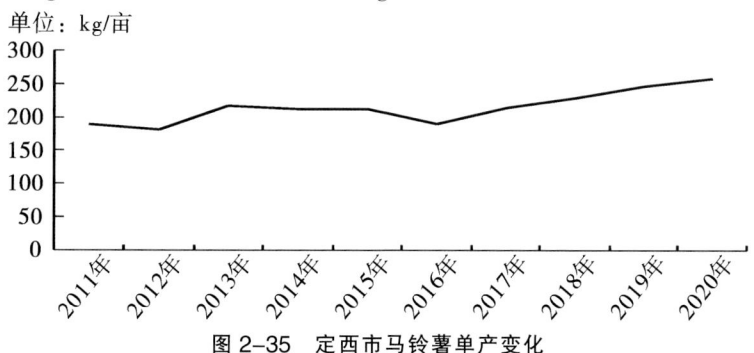

图 2-35 定西市马铃薯单产变化

（十二）陇南市马铃薯生产状况

从马铃薯播种面积变化来看，2011—2020 年陇南市马铃薯播种面积呈持续降低的趋势。2011 年马铃薯播种面积为 129.99 万亩；2012 年播种面积降低至 129.74 万亩；2013—2016 年播种面积持续增加；到 2016 年增加至 134.25 万亩；2017 年陇南市播种面积降至 84.73 万亩；2018—2020 年播种面积维持在 87 万亩左右；2020 年播种面积相较 2011 年降低了 42.45 万亩。见图 2-36。

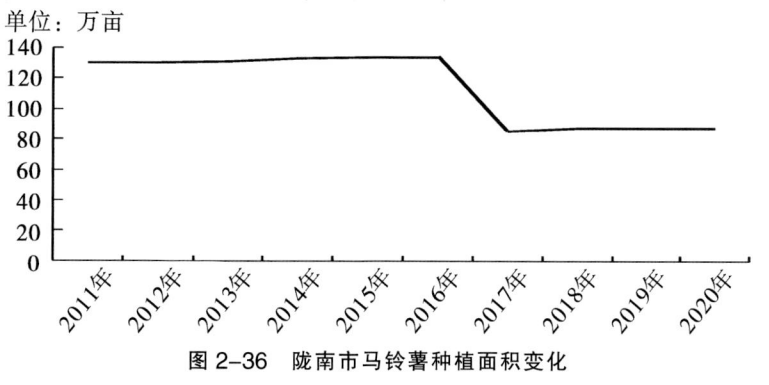

图 2-36 陇南市马铃薯种植面积变化

从马铃薯总产量变化来看，2011—2020年陇南市马铃薯总产量总体呈波动式变化的趋势。2011年马铃薯总产量为24.46万吨；2011—2013年陇南市马铃薯总产量维持在24万吨左右；2014年马铃薯总产量增加至27.15万吨；2015—2017年陇南市马铃薯总产量呈持续下降的趋势；2017年总产量为16.37万吨，是陇南市近十年马铃薯总产量最低值；2018年、2019年马铃薯总产量呈上升趋势；2020年马铃薯总产量为17.60万吨，较2011年减少了6.86万吨。见图2-37。

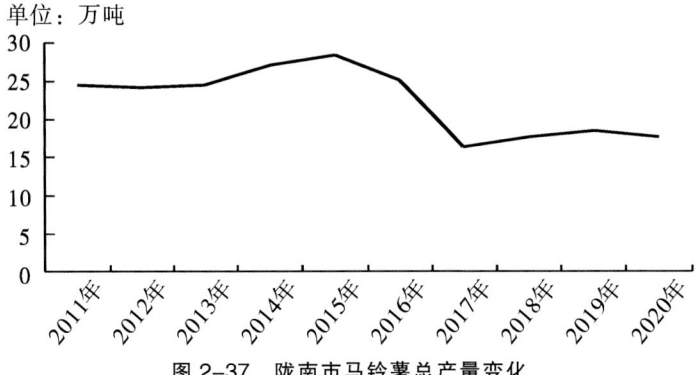

图2-37 陇南市马铃薯总产量变化

从马铃薯单产变化来看，2011—2020年陇南市马铃薯单产整体呈波动式变化趋势。2011年马铃薯单产为188.12kg/亩；2012年马铃薯单产降至186.87kg/亩；2012—2015年陇南市马铃薯单产呈持续上升的趋势；2015年马铃薯单产达到最大，为212.14kg/亩；2016年又降至187.61kg/亩；2017—2019年马铃薯单产呈上升趋势；2019年马铃达产为211.04kg/亩，2020年又降至201.00kg/亩，较2011年增加12.88kg/亩。见图2-38。

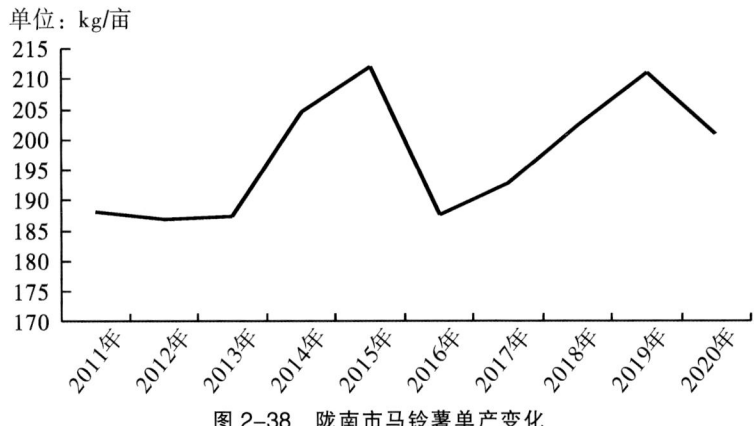

图2-38 陇南市马铃薯单产变化

（十三）临夏州马铃薯生产状况

从马铃薯播种面积变化来看，2011—2020年临夏州马铃薯播种面积呈先减少后又增加的趋势。2011年马铃薯播种面积为56.27万亩；2012年临夏州马铃薯播种面积增加至60.30万亩；2013—2016年播种面积持续增加；2016年播种面积达到60.21万亩；2017年、2018年播种面积维持在37万亩左右；2019—2020年临夏州播种面积持续增加；2020年播种面积达到42.46万亩，较2011年减少13.81万亩。见图2-39。

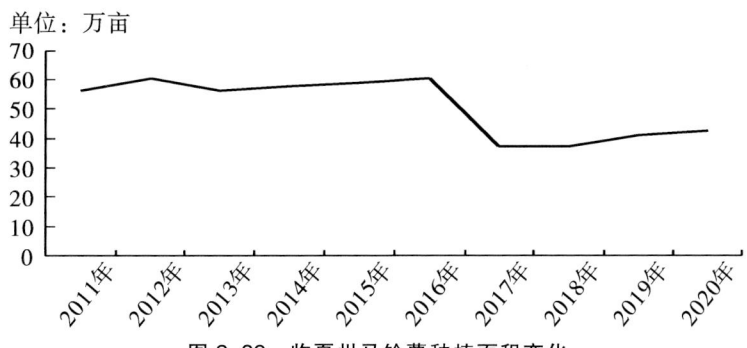

图 2-39 临夏州马铃薯种植面积变化

从马铃薯总产量变化来看，2011—2020 年临夏州马铃薯总产量总体呈先增高又降低后增高的趋势。2011 年马铃薯总产量为 12.40 万吨；2012—2016 年临夏州马铃薯总产量呈持续上升的趋势；2016 年马铃薯总产量达到最高，为 18.02 万吨；2017 年、2018 年，马铃薯总产量维持在 10 万吨左右；2019 年、2020 年又较 2018 年上升；2020 年总产量为 12.15 万吨。见图 2-40。

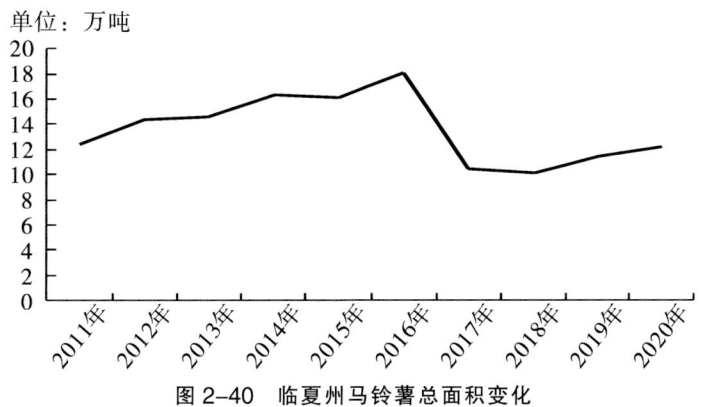

图 2-40 临夏州马铃薯总面积变化

从马铃薯单产变化来看，2011—2020 年临夏州马铃薯单产整体呈上升趋势。2011 年马铃薯单产为 220.27kg/亩；2012—2014 年马铃薯单产呈增加的趋势；2014 年马铃薯单产为 281.36kg/亩；2015 年马铃薯单产减少至 273.96kg/亩；2016 年临夏州马铃薯单产达到最高，为 299.31kg/亩；2017—2018 年马铃薯单产持续降低；2020 年又增加至 286.14kg/亩，较 2011 年增加 65.87kg/亩。见图 2-41。

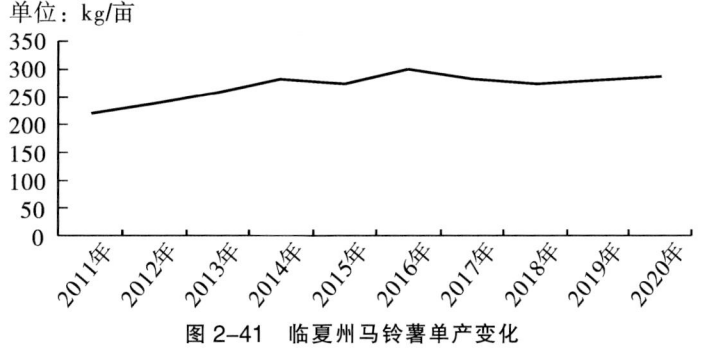

图 2-41 临夏州马铃薯单产变化

(十四) 甘南州马铃薯生产状况

从马铃薯播种面积变化来看，2011—2020 年甘南州马铃薯播种面积呈先增加后减少的趋势。2011 年马铃薯播种面积为 6.98 万亩；2012—2018 年甘南州播种面积呈持续上升的趋势；2018 年播种面积达到最大；为 12.59 万亩，较 2011 年增加 5.61 万亩；2019—2020 年种植面积持续下降；2020 年种植面积为 9.60 万亩，较 2011 年增加 2.62 万亩。见图 2-42。

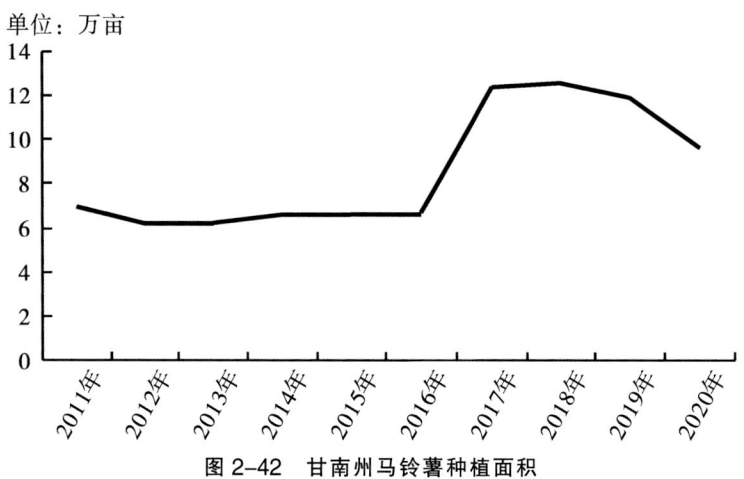

图 2-42 甘南州马铃薯种植面积

从马铃薯总产量变化来看，2011—2020 年甘南州马铃薯总产量总体呈先增加后减少的趋势。2011 年马铃薯总产量为 1.30 万吨；2012—2015 年马铃薯总产量呈持续上升的趋势；2015 年马铃薯种产量为 1.31 万吨，2016 年甘南州马铃薯总产量降至 1.27 万吨；2017 年总产量达到最高，为 2.27 万吨，2018—2020 年甘南州马铃薯总产量持续降低；2020 年总产量为 1.74 万吨，较 2011 年增加 0.44 万吨。见图 2-43。

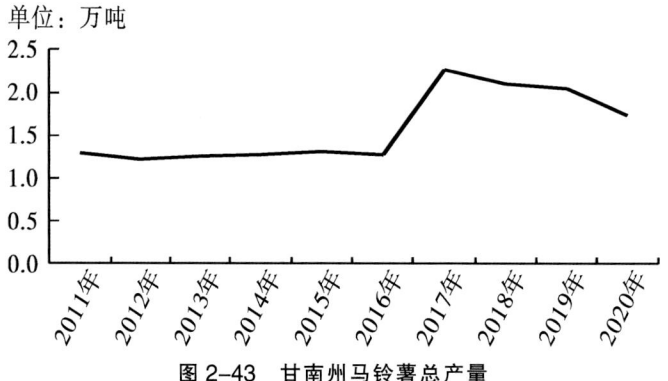

图 2-43 甘南州马铃薯总产量

从马铃薯单产变化来看，2011—2020 年甘南州马铃薯单产整体呈波动式变化趋势。2011 年马铃薯单产为 186.52kg/亩；2012—2013 年马铃薯单产持续增加；2013 年马铃薯单产达到 197.59kg/亩；2014 年甘南州马铃薯单产降至 191.84kg/亩；2015 年又增加至 196.39kg/亩；2016—2018 年甘南州马铃薯单产呈持续下降的趋势；2018 年马铃薯单产为 167.13kg/亩；2019—2020 又呈现持续增加的趋势；2020 年甘南州马铃薯单产为

180.98kg/亩，较 2011 年降低 5.55kg/亩。见图 2-44。

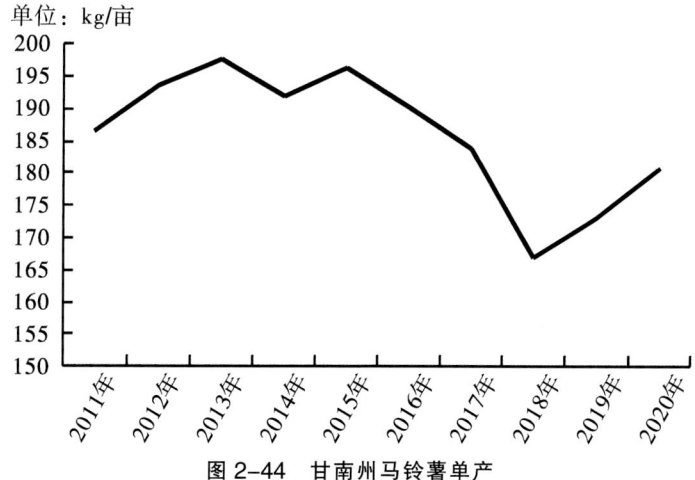

图 2-44 甘南州马铃薯单产

二、玉米的播种面积及产量

从玉米的播种面积变化来看，2011—2020 年全省玉米播种面积总体呈稳步增长趋势。2011 年玉米播种面积为 1258.92 万亩；到 2020 年全省玉米播种面积增长为 1481.03 万亩，增加了 222.11 万亩。从各市州玉米播种面积来看，白银市、天水市、张掖市、平凉市、庆阳市和定西市玉米播种面积较大，近十年玉米播种面积均占全省玉米播种总面积的 67%以上；其中庆阳市和定西市玉米播种面积较大，是全省玉米的主产区。见图 2-45。

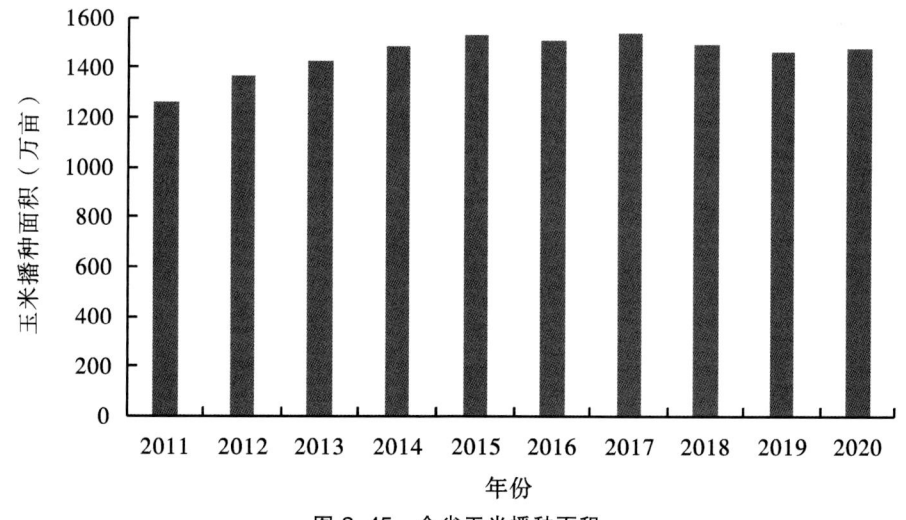

图 2-45 全省玉米播种面积

从年际产量变化来看，自 2011 年以来，玉米产量与播种面积变化趋势基本一致，持稳定增长趋势。2011 年全省玉米产量为 463.66 万吨；2020 全省玉米总产量增至 606.20 万吨，增加了 142.54 万吨；其中天水市、武威市、张掖市和庆阳市产量占比较大。见图 2-46。

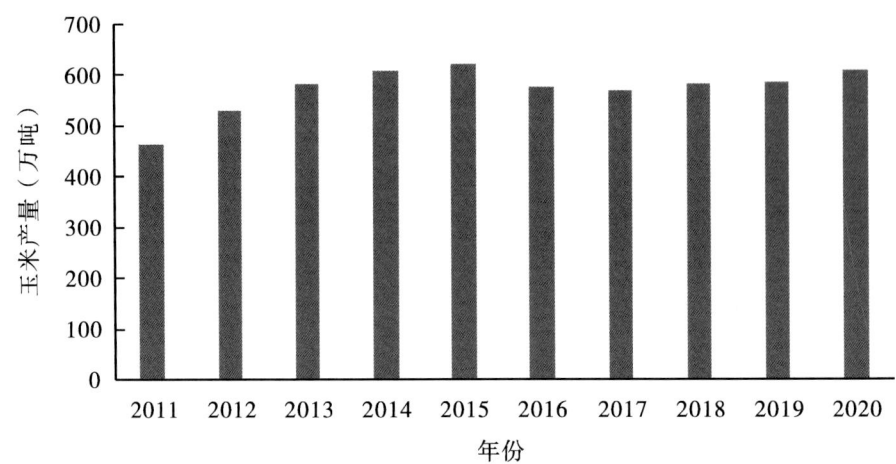

图 2-46 全省玉米年际产量变化

从全省玉米单产来看呈波段式变化。2011 年为 368.30 kg/亩；2011—2014 年持续增长；2014 年为 408.55kg/亩，之后逐渐降低；2017 年降至最低为 368.08kg/亩，之后又逐年增长；2020 年增长为 409.31kg/亩。见图 2-47。

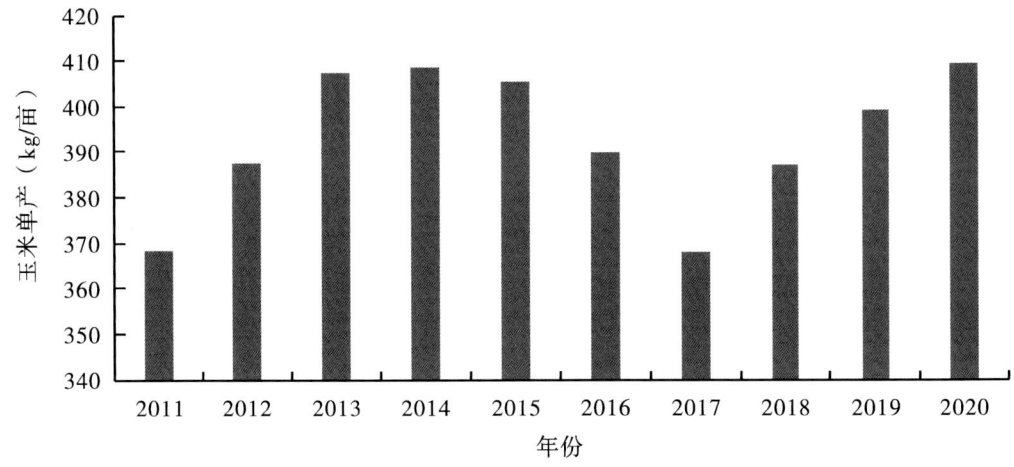

图 2-47 全省玉米单产年际变化

（一）兰州市玉米生产状况

从玉米播种面积变化来看，2011—2020 年兰州市玉米播种面积总体呈先增后减的趋势。2011 年玉米播种面积为 51.44 万亩；2014 年播种面积最大，增长到 54.23 万亩；到 2020 年全市玉米播种面积减少至 41.28 万亩，较 2014 年减少 10 万余亩。

从玉米总产量变化来看，2011—2020 年兰州市玉米总产量总体呈先增后减的趋势。2011 年玉米总产量为 16.97 万吨；2013 年总产量最高，增长到 18.59 万吨；到 2020 年全市玉米总产量减少至 14.83 万吨；较 2016 年减少约 3.31 万吨。

从玉米单产变化来看，2011—2020 年兰州市玉米单产整体呈增长趋势。2011 年玉米单产为 329.98kg/亩；到 2020 年全市玉米单产增长至 359.36kg/亩，较 2011 年单产增长了近 30kg/亩。见表 2-4。

表 2-4 兰州市 2011—2020 年玉米种植情况

年份	种植面积(万亩)	总产量(万吨)	单产(kg/亩)
2011	51.44	16.97	329.98
2012	52.01	17.65	339.43
2013	52.62	18.59	353.34
2014	54.23	18.10	333.81
2015	53.27	18.11	339.99
2016	52.08	18.14	348.22
2017	40.88	12.27	300.20
2018	37.97	13.19	347.47
2019	38.76	13.81	356.38
2020	41.28	14.83	359.36

（二）嘉峪关市玉米生产状况

从玉米播种面积变化来看，2011—2020 年嘉峪关市玉米播种面积总体呈先增后减的趋势。2011 年玉米播种面积为 0.57 万亩；2017 年播种面积最大，增长到 2.22 万亩；到 2020 年全市玉米播种面积增加至 2.10 万亩，较 2011 年增加 1.53 万亩。

从玉米总产量变化来看，2011—2020 年嘉峪关市玉米总产量总体呈稳步增长的趋势。2011 年玉米总产量为 0.40 万吨；到 2020 年全市玉米总产量增长至 1.69 万吨，较 2011 年增长了 1.29 万吨。

从玉米单产变化来看，2011—2020 年嘉峪关市玉米单产整体呈增长趋势，但波动较大。2011 年玉米单产为 704.91kg/亩；2016 年玉米单产最高为 920.20kg/亩；2017 年玉米单产最低，为 572.07kg/亩；到 2020 年全市玉米单产增长至 803.76kg/亩，较 2011 年单产增长约 100kg/亩。

表 2-5 嘉峪关市 2011—2020 年玉米种植情况

年份	种植面积(万亩)	总产量(万吨)	单产(kg/亩)
2011	0.57	0.40	704.91
2012	1.14	0.60	526.32
2013	1.16	0.88	761.90
2014	1.17	0.92	786.32
2015	1.19	0.96	810.13
2016	1.01	0.92	920.20
2017	2.22	1.27	572.07
2018	2.18	1.30	597.70
2019	2.04	1.34	656.86
2020	2.10	1.69	803.76

(三) 金昌市玉米生产状况

从玉米播种面积变化来看，2011—2020 年金昌市玉米播种面积总体呈增长趋势，部分年份有所下降。2011 年玉米播种面积为 15.27 万亩；2017 年播种面积最大，增长到 40.82 万亩；到 2020 年全市玉米播种面积为 35.03 万亩，较 2011 年增加约 20 万亩。

从玉米总产量变化来看，2011—2020 年金昌市玉米总产量总体呈增长趋势，部分年份有所下降。2011 年玉米总产量为 10.05 万吨；2018 年总产量最高，为 21.87 万吨；到 2020 年全市玉米总产量增长至 19.83 万吨，较 2011 年增长了 9.78 万吨。

从玉米单产变化来看，2011—2020 年金昌市玉米单产整体呈先增长后降的趋势，且波动较大。2011 年玉米单产为 658.20kg/亩；2016 年玉米单产最高为 697.38kg/亩；到 2020 年全市玉米单产减少至 566.20kg/亩，较 2011 年单产减少 92kg/亩。见表 2-6。

表 2-6　金昌市 2011—2020 年玉米种植情况

年份	种植面积(万亩)	总产量(万吨)	单产(kg/亩)
2011	15.27	10.05	658.20
2012	16.04	10.89	678.98
2013	18.05	12.52	693.56
2014	18.23	12.48	684.79
2015	20.70	14.42	696.38
2016	23.28	15.86	697.38
2017	40.82	21.33	522.60
2018	40.08	21.87	545.61
2019	32.93	18.52	562.47
2020	35.03	19.83	566.20

(四) 白银市玉米生产状况

从玉米播种面积变化来看，2011—2020 年白银市玉米播种面积总体呈稳步增长趋势。2011 年玉米播种面积为 132.18 万亩；到 2020 年全市玉米播种面积为 168.72 万亩，较 2011 年增加 36.54 万亩。

从玉米总产量变化来看，2011—2020 年白银市玉米总产量总体呈增长趋势。2011 年玉米总产量为 35.04 万吨；到 2020 年全市玉米总产量增长至 55.12 万吨，较 2011 年增长 20.08 万吨。

从玉米单产变化来看，2011—2020 年白银市玉米单产整体呈先增长后降的趋势。2011 年玉米单产为 265.12kg/亩；2015 年玉米单产最高为 335.94kg/亩；到 2020 年全市玉米单产为 326.67kg/亩，较 2011 年单产增加 61.55kg/亩。见表 2-7。

表 2-7　白银市 2011—2020 年玉米种植情况

年份	种植面积（万亩）	总产量（万吨）	单产（kg/亩）
2011	132.18	35.04	265.12
2012	135.80	36.92	271.85
2013	141.24	44.80	317.16
2014	146.46	48.53	331.34
2015	150.81	50.66	335.94
2016	150.87	46.74	309.82
2017	161.72	49.58	306.60
2018	160.23	51.65	51.65
2019	161.81	52.56	324.81
2020	168.72	55.12	326.67

（五）武威市玉米生产状况

从玉米播种面积变化来看，2011—2020 年武威市玉米播种面积总体呈增长趋势，部分年份有所波动。2011 年玉米播种面积为 86.12 万亩；2017 年播种面积最大，为 133.85 万亩；到 2020 年全市玉米播种面积为 120.42 万亩，较 2011 年增加 34.3 万亩。

从玉米总产量变化来看，2011—2020 年武威市玉米总产量总体呈增长趋势，部分年份有所波动。2011 年玉米总产量为 55.76 万吨；2014 年总产量最高，为 71.64 万吨；到 2020 年全市玉米总产量为 69.97 万吨，较 2011 年增长 14.21 万吨。

从玉米单产变化来看，2011—2020 年武威市玉米单产整体呈先增后降的趋势。2011 年玉米单产为 647.49kg/亩；2016 年单产最高为 765.38kg/亩；到 2020 年全市玉米单产为 581.03kg/亩，较 2011 年单产减少 66.46kg/亩。见表 2-8。

表 2-8　武威市 2011—2020 年玉米种植情况

年份	种植面积（万亩）	总产量（万吨）	单产（kg/亩）
2011	86.12	55.76	647.49
2012	101.69	70.21	690.48
2013	97.59	69.58	713.00
2014	98.52	71.64	727.15
2015	93.90	67.69	720.92
2016	91.88	70.32	765.38
2017	133.85	66.72	498.51
2018	129.08	68.31	529.22
2019	114.02	62.91	551.77
2020	120.42	69.97	581.03

(六) 张掖市玉米生产状况

从玉米播种面积变化来看，2011—2020年张掖市玉米播种面积总体呈增长趋势，部分年份有所波动。2011年玉米播种面积为103.55万亩；2017年播种面积最大，为184.02万亩；到2020年全市玉米播种面积为157.46万亩，较2011年增加53.91万亩。

从玉米总产量变化来看，2011—2020年张掖市玉米总产量总体呈增长趋势，部分年份有所波动。2011年玉米总产量为57.43万吨；2017年总产量最高，为90.92万吨；到2020年全市玉米总产量为80.62万吨，较2011年增长23.19万吨。

从玉米单产变化来看，2011—2020年张掖市玉米单产整体呈下降的趋势。2011年玉米单产为554.67kg/亩；到2020年全市玉米单产为512.04kg/亩；较2011年单产减少42.63kg/亩。见表2-9。

表2-9 张掖市2011—2020年玉米种植情况

年份	种植面积(万亩)	总产量(万吨)	单产(kg/亩)
2011	103.55	57.43	554.67
2012	118.34	60.39	510.33
2013	123.47	63.15	511.46
2014	118.01	64.16	543.69
2015	128.60	70.17	545.69
2016	134.42	74.06	550.99
2017	184.02	90.92	494.08
2018	163.68	82.12	501.68
2019	156.20	80.25	513.76
2020	157.46	80.62	512.04

(七) 平凉市玉米生产状况

从玉米播种面积变化来看，2011—2020年平凉市玉米播种面积总体呈增长趋势，部分年份有所波动。2011年玉米播种面积为114.75万亩；2017年播种面积最大，为140.31万亩；到2020年全市玉米播种面积为133.50万亩，较2011年增加18.75万亩。

从玉米总产量变化来看，2011—2020年平凉市玉米总产量总体呈增长趋势，部分年份有所波动。2011年玉米总产量为40.56万吨；2015年总产量最高，为50.26万吨；到2020年全市玉米总产量为47.41万吨，较2011年增长6.85万吨。

从玉米单产变化来看，2011—2020年平凉市玉米单产呈基本稳定的趋势。2011年玉米单产为353.46kg/亩；2013年单产最高为395.98kg/亩；2017年单产最低，为316.94kg/亩；到2020年全市玉米单产为355.16kg/亩，较2011年，单产增加1.7kg/亩。见表2-10。

表 2-10　平凉市 2011—2020 年玉米种植情况

年份	种植面积（万亩）	总产量（万吨）	单产（kg/亩）
2011	114.75	40.56	353.46
2012	123.23	42.71	346.58
2013	120.78	47.83	395.98
2014	133.40	49.38	370.16
2015	137.43	50.26	365.70
2016	126.06	46.40	368.06
2017	140.31	44.47	316.94
2018	139.02	45.25	325.51
2019	129.33	44.41	343.38
2020	133.50	47.41	355.16

（八）酒泉市玉米生产状况

从玉米播种面积变化来看，2011—2020 年酒泉市玉米播种面积总体呈增长趋势，部分年份有所波动。2011 年玉米播种面积为 29.39 万亩；2017 年播种面积最大，为 69.66 万亩；到 2020 年全市玉米播种面积为 59.10 万亩，较 2011 年增加约 30 万亩。

从玉米总产量变化来看，2011—2020 年酒泉市玉米总产量总体呈增长趋势，部分年份有所波动。2011 年玉米总产量为 17.71 万吨；2018 年总产量最高，为 35.36 万吨；到 2020 年全市玉米总产量为 34.20 万吨，较 2011 年增长 16.49 万吨。

从玉米单产变化来看，2011—2020 年酒泉市玉米单产有所下降。2011 年玉米单产为 602.79kg/亩；2012 年单产最高为 657.87kg/亩；2017 年单产最低，为 492.06kg/亩；到 2020 年全市玉米单产为 578.63kg/亩，较 2011 年，单产减少 24.17kg/亩。见表 2-11。

表 2-11　酒泉市 2011—2020 年玉米种植情况

年份	种植面积（万亩）	总产量（万吨）	单产（kg/亩）
2011	29.39	17.71	602.79
2012	29.90	19.67	657.87
2013	32.70	20.77	635.15
2014	34.80	21.48	617.34
2015	40.47	24.11	595.82
2016	36.95	23.32	631.08
2017	69.66	34.28	492.06
2018	65.52	35.36	539.72
2019	57.77	32.70	566.03
2020	59.10	34.20	578.63

(九)天水市玉米生产状况

从玉米播种面积变化来看,2011—2020年天水市玉米播种面积总体呈稳步增长趋势,部分年份有所波动。2011年玉米播种面积为127.76万亩;2017年播种面积最大,为136.23万亩;到2020年全市玉米播种面积为134.18万亩,较2011年增加6.42万亩。

从玉米总产量变化来看,2011—2020年天水市玉米总产量总体呈增长趋势,部分年份有所波动。2011年玉米总产量为48.61万吨;2015年总产量最高,为59.74万吨;到2020年全市玉米总产量为54.36万吨,较2011年增长5.75万吨。

从玉米单产变化来看,2011—2020年天水市玉米单产整体呈先增长后降的趋势。2011年玉米单产为380.50kg/亩;2015年玉米单产最高为444.61kg/亩;到2020年全市玉米单产为405.14kg/亩,较2011年,单产增加24.64kg/亩。见表2-12。

表2-12 天水市2011—2020年玉米种植情况

年份	种植面积(万亩)	总产量(万吨)	单产(kg/亩)
2011	127.76	48.61	380.50
2012	129.74	53.71	413.99
2013	131.21	57.34	436.99
2014	133.76	58.03	433.83
2015	134.36	59.74	444.61
2016	131.88	50.08	379.76
2017	136.23	49.95	366.63
2018	135.38	50.63	374.01
2019	135.51	53.47	394.56
2020	134.18	54.36	405.14

(十)庆阳市玉米生产状况

从玉米播种面积变化来看,2011—2020年庆阳市玉米播种面积总体呈增长趋势,部分年份有所波动。2011年玉米播种面积为225.69万亩;2015年播种面积最大,为347.82万亩;到2020年全市玉米播种面积为260.79万亩,较2011年增加35.1万亩。

从玉米总产量变化来看,2011—2020年庆阳市玉米总产量总体呈增长趋势,部分年份有所波动。2011年玉米总产量为60.46万吨;2014年总产量最高,为97.98万吨;到2020年全市玉米总产量为87.63万吨,较2011年增长27.17万吨。

从玉米单产变化来看,2011—2020年庆阳市玉米单产总体呈增长趋势,部分年份有所波动。2011年玉米单产为267.87kg/亩;2017年单产最低,为249.39kg/亩;到2020年全市玉米单产为336.00kg/亩,较2011年单产增加68.13kg/亩。见表2-13。

表 2-13　庆阳市 2011—2020 年玉米种植情况

年份	种植面积（万亩）	总产量（万吨）	单产（kg/亩）
2011	225.69	60.46	267.87
2012	257.36	83.06	322.75
2013	294.72	95.11	322.70
2014	326.94	97.98	299.68
2015	347.82	97.23	279.53
2016	345.32	92.99	269.29
2017	272.30	67.91	249.39
2018	255.45	75.68	296.27
2019	259.32	82.83	319.41
2020	260.79	87.63	336.00

（十一）定西市玉米生产状况

从玉米播种面积变化来看，2011—2020 年定西市玉米播种面积总体呈减少趋势，部分年份有所波动。2011 年玉米播种面积为 194.34 万亩；2015 年播种面积最大，为 227.33 万亩；到 2020 年全市玉米播种面积为 166.23 万亩，较 2011 年减少 28.11 万亩。

从玉米总产量变化来看，2011—2020 年定西市玉米总产量总体呈增长趋势，部分年份有所波动。2011 年玉米总产量为 51.14 万吨；2015 年总产量最高，为 81.12 万吨；到 2020 年全市玉米总产量为 61.71 万吨，较 2011 年增长 10.57 万吨。

从玉米单产变化来看，2011—2020 年定西市玉米单产总体呈增长趋势；2011 年玉米单产为 263.17kg/亩；到 2020 年全市玉米单产为 371.25kg/亩，较 2011 年单产增加 108.08kg/亩。见表 2-14。

表 2-14　定西市 2011—2020 年玉米种植情况

年份	种植面积（万亩）	总产量（万吨）	单产（kg/亩）
2011	194.34	51.14	263.17
2012	217.89	59.42	272.68
2013	221.84	68.14	307.15
2014	227.22	78.79	346.75
2015	227.33	81.12	356.83
2016	220.13	68.27	310.15
2017	152.70	48.93	320.42
2018	161.87	54.36	335.82
2019	170.21	60.44	355.10
2020	166.23	61.71	371.25

(十二) 陇南市玉米生产状况

从玉米播种面积变化来看,2011—2020年陇南市玉米播种面积总体呈减少趋势,部分年份有所波动。2011年玉米播种面积为99.86万亩;2015年播种面积最大,为100.19万亩;到2020年全市玉米播种面积为94.31万亩,较2011年减少5.55万亩。

从玉米总产量变化来看,2011—2020年陇南市玉米总产量总体呈下降趋势,部分年份有所波动。2011年玉米总产量为32.48万吨;2015年总产量最高,为36.35万吨;到2020年全市玉米总产量为30.18万吨,较2011年减少2.30万吨。

从玉米单产变化来看,2011—2020年陇南市玉米单产呈先增后降趋势。2011年玉米单产为325.29kg/亩;2015年单产最高,为362.78kg/亩;到2020年全市玉米单产为320.05kg/亩,较2011年单产减少5.24kg/亩。见表2-15。

表2-15 陇南市2011—2020年玉米种植情况

年份	种植面积(万亩)	总产量(万吨)	单产(kg/亩)
2011	99.86	32.48	325.29
2012	99.57	33.30	334.46
2013	99.77	35.30	353.80
2014	99.95	35.98	360.02
2015	100.19	36.35	362.78
2016	99.72	31.85	319.35
2017	95.81	30.90	322.51
2018	96.62	31.77	328.86
2019	96.89	32.55	336.01
2020	94.31	30.18	320.05

(十三) 临夏州玉米生产状况

从玉米播种面积变化来看,2011—2020年临夏州玉米播种面积总体呈增长趋势,部分年份有所波动。2011年玉米播种面积为73.88万亩;2017年播种面积最大,为104.76万亩;到2020年全市玉米播种面积为101.87万亩,较2011年增加27.99万亩。

从玉米总产量变化来看,2011—2020年临夏州玉米总产量总体呈增长趋势,部分年份有所波动。2011年玉米总产量为36.06万吨;2015年总产量最高,为49.04万吨;到2020年全市玉米总产量为47.31万吨,较2011年增加11.25万吨。

从玉米单产变化来看,2011—2020年临夏州玉米单产呈先增后降趋势。2011年玉米单产为488.17kg/亩;2014年单产最高,为546.25kg/亩;到2020年全市玉米单产为464.40kg/亩,较2011年单产减少23.77kg/亩。见表2-16。

表 2-16 临夏州 2011—2020 年玉米种植情况

年份	种植面积(万亩)	总产量(万吨)	单产(kg/亩)
2011	73.88	36.06	488.17
2012	81.26	40.43	497.55
2013	88.22	46.24	524.13
2014	89.21	48.73	546.25
2015	91.53	49.04	535.81
2016	90.08	47.98	532.67
2017	104.76	47.43	452.75
2018	103.52	46.74	451.48
2019	100.80	46.48	461.12
2020	101.87	47.31	464.40

（十四）甘南州玉米生产状况

从玉米播种面积变化来看，2011—2020 年甘南州玉米播种面积总体呈增长趋势，部分年份有所波动。2011 年玉米播种面积为 4.16 万亩；2017 年播种面积最大，为 6.12 万亩；到 2020 年全市玉米播种面积为 6.06 万亩，较 2011 年增加 1.90 万亩。

从玉米总产量变化来看，2011—2020 年甘南州玉米总产量总体呈增长趋势，部分年份有所波动。2011 年玉米总产量为 0.97 万吨；2017 年总产量最高，为 1.40 万吨；到 2020 年全市玉米总产量为 1.34 万吨，较 2011 年增加 0.37 万吨。

从玉米单产变化来看，2011—2020 年甘南州玉米单产总体呈下降趋势。2011 年玉米单产为 234.20kg/亩；2015 年单产最高，为 252.29kg/亩；到 2020 年全市玉米单产为 221.88kg/亩，较 2011 年单产减少 12.32kg/亩。见表 2-17。

表 2-17 甘南州 2011—2020 年玉米种植情况

年份	种植面积(万亩)	总产量(万吨)	单产(kg/亩)
2011	4.16	0.97	234.20
2012	4.28	1.05	245.36
2013	4.43	1.11	250.51
2014	4.67	1.14	243.97
2015	4.80	1.21	252.29
2016	4.59	1.01	220.41
2017	6.12	1.40	228.86
2018	6.08	1.30	214.09
2019	6.02	1.34	223.24
2020	6.06	1.34	221.88

三、中药材的播种面积及产量

（一）兰州市中药材生产状况

从中药材播种面积变化来看，2011—2020年兰州市中药材播种面积总体呈先增加后降低的趋势。2011年中药材播种面积为6.76万亩；2011—2016年兰州市中药材播种面积持续增加；在2016年播种面积达到最大，为21.21万亩，较2011年增加14.45万亩；在2017年中药材播种面积降低至14.38万亩，较2016年降低了6.83万亩；2017—2019年兰州市中药材种植面积持续下降，到2020年又稍有回升；2020年兰州市中药材播种面积为15.67万亩，较2011年增加8.91万亩。见图2-48。

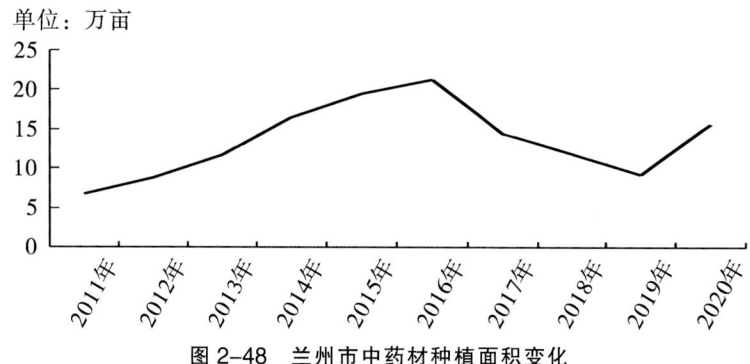

图2-48 兰州市中药材种植面积变化

从中药材总产量变化来看，2011—2020年兰州市中药材总产量总体呈增加的趋势，在2017年总产量下降，但2017年以后又持续增加。2011年中药材总产量为0.99万吨；2011—2016年兰州市中药材总产量呈现持续增加的趋势；2016年总产量为3.60万吨；2017年兰州市中药材总产量下降，较2016年降低0.93万吨；2018—2020年中药材总产量又呈现持续上升的趋势；在2020年兰州市中药材总产量达到最高，为3.69万吨，较2011年增加2.70万吨。见图2-49。

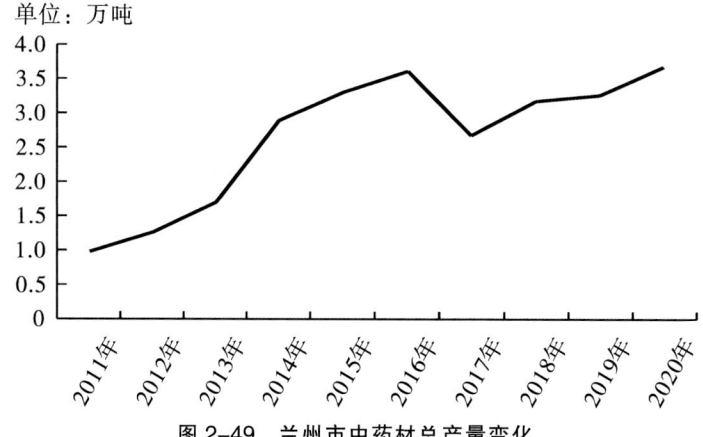

图2-49 兰州市中药材总产量变化

从中药材单产变化来看，2011—2020年兰州市中药材单产整体呈增加又降低的趋势。2011年中药材单产为146.37kg/亩；2012年中药材单产降至144.19kg/亩；2013—2019年兰州市中药材单产呈现持续增长的趋势；到2019年中药材单产达到最大，为

354.97kg/亩，较 2011 年增加 208.6kg/亩；2020 年又降至 235.30kg/亩，较 2011 年减少 88.93kg/亩。见图 2-50。

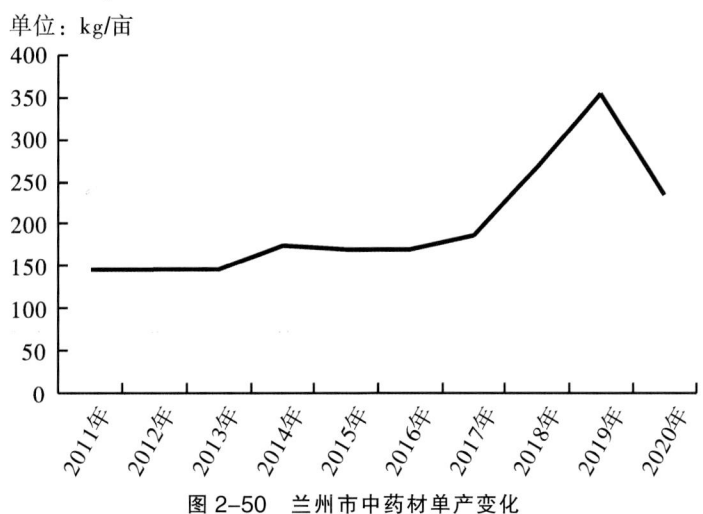

图 2-50 兰州市中药材单产变化

(二) 嘉峪关市中药材生产状况

嘉峪关市 2011—2016 年未种植中药材，所以无 2011—2016 年中药材种植面积、总产量及单产的数据。

从中药材播种面积变化来看，2017—2020 年嘉峪关市中药材播种面积呈先降低后增加的趋势。2017 年嘉峪关市中药材播种面积为 2.94 万亩；2018 年中药材种植面积与 2017 年维持在 2.9 万亩左右；2019 年种植面积降至 1.47 万亩，较 2017 年降低 1.47 万亩；2020 年嘉峪关市种植面积又有所回升，达到 2.20 万亩，较 2017 年降低 0.74 万亩。见图 2-51。

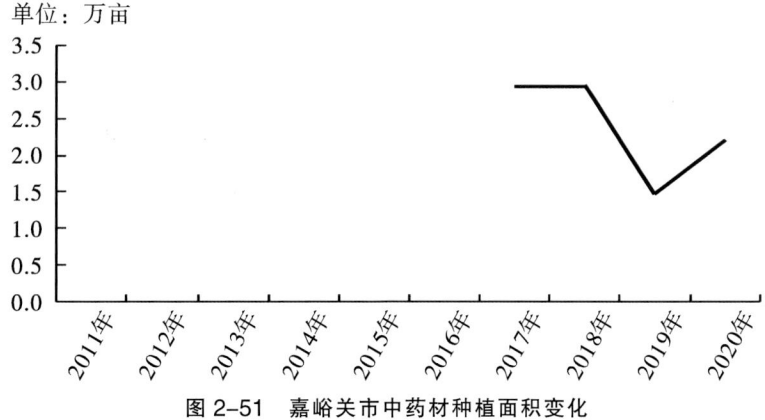

图 2-51 嘉峪关市中药材种植面积变化

从中药材总产量变化来看，2017—2020 年嘉峪关市中药材总产量总体呈降低的趋势。2017 年中药材总产量为 0.65 万吨；2017—2020 年嘉峪关市中草药总产量呈现持续降低的趋势；在 2020 年嘉峪关市中草药总产量达到最低，为 0.59 万吨，较 2011 年降低 0.06 万吨。见图 2-52。

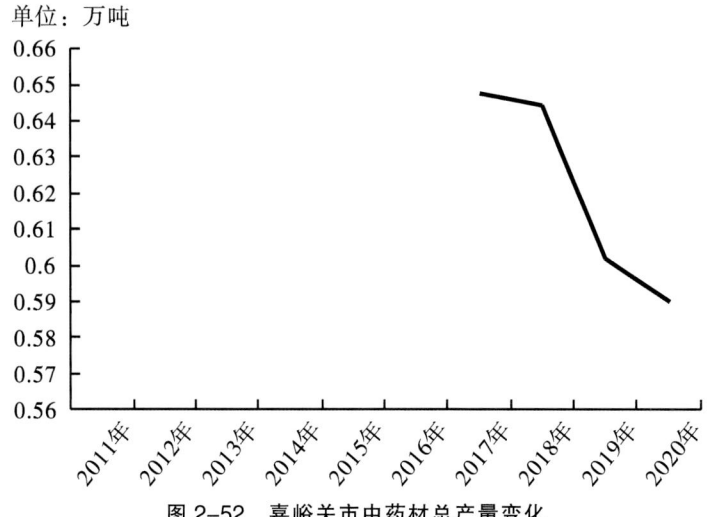

图 2-52 嘉峪关市中药材总产量变化

从中药材单产变化来看，2017—2020 年嘉峪关市中药材单产整体呈增加又降低的趋势。2017 年中药材单产为 220.20kg/亩；2017—2019 年中药材单产持续增加；2019 年达到最大，为 409.39kg/亩，较 2017 年增加 189.19 kg/亩；2020 年又降至 268.18kg/亩，较 2011 年增加 47.98kg/亩。见图 2-53。

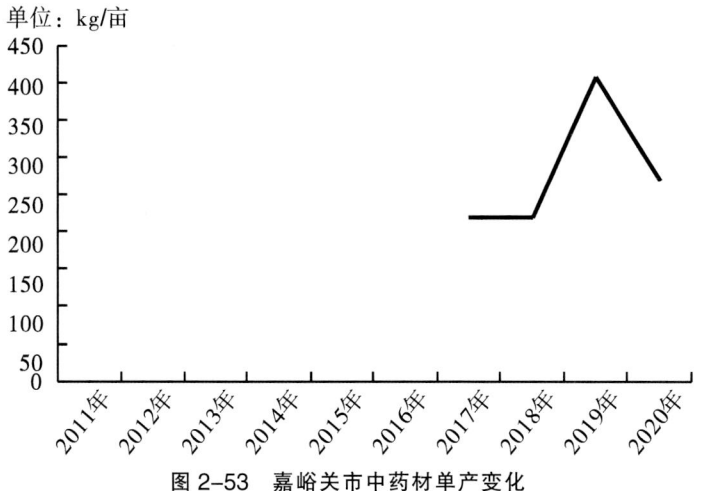

图 2-53 嘉峪关市中药材单产变化

（三）金昌市中药材生产状况

从中药材播种面积变化来看，2011—2020 年金昌市中药材播种面积总体呈波动式的变化趋势。2011 年中药材播种面积为 1.75 万亩；2011—2014 年金昌市中药材播种面积持续增加；在 2014 年播种面积达到最大，为 2.14 万亩，较 2011 年增加 0.39 万亩；在 2015—2017 年，中药材播种面积持续降低；2017 年降低至 1.63 万亩，较 2014 年降低了 0.51 万亩；2018 年又回升至 2.07 万亩；2019 年金昌市中药材种植面积达到最低，为 0.87 万亩，较 2011 年减少 0.88 万亩；到 2020 年又稍有回升，2020 年金昌市中药材播种面积为 0.98 万亩，较 2011 年减少 0.77 万亩。见图 2-54。

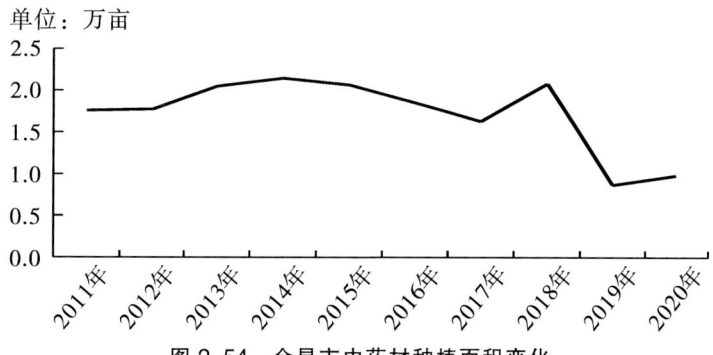

图 2-54　金昌市中药材种植面积变化

从中药材总产量变化来看，2011—2020 年金昌市中药材总产量总体呈波动式变化的趋势。2011 年中药材总产量为 1.56 万吨；2012—2014 年金昌市中药材总产量呈现持续增加的趋势；2014 年总产量达到最大，为 2.00 万吨，较 2011 年增加 0.43 万吨；2015—2017 年金昌市中药材总产量持续下降，2017 年降低至 1.39 万吨；2018 年中药材总产量又有所回升，2018 年金昌市中药材总产量为 1.76 万吨；2019 年中药材总产值降低至 0.87 万吨；2020 年又稍有回升，金昌市中药材产量达到 0.98 万吨，较 2011 年减少 0.72 万吨。见图 2-55。

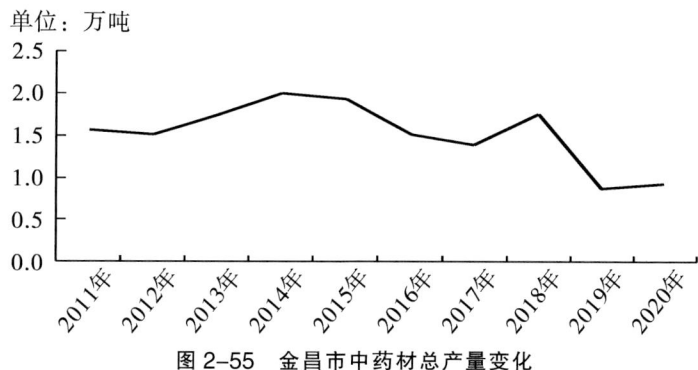

图 2-55　金昌市中药材总产量变化

从中药材单产变化来看，2011—2020 年金昌市中药材单产整体呈平稳状态，单产的变化不是很明显。2011—2020 年中药材单产波动幅度在 800~1000 kg/亩。见图 2-56。

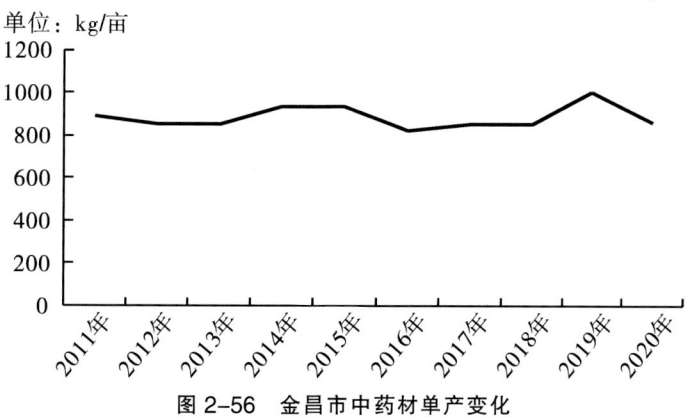

图 2-56　金昌市中药材单产变化

(四)白银市中药材生产状况

从中药材播种面积变化来看,2011—2020年白银市中药材播种面积整体呈增加的趋势。2011年中药材播种面积为10.19万亩;2011—2018年白银市中药材播种面积持续增加;2018年播种面积达到31.94万亩,较2011年增加21.75万亩;在2019年中药材播种面积降低至24.11万亩,较2018年降低了7.83万亩;2020年白银市中药材种植面积又回升,2020年白银市中药材播种面积达到最大,为35.44万亩,较2011年增加25.25万亩。见图2-57。

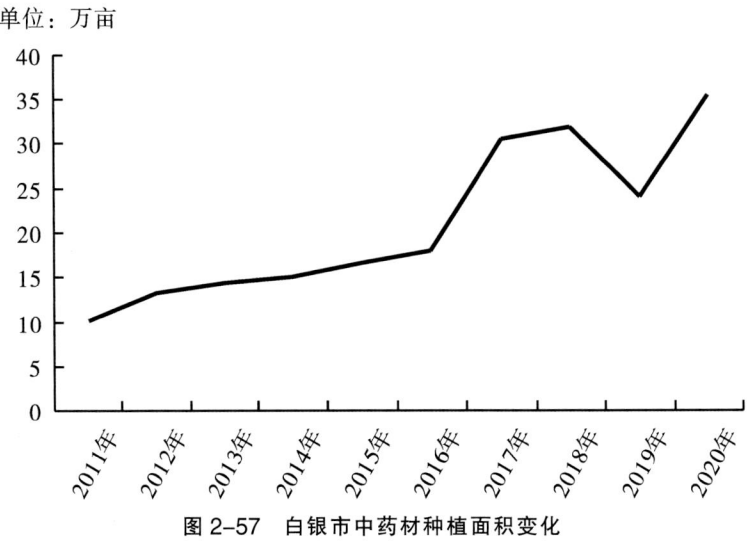

图2-57 白银市中药材种植面积变化

从中药材总产量变化来看,2011—2020年白银市中药材总产量总体呈增加的趋势。2011年中药材总产量为1.90万吨;2011—2020年白银市中药材总产量呈现持续增加的趋势;2020年总产量为10.44万吨;在2020年中药材总产量达到最高,较2011年增加8.54万吨。见图2-58。

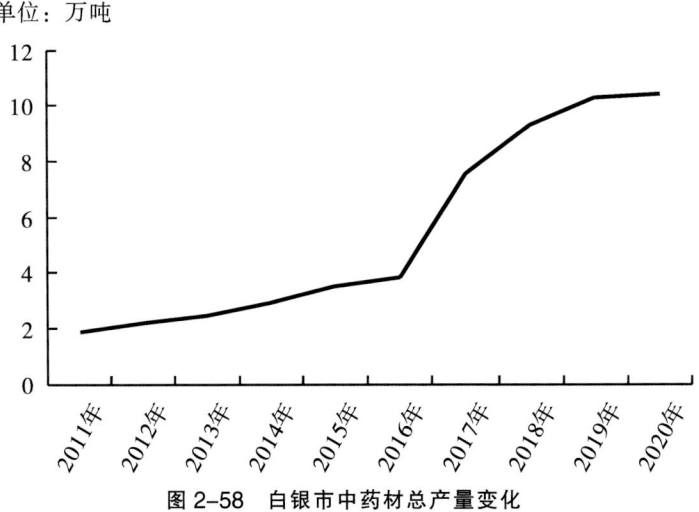

图2-58 白银市中药材总产量变化

从中药材单产变化来看，2011—2020年白银市中药材单产整体呈增加又降低的趋势。2011年中药材单产为186.74 kg/亩；2012年中药材单产降至164.42 kg/亩；2013—2019年白银市中药材单产呈现持续增长的趋势；到2019年中药材单产达到最大，为426.65 kg/亩，较2011年增加239.91 kg/亩；2020年又降至294.63 kg/亩，较2011年增加107.89 kg/亩。见图2-59。

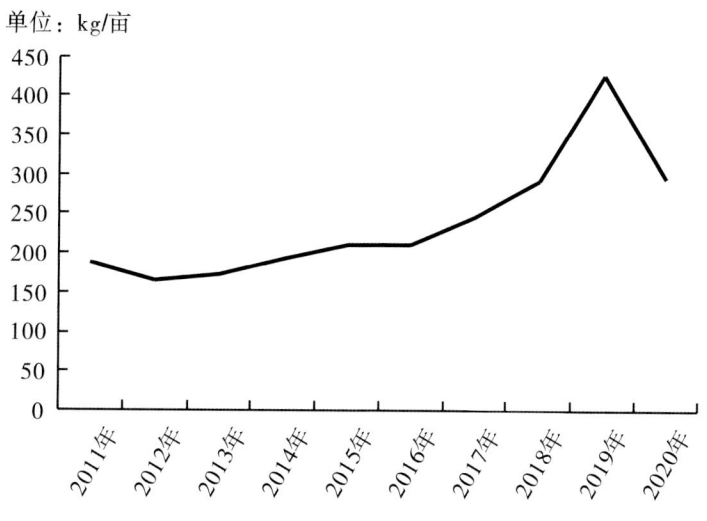

图2-59　白银市中药材单产变化

（五）天水市中药材生产状况

从中药材播种面积变化来看，2011—2020年天水市中药材播种面积呈先增加后降低又增高的趋势。2011年中药材播种面积为13.97万亩；2011—2016年天水市中药材播种面积持续增加；在2016年播种面积达到20.52万亩，较2011年增加6.55万亩；在2017年中药材播种面积降低至16.82万亩，较2016年降低了3.7万亩；2018—2019年天水市中药材种植面积持续下降；到2020年又稍有回升，2020年天水市中药材播种面积为24.04万亩，较2011年增加10.07万亩。见图2-60。

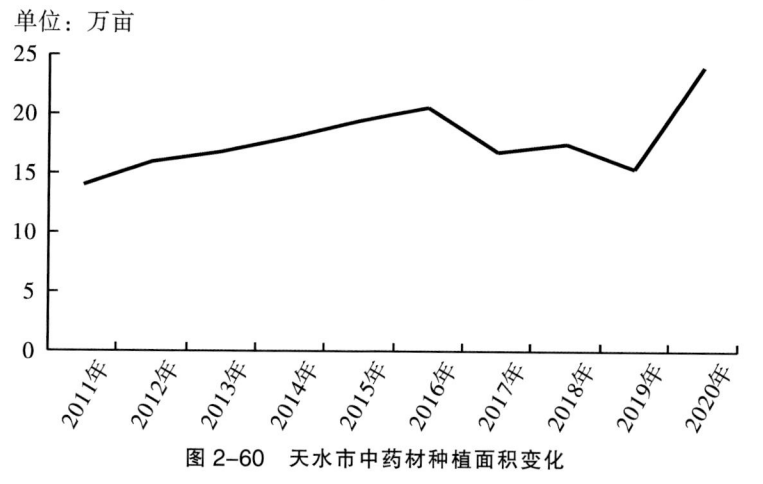

图2-60　天水市中药材种植面积变化

从中药材总产量变化来看，2011—2020 年天水市中药材总产量总体呈增加的趋势，在 2017 年稍有下降，但 2017 年以后又持续增加。2011 年中药材总产量为 2.59 万吨；2011—2016 年天水市中药材总产量呈现持续增加的趋势；2016 年总产量为 4.57 万吨；2017 年天水市中药材总产量有下降，较 2016 年降低 0.55 万吨；2018—2020 年中药材总产量又呈现持续上升的趋势；在 2020 年天水市中药材总产量达到最高，为 5.03 万吨，较 2011 年增加 2.44 万吨。见图 2-61。

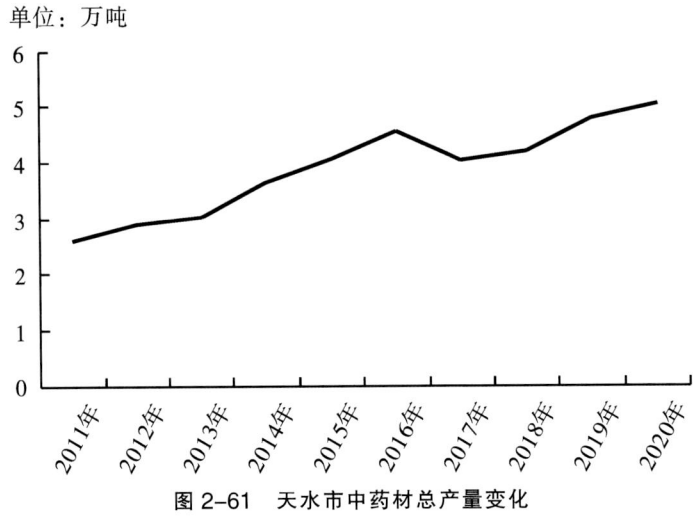

图 2-61　天水市中药材总产量变化

从中药材单产变化来看，2011—2020 年天水市中药材单产整体呈增加又降低的趋势。2011 年中药材单产为 185.74 kg/亩；2012 年中药材单产降至 181.44 kg/亩；2013—2019 年天水市中药材单产呈现持续增长的趋势；到 2019 年中药材单产达到最大，为 310.99 kg/亩，较 2011 年增加 125.25 kg/亩；2020 年又降至 209.33 kg/亩，较 2011 年增加 23.59 kg/亩。见图 2-62。

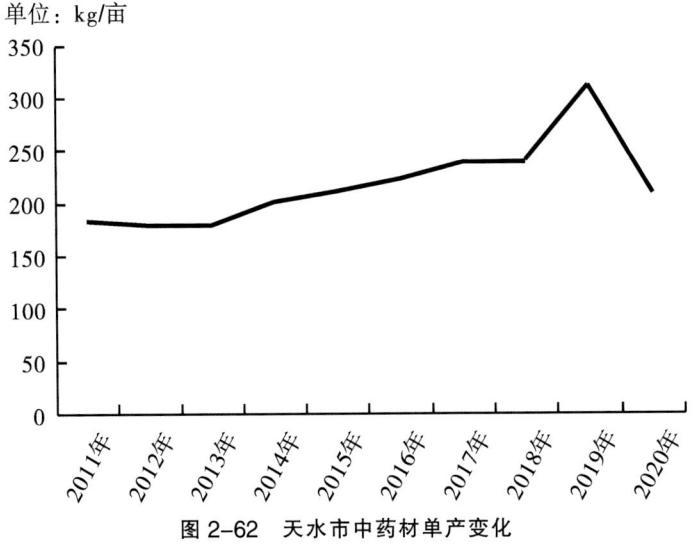

图 2-62　天水市中药材单产变化

(六) 武威市中药材生产状况

从中药材播种面积变化来看，2011—2020年武威市中药材播种面积呈先增加后降低又增加的趋势。2011年中药材播种面积为2.40万亩；2011—2016年武威市中药材播种面积持续增加；在2016年播种面积达到最大，为21.99万亩，较2011年增加19.59万亩；在2017年中药材播种面积降低至17.00万亩，较2016年降低了4.99万亩；2017—2019年武威市中药材种植面积持续下降；到2020年又稍有回升，2020年武威市中药材播种面积为15.52万亩，较2011年增加13.12万亩。见图2-63。

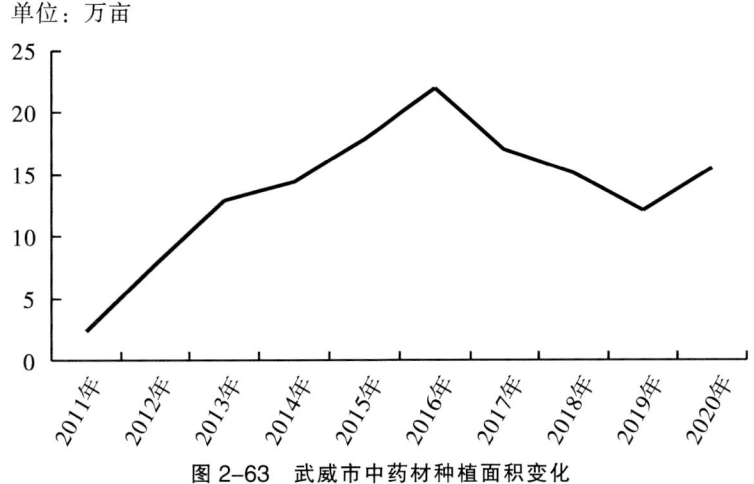

图2-63 武威市中药材种植面积变化

从中药材总产量变化来看，2011—2020年武威市中药材总产量总体呈增加的趋势。2011年中药材总产量为1.48万吨；2011—2017年武威市中药材总产量呈现持续增加的趋势；2017年总产量为7.36万吨；2018年武威市中药材总产量有下降，较2017年降低0.39万吨；2019—2020年中药材总产量又呈现下降的趋势；在2020年武威市中药材总产量达到7.74万吨，较2011年增加6.26万吨。见图2-64。

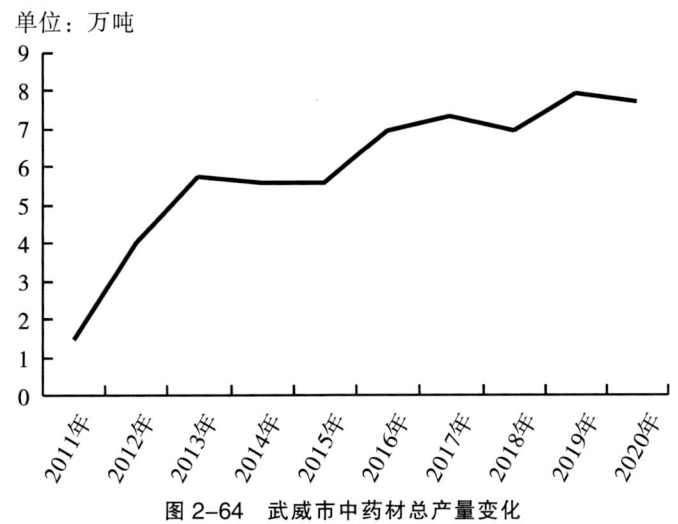

图2-64 武威市中药材总产量变化

从中药材单产变化来看，2011—2020 年武威市中药材单产整体呈先降低后增加又降低的趋势。2011 年中药材单产为 618.04 kg/亩；2011—2016 年中药材单产呈现持续降低的趋势；在 2016 年降至 318.56 kg/亩，较 2011 年降低 299.48 kg/亩；2017—2019 年武威市中药材单产呈现持续增长的趋势；到 2019 年中药材单产达到最大，为 657.36 kg/亩，较 2011 年增加 39.32 kg/亩；2020 年又降至 498.33 kg/亩，较 2011 年减少 119.71 kg/亩。见图 2-65。

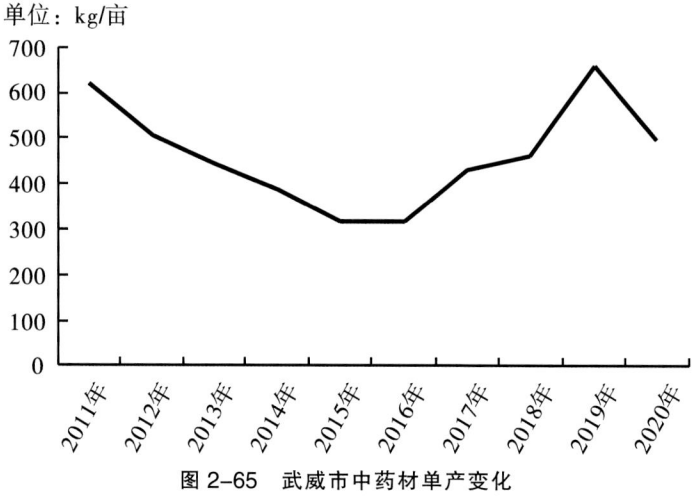

图 2-65 武威市中药材单产变化

（七）张掖市中药材生产状况

从中药材播种面积变化来看，2011—2020 年张掖市中药材播种面积呈先增加后降低又增加的趋势。2011 年中药材播种面积为 9.46 万亩；2011—2018 年张掖市中药材播种面积持续增加；在 2018 年播种面积达到 27.14 万亩，较 2011 年增加 17.68 万亩；在 2019 年中药材播种面积降低至 18.18 万亩，较 2018 年降低了 8.96 万亩；到 2020 年又稍有回升，2020 年张掖市中药材播种面积为 29.01 万亩，较 2011 年增加 19.55 万亩。见图 2-66。

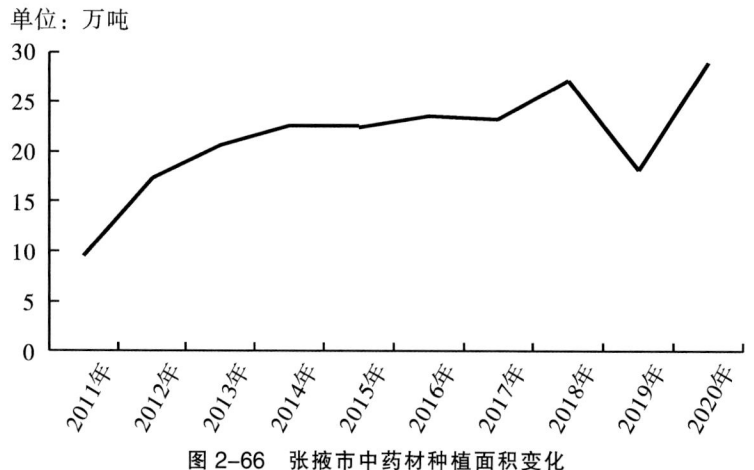

图 2-66 张掖市中药材种植面积变化

从中药材总产量变化来看，2011—2020年张掖市中药材总产量总体呈增加的趋势，在2016年稍有下降，但2016年以后又持续增加。2011年中药材总产量为3.27万吨；2011—2015年张掖市中药材总产量呈现持续增加的趋势；2015年总产量为7.99万吨；2016年张掖市中药材总产量有下降，较2015年降低0.31万吨；2016—2020年中药材总产量又呈现持续上升的趋势；在2020年张掖市中药材总产量达到最高，为10.96万吨，较2011年增加7.69万吨。见图2-67。

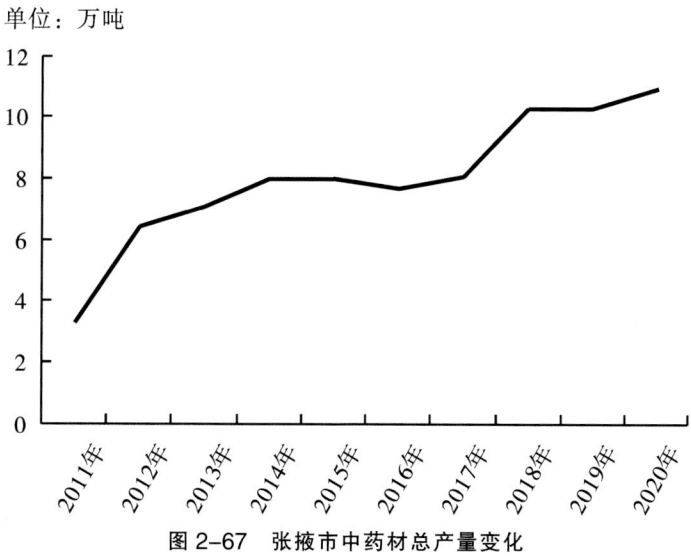

图2-67 张掖市中药材总产量变化

从中药材单产变化来看，2011—2020年张掖市中药材单产整体呈增加又降低的趋势。2011年中药材单产为345.79kg/亩；2011—2019年张掖市中药材单产呈现持续增长的趋势；到2019年中药材单产达到最大，为566.22 kg/亩，较2011年增加220.43kg/亩；2020年又降至377.63kg/亩，较2011年增加31.84kg/亩。见图2-68。

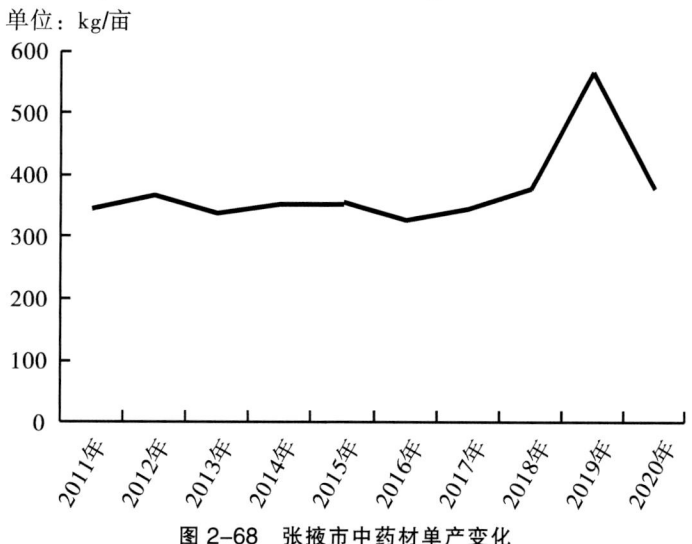

图2-68 张掖市中药材单产变化

(八）平凉市中药材生产状况

从中药材播种面积变化来看，2011—2020 年平凉市中药材播种面积呈先降低后增加的趋势。2011 年中药材播种面积为 12.43 万亩；2014—2016 年平凉市中药材播种面积持续增加；在 2016 年播种面积达到最大，为 14.88 万亩，较 2011 年增加 2.45 万亩；在 2017 年中药材播种面积降低至 5.01 万亩，较 2016 年降低了 9.87 万亩；2017—2019 年平凉市中药材种植面积持续下降；到 2020 年又稍有回升，2020 年平凉市中药材播种面积为 6.53 万亩，较 2011 年减少 5.90 万亩。见图 2-69。

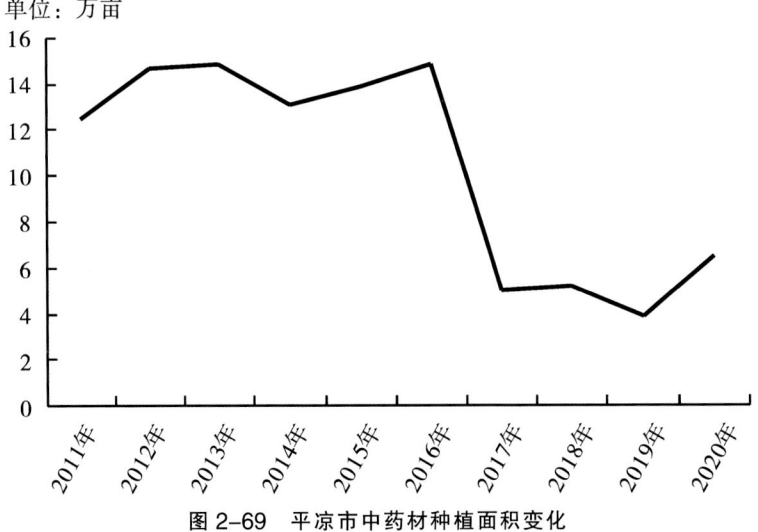

图 2-69　平凉市中药材种植面积变化

从中药材总产量变化来看，2011—2020 年平凉市中药材总产量总体呈先增加后降低又增加的趋势。2011 年中药材总产量为 3.49 万吨；2011—2016 年平凉市中药材总产量呈现持续增加的趋势；2016 年总产量为 5.56 万吨；2017—2018 年平凉市中药材总产量呈下降趋势；2020 年又稍有回升，在 2020 年平凉市中药材总产量为 2.54 万吨，较 2011 年降低 0.95 万吨。见图 2-70。

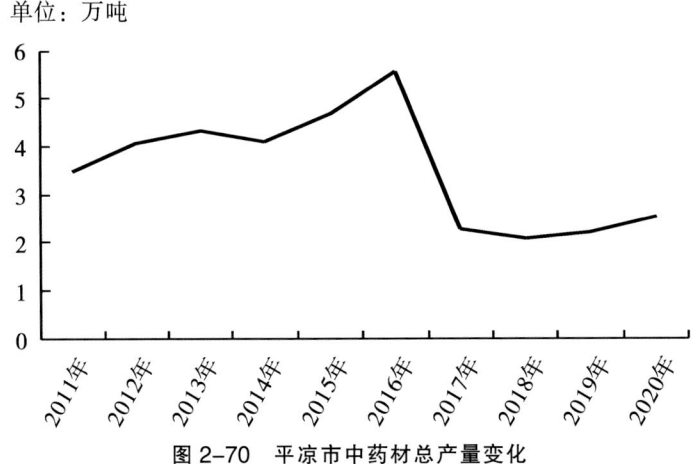

图 2-70　平凉市中药材总产量变化

从中药材单产变化来看，2011—2020年平凉市中药材单产整体呈增加又降低的趋势。2011年中药材单产为280.61kg/亩；2011—2017年平凉市中药材单产呈持续增加的趋势；在2017年中药材单产达到450.72kg/亩；2018年有所下降；但在2019年中平凉市中药材单产达到最大，为567.56kg/亩，较2011年增加286.95kg/亩；2020年又降至388.56公斤/亩，较2011年增加107.95kg/亩。见图2-71。

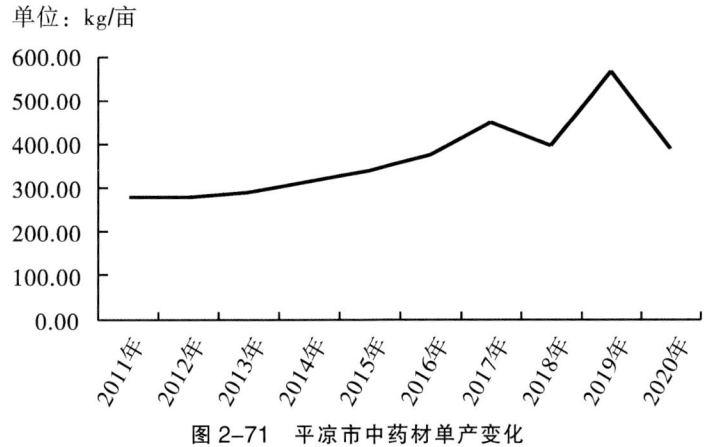

图2-71 平凉市中药材单产变化

（九）酒泉市中药材生产状况

从中药材播种面积变化来看，2011—2020年酒泉市中药材播种面积呈波动式变化的趋势。2011年中药材播种面积为20.97万亩；2011—2013年酒泉市中药材播种面积持续增加；在2013年播种面积达到27.75万亩，较2011年增加6.78万亩；在2014年中药材播种面积降低至25.08万亩；不过在2015—2016年酒泉市中药材播种面积又呈增加的趋势；且在2016年播种面积达到38.13万亩，较2011年增加了17.16万亩；2018—2019年酒泉市中药材种植面积持续下降；到2020年又稍有回升，2020年酒泉市中药材播种面积达到最大，为41.77万亩，较2011年增加20.8万亩。见图2-72。

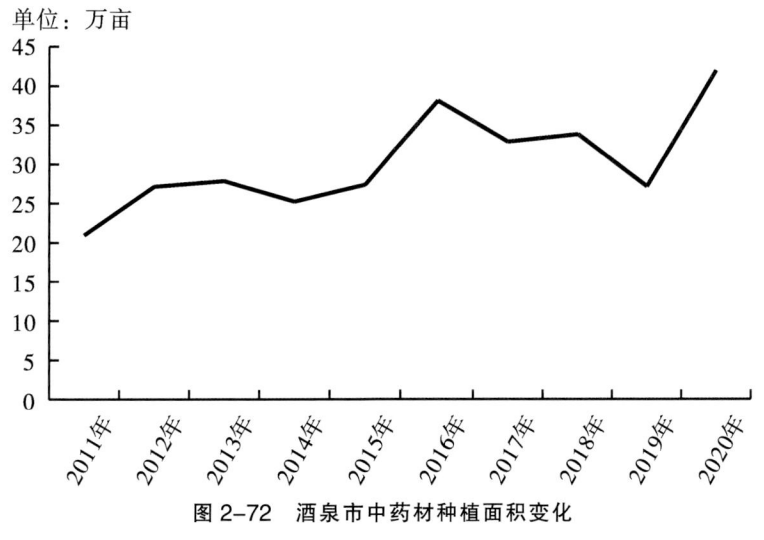

图2-72 酒泉市中药材种植面积变化

从中药材总产量变化来看，2011—2020年酒泉市中药材总产量总体呈增加的趋势，在2017年出现下降趋势，但2017年以后又持续增加。2011年中药材总产量为7.62万吨；2011—2016年酒泉市中药材总产量呈现持续增加的趋势；2016年总产量为13.87万吨；2017年酒泉市中药材总产量有下降，较2016年降低5.43万吨；2019—2020年中药材总产量又呈现持续上升的趋势；2020年酒泉市中药材总产量为9.21万吨，较2011年增加1.59万吨。见图2-73。

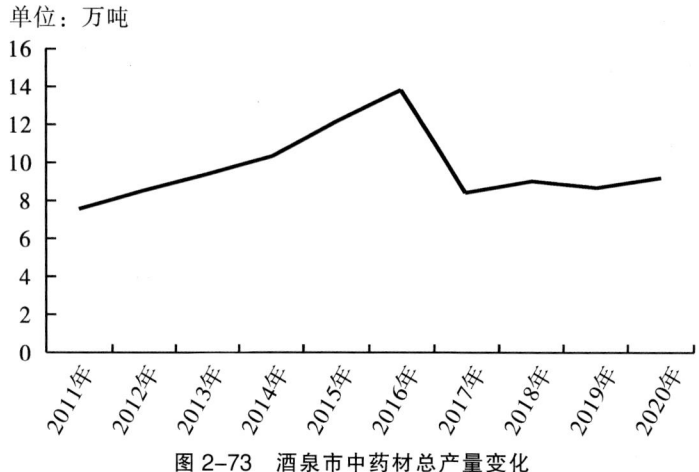

图2-73 酒泉市中药材总产量变化

从中药材单产变化来看，2011—2020年酒泉市中药材单产整体呈波动式变化的趋势。2011年中药材单产为363.52kg/亩；2012年中药材单产降至313.73kg/亩；2013—2015年酒泉市中药材单产呈现持续增长的趋势；到2015年中药材单产达到最大，为447.47kg/亩，较2011年增加83.95kg/亩；2015—2017年中药材单产呈持续下降的趋势；2018年酒泉市中药材单产为268.64kg/亩；到2019年又稍有回升；但在2020年单产又降低，2020年酒泉市中药材单产达到最低，为220.39kg/亩，较2011年减少143.13kg/亩。见图2-74。

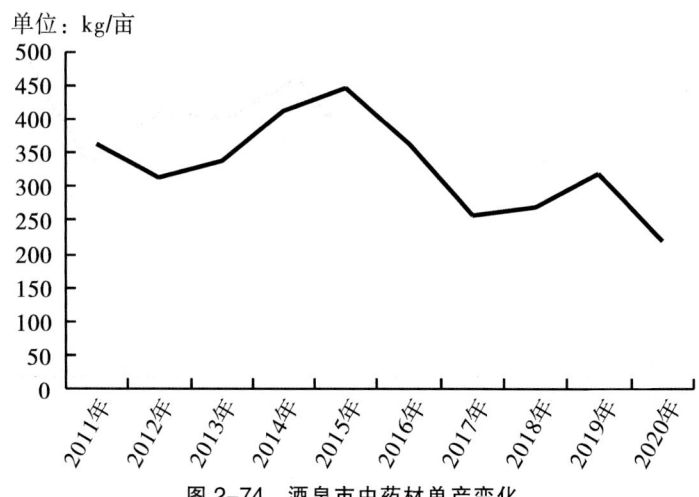

图2-74 酒泉市中药材单产变化

（十）庆阳市中药材生产状况

从中药材播种面积变化来看，2011—2020年庆阳市中药材播种面积总体呈上升的趋势，在2017年出现断崖式下降，但2017年以后又持续增加。2011年中药材播种面积为10.94万亩；2011—2016年庆阳市中药材播种面积持续增加；在2016年播种面积达到最大，为19.22万亩，较2011年增加8.28万亩；在2017年中药材播种面积降低至3.77万亩；不过在2018—2020年庆阳市中药材播种面积又呈增加的趋势；且在2020年播种面积达到18.09万亩，较2011年增加了7.15万亩。图2-75。

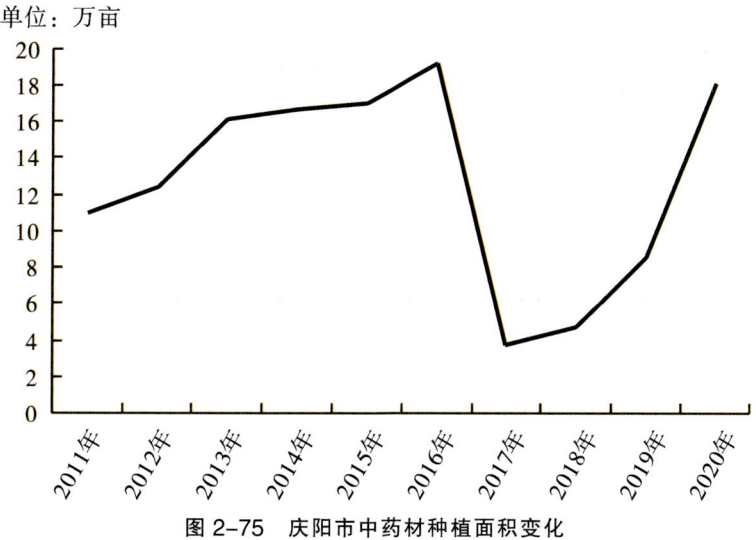

图2-75 庆阳市中药材种植面积变化

从中药材总产量变化来看，2011—2020年庆阳市中药材总产量总体呈波动式变化的趋势。2011年中药材总产量为11.35万吨；2012—2015年庆阳市中药材总产量呈现持续降低的趋势；2015年总产量为9.45万吨；2016年庆阳市中药材总产量有增加，总产量达到10.37万吨；2017年庆阳市总产量又降低至6.95万吨；2018—2020年中药材总产量又呈现持续上升的趋势；2020年庆阳市中药材总产量为9.73万吨，较2011年减少1.62万吨。图2-76。

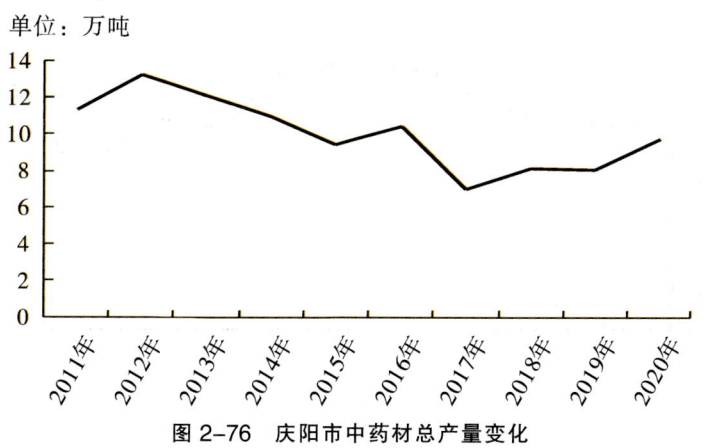

图2-76 庆阳市中药材总产量变化

从中药材单产变化来看，2011—2020年庆阳市中药材单产整体呈先增加后降低的趋势。2011年中药材单产为486.19kg/亩；2011—2015年中药材单产呈持续增加的趋势；2015年庆阳市中药材单产为602.23kg/亩；2016—2018年庆阳市中药材单产呈现持续降低的趋势；2018年中药材单产为486.08kg/亩；到2019年中药材单产达到最大，为617.38kg/亩，较2011年增加131.19kg/亩；但在2020年单产又降低，2020年庆阳市中药材单产达到最低，为414.85kg/亩，较2011年减少71.34kg/亩。图2-77。

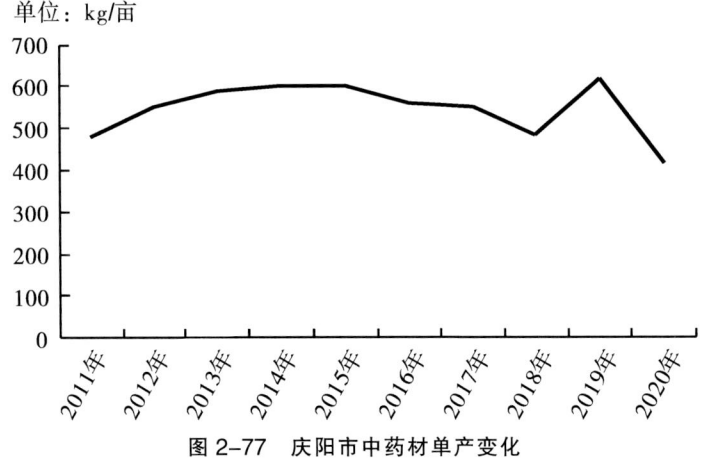

图2-77 庆阳市中药材单产变化

(十一) 定西市中药材生产状况

从中药材播种面积变化来看，2011—2020年定西市中药材播种面积总体呈波动式变化的趋势。2011年中药材播种面积为108.91万亩；2012—2016年定西市中药材播种面积持续增加；在2016年播种面积达到最大，为139.96万亩，较2011年增加31.05万亩；在2017年中药材播种面积降低至104.96万亩；不过在2018年定西市中药材播种面积又增加至110.97万亩；2019年定西市中药材播种面积下降，达到最低，为80.98万亩；在2020年播种面积稍有回升，达到131.28万亩，较2011年增加了22.37万亩。见图2-78。

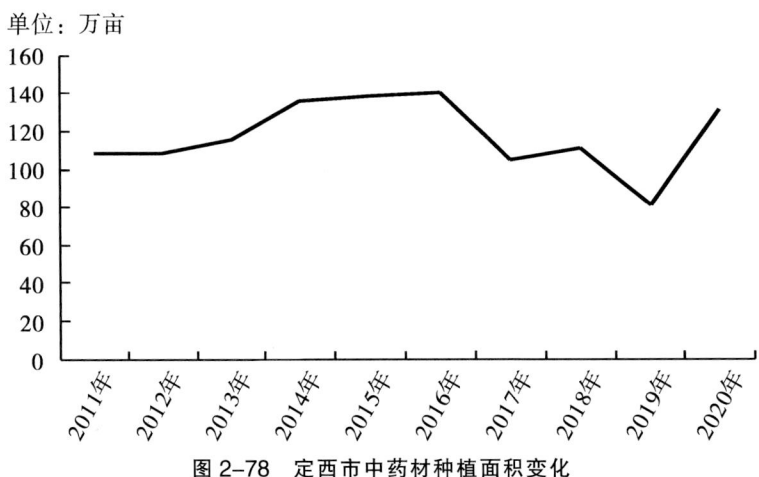

图2-78 定西市中药材种植面积变化

从中药材总产量变化来看，2011—2020年定西市中药材总产量总体呈持续上升的趋势，在2017年下降，但2017年后又持续增加。2011年中药材总产量为19.62万吨；2011—2016年定西市中药材总产量呈现持续降低的趋势；2016年总产量为32.62万吨；2017年定西市中药材总产量下跌，总产量为27.25万吨；2018—2020年中药材总产量又呈现持续上升的趋势；2020年定西市中药材总产量达到最大，为35.07万吨，较2011年增加15.45万吨。见图2-79。

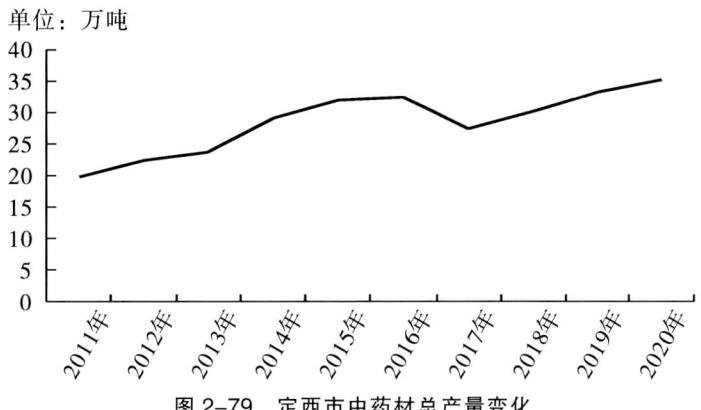

图2-79 定西市中药材总产量变化

从中药材单产变化来看，2011—2020年定西市中药材单产整体呈先增加后降低的趋势。2011年中药材单产为180.19kg/亩；2011—2019年中药材单产呈持续增加的趋势；2019年定西市中药材单产为411.15kg/亩；到2020年定西市中药材单产骤降，为267.18kg/亩，较2011年增加86.99kg/亩。见图2-80。

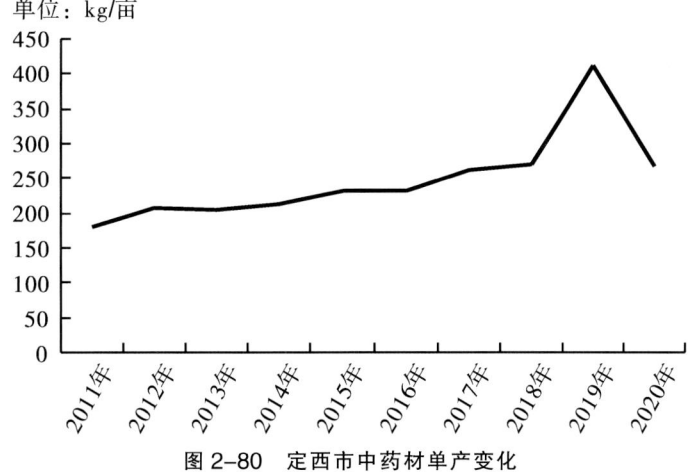

图2-80 定西市中药材单产变化

（十二）陇南市中药材生产状况

从中药材播种面积变化来看，2011—2020年陇南市中药材播种面积总体呈波动式变化的趋势。2011年中药材播种面积为65.23万亩；2011—2016年陇南市中药材播种面积持续增加；在2016年播种面积达到最大，为73.76万亩，较2011年增加8.53万亩；在2017—2019年，中药材播种面积持续降低；2019年低至42.98万亩；不过在2020年陇南市中药材播种面积又增加,且在 2020 年播种面积达到 67.64 万亩,较 2011 年增加了 2.41 万亩。见图 2-81。

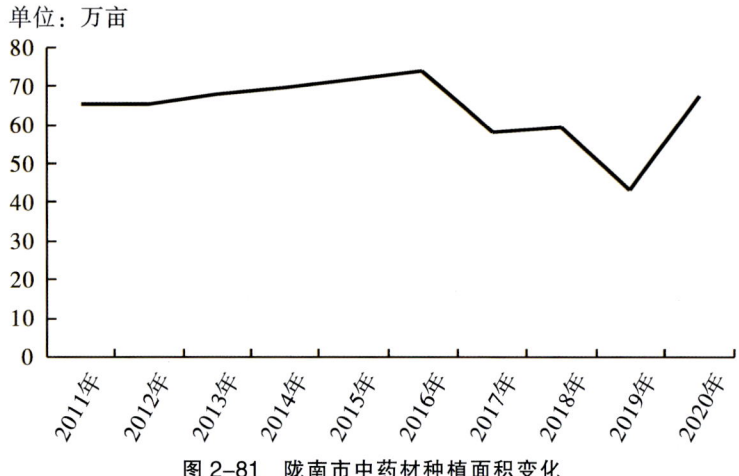

图 2-81　陇南市中药材种植面积变化

从中药材总产量变化来看,2011—2020 年陇南市中药材总产量总体呈持续增加的趋势,但在 2017 年有降低,2017 年后又开始持续增加。2011 年中药材总产量为 10.27 万吨;2011—2016 年陇南市中药材总产量呈现持续增加的趋势;2016 年总产量为 15.36 万吨;2017 年陇南市中药材总产量突然减少,总产量为 13.36 万吨;2018—2020 年陇南市总产量又呈现持续上升的趋势;2020 年陇南市中药材总产量为 17.11 万吨,较 2011 年增加 6.84 万吨。见图 2-82。

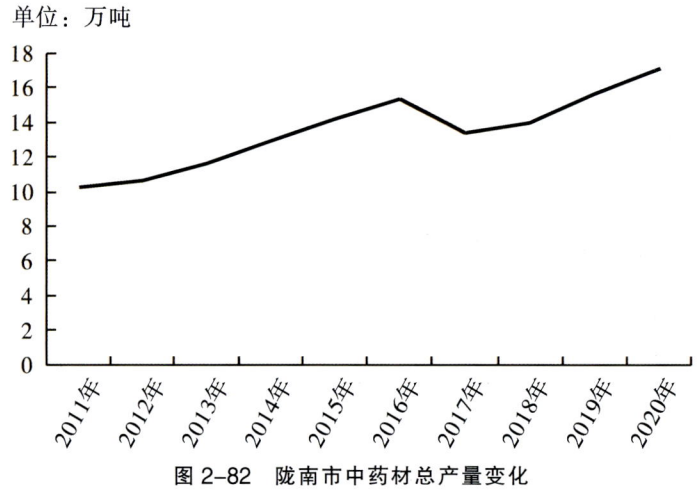

图 2-82　陇南市中药材总产量变化

从中药材单产变化来看,2011—2020 年陇南市中药材单产整体呈先增加后降低的趋势。2011 年中药材单产为 157.44kg/亩;2011—2019 年中药材单产呈持续增加的趋势;2019 年陇南市中药材单产达到最大,为 363.84kg/亩,较 2011 年增加 206.40kg/亩;但在 2020 年单产降低,2020 年陇南市中药材单产为 252.97kg/亩,较 2011 年增加 95.53kg/亩。见图 2-83。

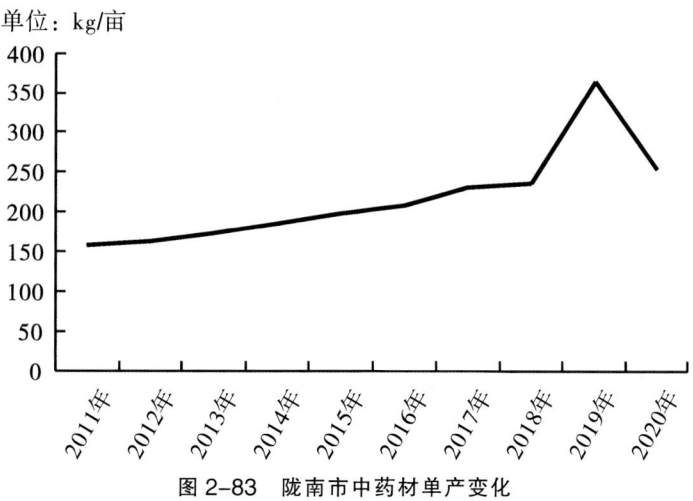

图 2-83 陇南市中药材单产变化

(十三) 临夏州中药材生产状况

从中药材播种面积变化来看，2011—2020 年临夏州中药材播种面积总体呈波动式变化的趋势。2011 年中药材播种面积为 4.81 万亩；2011—2016 年临夏州中药材播种面积持续增加；在 2016 年播种面积达到 7.57 万亩，较 2011 年增加 2.76 万亩；在 2018—2019 年，中药材播种面积持续降低；2019 年低至 5.14 万亩；不过在 2020 年临夏州中药材播种面积又增加，且在 2020 年播种面积达到最大，为 8.36 万亩，较 2011 年增加了 3.55 万亩。见图 2-84。

从中药材总产量变化来看，2011—2020 年临夏州中药材总产量总体呈持续增加的趋势，但在 2017 年有降低，2017 年后又开始持续增加。2011 年中药材总产量为 12.40 万吨；2011—2016 年临夏州中药材总产量呈现持续增加的趋势；2016 年总产量达到最大，为 18.02 万吨；2017 年临夏州中药材总产量突然减少，总产量为 10.50 万吨；2018—2020 年临夏州总产量又呈现持续上升的趋势；2020 年临夏州中药材总产量为 12.15 万吨，较 2011 年降低 0.25 万吨。图 2-85。

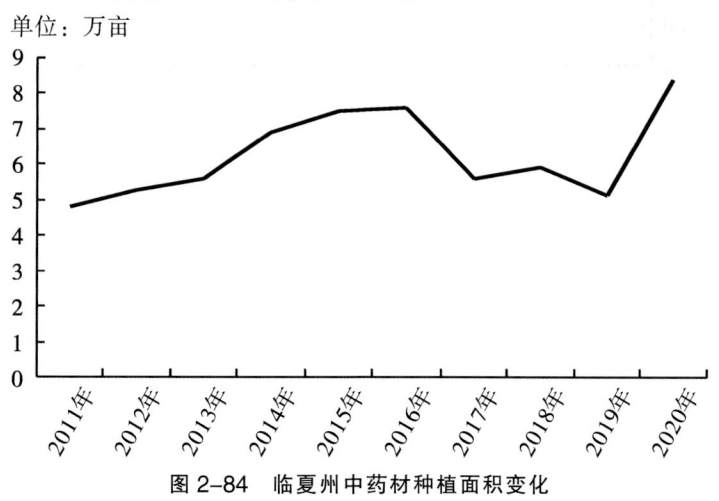

图 2-84 临夏州中药材种植面积变化

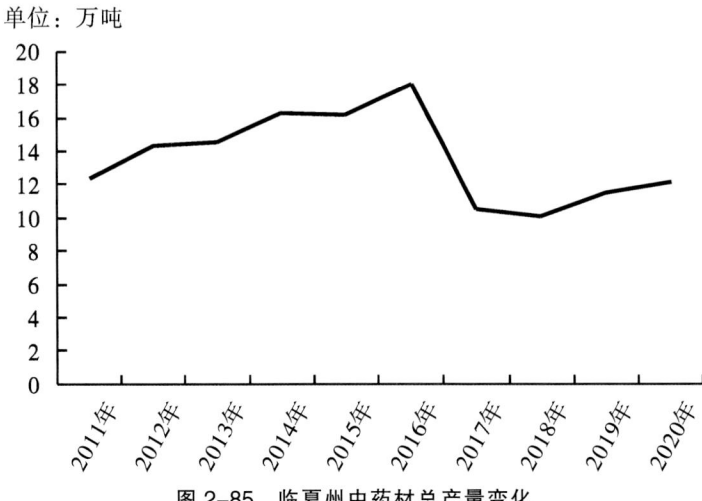

图 2-85 临夏州中药材总产量变化

从中药材单产变化来看，2011—2020 年临夏州中药材单产整体呈波动式变化的趋势。2011 年中药材单产为 220.37kg/亩；2011—2016 年中药材单产呈持续增加的趋势；2016 年临夏州中药材单产达到最大，为 299.31kg/亩，较 2011 年增加 78.94kg/亩；2017—2019 年临夏州中药材单产又呈降低的趋势；2019 年单产为 279.92kg/亩；但在 2020 年单产又增加，2020 年临夏州中药材单产为 286.14kg/亩，较 2011 年增加 65.77kg/亩。图 2-86。

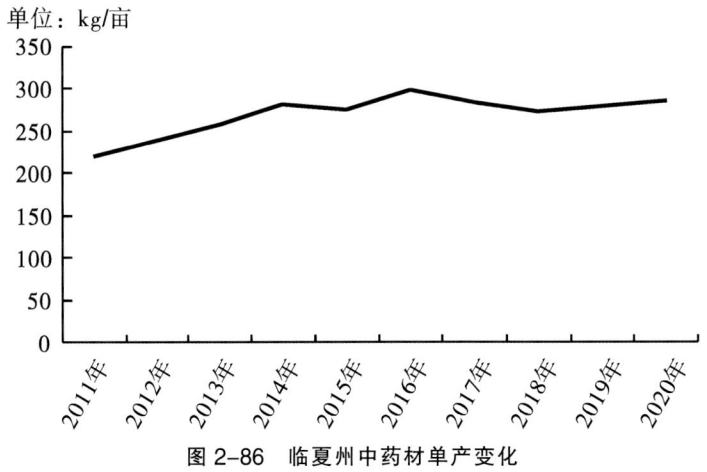

图 2-86 临夏州中药材单产变化

（十四）甘南州中药材生产状况

从中药材播种面积变化来看，2011—2020 年甘南州中药材播种面积总体呈波动式变化的趋势。2011 年中药材播种面积为 10.37 万亩；2011—2016 年甘南州中药材播种面积持续增加；在 2016 年播种面积达到最大，为 28.44 万亩，较 2011 年增加 18.07 万亩；在 2017—2019 年，中药材播种面积持续降低；2019 年低至 16.34 万亩；不过在 2020 年甘南州中药材播种面积又增加，且在 2020 年播种面积达到 24.99 万亩，较 2011 年增加了 14.62 万亩。见图 2-87。

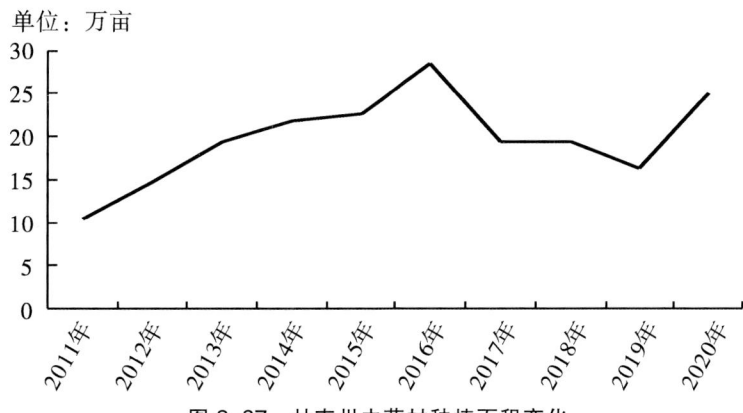

图 2-87　甘南州中药材种植面积变化

从中药材总产量变化来看，2011—2020 年甘南州中药材总产量总体呈先增加后降低的趋势。2011 年中药材总产量为 1.30 万吨；2011—2017 年甘南州中药材总产量呈现持续增加的趋势；2017 年总产量为 2.27 万吨；2018—2020 年甘南州总产量呈现持续下降的趋势；2020 年甘南州中药材总产量降至 1.74 万吨，较 2011 年增加 0.44 万吨。见图 2-88。

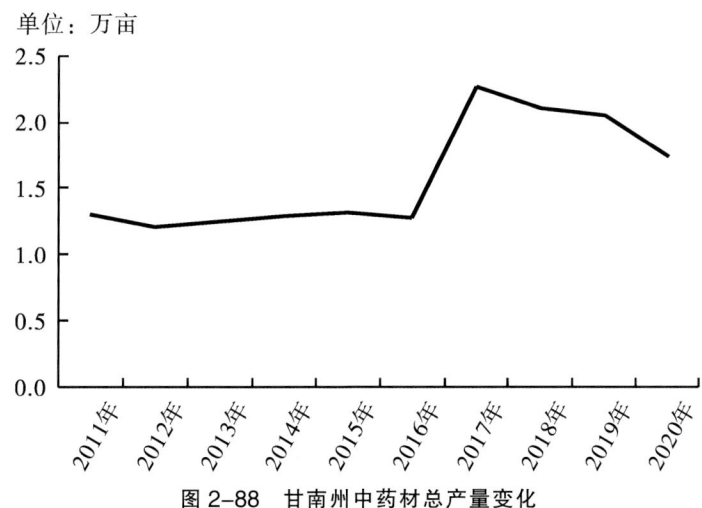

图 2-88　甘南州中药材总产量变化

从中药材单产变化来看，2011—2020 年甘南州中药材单产整体呈波动式变化的趋势。2011 年中药材单产为 186.52kg/亩；2011—2013 年中药材单产呈持续增加的趋势；2015 年甘南州中药材单产为 196.39kg/亩，较 2011 年增加 9.87kg/亩；2016—2018 年甘南州中药材单产呈持续下降的趋势；2018 年中药材单产为 167.13kg/亩；2019—2020 年单产又持续增加；2020 年甘南州中药材单产为 180.98kg/亩，较 2011 年减少 5.54kg/亩。见图 2-89。

四、甘味苹果产量

从甘味苹果年际产量变化来看，全省苹果产量总体呈增长趋势，由 2011 年的 227.93 万吨增长至 2020 年的 385.98 万吨，见图 2-90；其中平凉市和天水市水果产量较高，占比较大。

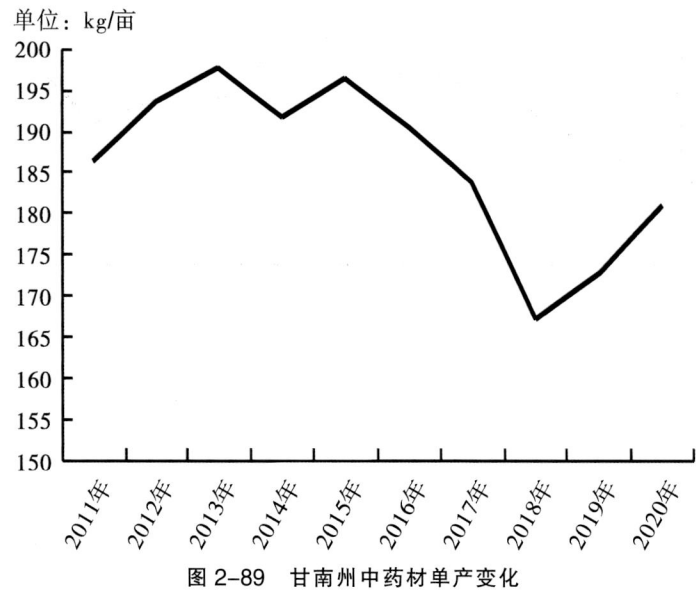

图 2-89 甘南州中药材单产变化

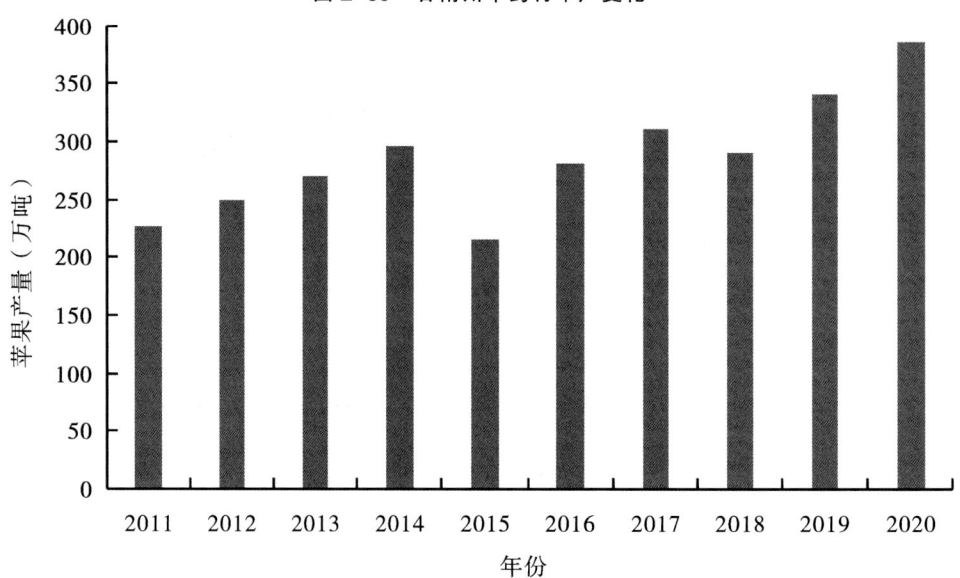

图 2-90 全省甘味苹果产量变化

兰州市苹果产量 2011 年为 6.29 万吨，2020 年为 5.68 万吨，变化幅度不大，基本保持平稳状态。嘉峪关市不是苹果主产区，苹果产量在全省占比最少，2011 年为 0.1 万吨；2020 年降至 0.01 万吨；其中 2012—2016 年较多，产量介于 0.18~0.21 万吨。金昌市苹果产量呈缓慢增长趋势，2011 年为 0.16 万吨；2020 年为 0.21 万吨，但总体产量在全省占比也较少。白银市苹果产量呈平稳变化状态，2011 年为 7.41 万吨；2020 年为 7.12 万吨；其中 2012—2017 年产量较多，基本介于 8.25~9.22 万吨之间；2018 年产量最少，仅为 3.1 万吨。天水市作为全省苹果的主产区，苹果产量较大，且呈现急速增长的趋势，由 2011 年的 65.79 万吨增长至 2020 年的 139.08 万吨，较 2011 年增长了 73.29 万吨。武威市苹果产量 2011—2016 年呈增长趋势，2011 年为 7.16 万吨；2016 年为 10.38 万吨，增加了 3.22 万吨；之后呈下降趋势，至 2020 年为 6.27 万吨。张掖市苹果产量也较少，2011—2016 年呈增长趋势，由 5.89 万吨增长至 9.22 万吨，增长了 3.33 万吨；之后产量呈下降趋势，到 2020 年仅为 0.68 万吨。平凉市也是甘肃省的一个苹果主产区，产量较高，且逐年呈增长的趋势，2012 为 86.65 万吨；2020 年为 151.74 万吨，增长了 65.09 万吨。酒泉市苹果产量也不高，2012 年为 2 万吨；2020 年为 2.23 万吨，增长了 0.23 万吨。庆阳市苹果产量总体呈上升趋势，2012 年为 42.93 万吨；2020 年为 50.72 万吨，增长了 7.79 万吨；其中 2016 年产量最高，为 66.88 万吨。定西市苹果年际产量变化不大，2012 年为 2.18 万吨；2020 年为 3.27 万吨，增长了 1.09 万吨。陇南市苹果产量逐年增加，2012 年为 8.4 万吨；2020 年增长至 16.4 万吨，增长了 8 万吨。临夏州苹果产量逐年降低，但总体不高，2012 年为 1.5 万吨；2020 年为 0.84 万吨，减少了 0.66 万吨；2016 年苹果产量最高，为 2 万吨。甘南州苹果产量也很低，2012 年为 0.56 万吨；近几年基本持平；2020 年为 0.53 万吨，减少了 0.03 万吨；2016 和 2017 年产量最高，均为 0.79 万吨。见表 2-18。

表 2-18 各市州 2011—2020 年苹果产量变化

单位：万吨

时间	2011	2012	2013	2014	2015	2016	2017	2018	2019	2020
兰州市	6.29	6.49	6.9	7.26	7.48	8.34	6.19	5.29	5.73	5.68
嘉峪关市	0.1	0.21	0.18	0.18	0.18	0.21	0.02	0.02	0.01	0.01
金昌市	0.16	0.16	0.18	0.18	0.18	0.2	0.23	0.21	0.21	0.21
白银市	7.41	8.25	8.53	8.57	9.17	9.94	9.22	3.1	6.67	7.12
天水市	65.79	73.44	78.78	86.79	94.96	106.48	109.6	115.68	121.2	139.08
武威市	7.16	8.09	8.96	9.68	9.2	10.38	6.69	6.25	6.19	6.27
张掖市	5.89	6.65	6.89	7.37	7	9.22	0.55	0.55	0.73	0.68
平凉市	--	86.65	96.02	105.25	114.25	126.64	120.46	108.38	132.62	151.74
酒泉市	--	2	2.17	2.27	2.41	2.75	1.96	20.4	2.11	2.23
庆阳市	--	42.93	47.12	54.37	59.73	66.88	38.72	31.52	43.97	50.72
定西市	--	2.18	2.32	2.47	2.6	3.01	3.11	3.17	3.26	3.27
陇南市	--	8.4	8.68	9.51	10.44	11.4	12.26	13.56	15.41	16.4
临夏回族自治州	--	1.5	1.6	1.8	1.87	2	0.54	0.63	0.76	0.84
甘南藏族自治州	--	0.56	0.55	0.59	0.75	0.79	0.79	0.55	0.52	0.53
全省	92.8	247.51	268.88	296.29	320.22	358.24	310.34	290.95	339.39	384.78

注：以上数据来源于国家统计局 2011—2020 年农业统计数据。

第三章 产地环境评价

一、产地环境概述

产地环境质量调查的目的是科学、准确地了解产地环境质量现状,为优化监测布点和有效评价提供科学依据。根据绿色食品产地环境质量要求特点,兼顾重要性、典型性、代表性,重点调查产地环境质量现状和发展趋势,兼顾产地自然环境、社会经济及工农业生产对产地环境质量的影响。产地环境质量评价就是对食品原料产地的自然环境与资源概况(包括气象条件、水文状况、土地资源、植被与生物资源、自然灾害等)、社会经济概况,工业三废(废气、废水、废渣)及农业污染物污染情况,农业生态保护措施等情况进行评价。相关研究集中在以下几方面:一是针对不同农作物进行生产适宜性评价,评价主要依据气候条件和土壤条件,其中 Web GIS(网络地理信息系统)技术的应用较少;二是对土壤环境、水质等的评价,评价因素相对单一。农产品产地环境质量安全,是生产过程质量监管的基础和终端农产品(食品)消费安全的第一道关口,是农产品质量安全全过程监管最重要的环节和切入点。农产品是生物体,离不开良好的生态环境和土壤条件。

中国农产品产地环境标准首先对选址有明确的要求。目前无公害相关产地环境标准对种植业产地、畜禽场产地和渔业产地提出了统一要求。如要求渔业产品的养殖产地要选择在水源充足、水质清新、排灌方便、生态环境良好,通讯、交通便利,自然环境僻静,有利于各种物质运输的地区。周围应没有对产地环境构成威胁的污染源,且不受工业"三废"及农业、生活、医疗废弃物等的污染。养殖场周边无污染源,基地整洁,布局合理等。从产地环境的选址方面对产地环境提出了宏观的要求。

二、国外产地环境研究现状

从 20 世纪 70 年代起,一些工业发达国家对食品安全、环境污染等问题就开始了高度关注。在蔬菜生产方面对农业投入品严格管理,禁止乱施滥用农药、化肥。同时对农业生产的一些新技术、新方法开展多方面的研究,在保证产量和质量的同时保证优质的农业产地环境。对农业生产过程中的各方面污染因素全面考虑,不造成不必要的污染和二次污染。20 世纪 80 年代,美、英、德、日等国主要从大气、灌溉水、土壤等方面开展研究。进入 21 世纪,随着环境影响因子不断增多,日本和欧洲等很多国家研究并制定了评估因子,逐步形成了比较完善的综合评价体系。

欧美国家在农业生产上应用化学物质最早,他们也最早关注化学物质对食品的食用安全性影响。英国在 1931 年就已经开始了有机农作物的栽培,20 世纪 90 年代已取得了快速稳步的发展，目前已形成了较为完善的有机食品生产制度。中国无公害农产品发展较迟，20世纪80年代后期，中国有些省、市开始发展无公害农产品。无公害农产品生产着重解决当前农产品中农药残留、有毒有害物质等已成为"公害"的问题。20世纪90年代初，中国农产品的供需矛盾问题已经基本得到解决，人们开始对农产品中的农药残留问题广泛关注，"绿色产品"理念不断深入人心，食品安全成为全社会的强烈期盼。1990年5月5日，中国正式发布了发展绿色食品的政策，制定了绿色食品相关标准，确定了绿色食品标志，在农业部设立了"中国绿色食品发展中心"，指导绿色食品的生产、认证工作，推动绿色食品行业健康发展。1993年，"中国绿色食品发展中心"加入了有机农业运动国际联盟，标志着中国无公害、绿色、有机食品生产开始启动。2001年农业部提出了"无公害食品行动计划"，并选取北京、天津、上海、深圳等4个城市作为试点，次年，"无公害食品行动计划"在全国范围内广泛开展。

三、国内产地环境研究现状

中国先发展后治理的经济发展模式对环境造成了严重危害，产地环境污染严重的问题迫在眉睫。2015年《中国耕地地球化学调查报告》显示，在0.924亿公顷的耕地调查面积中，重金属中度污染到重度污染或超标的点位比例占2.5%，覆盖面积232.3万公顷，轻微污染到轻度污染或超标的点位比例占5.7%，覆盖面积536.6万公顷，严重影响中国耕地环境质量和粮食生产安全。

随着社会的进步，科技的发展，物质越来越丰富，人们的环境意识也日益增强。市场对无公害绿色农产品需求的不断增加，国内市场准入制度的逐步完善和国际市场绿色壁垒政策的普遍实施，都要求在农产品生产中建立与完善无公害农产品生产环境质量监控体系。这样就可以极大地提高农产品的品质和产量，满足广大消费者的需求，提高农产品的市场竞争力，扩大市场占有份额。

农产品产地环境维系着主粮、蔬果以及其他经济作物的质量安全，同时也与千万民众的生命安全息息相关，所以目前产地环境污染需要监管部门提高警惕，增强监管力度。农产品质量安全问题是政府和消费者共同关注的焦点，是实现乡村振兴、推动农业现代化过程中的重要一环。农产品质量安全监管工作的首要任务是保证初级农产品的质量安全，其核心与关键是从源头上有效地控制好产地环境和生产者的行为。

发展无公害农产品意义重大、前景广阔，在中国受到高度重视。无公害农产品管理机构、环境监测机构、产品质量检测机构逐步形成，产品认证管理、技术服务和质量监督网络已经覆盖整个农产品产区。各农产品产区从"战略制高点"和新的"经济增长点"出发，积极推进无公害农产品生产开发。农产品产地的土壤环境质量备受关注。进行农产品产地土壤环境质量评价，可以为农产品产地认证和土地可持续利用提供依据。近年来，科研人员采用不同的方法，对不同地区的土壤环境质量进行了分析和评价。

（一）空气质量产地环境研究现状

从2012年中国环境监测总站开展的全国农村区域空气质量监测工作结果来看，2012年全国农村区域站SO_2的年均浓度范围为$1.9\sim74.7\mu g/m^3$，平均浓度为$22.3\mu g/m^3$；

农村区域站 NO_2 的年均浓度范围为 5.3~49.4μg/m³，平均浓度为 19.9μg/m³；全国农村区域站 PM10 的年均浓度范围为 26.9~158.8μg/m³，平均浓度为 77.1μg/m³。总体来看，全国农产品产地区域 SO_2、NO_2、PM10 浓度水平尚未对农产品安全构成威胁。

但国道、省道等道路两侧及钢厂、矿区附近，因大气沉降通过污染土壤影响土壤上生长植物的重金属积累部分被吸收进入地上植物体，导致这些区域的土壤和农产品中常常含有较高含量的重金属。特别是叶菜类蔬菜与空气直接接触面积较大，通过表皮细胞和气孔吸收有害物质的可能性也较大。农产品产地空气质量标准主要涉及种植业产品和畜禽产品两大类。种植业农产品产地空气质量要求的相关标准主要基于《环境空气质量标准》(GB 3095—2012) 制定的，该标准是 2012 年环境保护部制定的，2016 年全面实施。目前农业农村部、生态环境部等颁布的行业标准中涉及相关空气指标也是以此标准为基础建立的。

畜禽的生产一般都在确定的范围内，具有一定的生产小环境，在具体指标上畜禽场空气质量标准比种植业（二氧化硫、二氧化氮、总悬浮颗粒物和氟化物等 4 种对农作物影响相对较大的污染物指标）多了氨气、硫化氢、二氧化碳、PM10、TSP（总悬浮颗粒物）等控制要求，因幼年畜禽和成年畜禽对环境的耐受力不同，标准值也有所不同。

（二）水质产地环境研究现状

中国主要江河水质状况总体较好，但部分劣 V 类水体对农业生产有不利影响。从 2012 年中国环境监测总站开展的全国地表水水质监测工作结果来看，2012 年十大流域总体为轻度污染，主要污染指标为化学需氧量、五日生化需氧量和高锰酸盐指数。监测的 704 个国控断面中，Ⅰ~Ⅲ类水质断面占 68.9%，Ⅳ、Ⅴ类占 20.9%，劣Ⅴ类占 10.2%。其中，西北诸河、西南诸河和珠江水质为优；长江和浙闽片河流水质良好，黄河、松花江、淮河和辽河为轻度污染；海河为中度污染，但劣Ⅴ类水比例达到 32.8%。这些劣Ⅴ类水体如不加以控制与治理，必然会对农产品质量安全构成威胁。

中国水资源短缺，农业生产严重依靠灌溉，据统计，约占全国耕地面积 50% 的灌溉面积上生产着全国粮食总产量的 75%~80%。中国有效灌溉面积自 1990 年的 4 740.31 万公顷增长到 2009 年的 5 926.14 万公顷，平均每年新增 1.3%，而农业用水比例则自 2001 年的 64% 下降到 2008 年的 62%，农业用水被挤占严重。

另一方面，中国各地河流、湖泊等地表水体污染的不断增加更加重了水资源短缺的矛盾。在水资源日益短缺与水体污染不断加剧的双重压力下，清洁无害的农灌水源就显得极为珍贵。为弥补水源的严重不足，农区利用污水进行农业灌溉的现象在中国已较为普遍，尤其在中国北方地区，污水已成为农业灌溉用水的一个主要水源，有些地区历史上甚至不加考虑地将工业污水也作为水源进行直接灌溉。

污水灌溉是曾经的历史过程，虽然现在基本停止，但污染仍然存在于污灌区。例如中国辽宁、河北等省部分区域菜地土壤重金属含量较高甚至超标，可能与历史上不合理的污水灌溉相关。北京市通州区位于城市东南郊，历史上，在北京市区周边曾形成以重金属为主要污染物的东南郊污水灌区，高峰时污灌面积达到 500 多万亩，污灌历史在

20~50年以上，其中达到中度、重度污染的面积在5万亩以上。随着北京农业向观光农业、精品农业的转变，农业灌溉已基本改为地下水源；同时，随着工业废水达标排放和城市污水处理厂的建设运行使河道水体中重金属浓度显著降低，农业土壤中重金属等污染物的来源被切断，土壤环境质量逐渐得到改善。由于重金属难以降解，在个别地块重金属仍存在超标现象。

2013中国环境监测总站开展的蔬菜种植区土壤环境质量例行试点监测结果表明：北京市通州区马驹桥镇大松垡村镉、铜和锌存在超标现象，可能也与该区历史上为污灌区有一定关联。

水在农产品标准化生产中占有重要地位，在种植业的生产中主要用于灌溉，畜禽生产中主要用于饮用，渔业的产品则主要生活在水体环境中，所以不同产品对产地水质的标准值要求也不同。以种植业产地环境为例，中国种植业产地灌溉水环境质量标准主要有《地表水环境质量标准》(GB 3838—2002)、《农田灌溉水质标准》(GB 5084-2005)、《地下水质量标准》(GB/T 14848—1993)、《城市污水再生利用 农田灌溉用水水质》(GB 20922—2007)等。水环境质量十分复杂，影响农产品产地的污染物种类众多，因此，标准中污染物的限定数量还有待完善。

（三）土壤质量产地环境研究现状

由于发展无公害农产品意义重大、前景广阔，在中国受到高度重视，无公害农产品管理机构、环境监测机构、产品质量检测机构逐步形成，产品认证管理、技术服务和质量监督网络已经覆盖整个农产品产区。各农产品产区从"战略制高点"和新的"经济增长点"出发，积极推进无公害农产品生产开发。农产品产地的土壤环境质量备受关注。进行农产品产地土壤环境质量评价，可以为农产品产地认证和土地可持续利用提供依据。近年来，科研人员采用不同的方法，对不同地区的土壤环境质量进行了分析和评价。

1.大部分农田土壤环境适宜耕作

国土资源部历时10年，投入130多万人开展了"中国耕地质量等级调查与评定"调查，国土资源部2009年发布了《中国耕地质量等级调查与评定》成果，将中国耕地质量分为4个等级：优等地、高等地、中等地、低等地。调查结果显示，4个等级耕地面积占全国耕地评定总面积的比例分别为2.67%、29.98%、50.64%、16.71%。

从国土资源部进行的全国多目标区域地球化学调查进展与成果来看，国土资源部中国地质调查局从1999年开始实施全国多目标区域地球化学调查，进行全国区域生态地球化学评价与土地质量地球化学评估。截至2010年底，共计完成调查面积165万平方千米，涉及全国31个省(区、市)，覆盖全国东、中部平原盆地、湖泊湿地、近海滩涂、丘陵草原及黄土高原等主要农业产区。调查表明，全国土地质量总体良好。根据国家有关标准，调查区符合种植绿色农作物土地面积占88%，存在潜在生态风险的占56%，其中属中度、重度污染土壤约占17%。符合种植无公害农作物土地面积占92%，表明土地是清洁安全的。特别是华北、东北地区质量最好，优质土地面积分别达99%和96%。

中国环境监测总站2012年组织对全国30个省市种植粮、棉、油作物土壤（4606个点位）进行的例行监测结果显示，属清洁、尚清洁的土壤占90.6%，轻度污染土壤所占比例为6.4%，属中度和重污染所占比例为3.0%。

中国环境监测总站2013年继续组织对全国30个省市种植蔬菜种植区土壤（4910个点位）开展的例行监测，结果显示，蔬菜种植区土壤以清洁（安全）和尚清洁（警戒线）为主，所占比例为56%。轻度污染、中度污染和重污染的比例分别为：25%、32%和17%。不同部门、不同学者，由于对土壤污染调查工作的侧重点不同、采取的调查范围和研究角度各异，得出的土壤污染情况有所差异。为更好地摸清全国土壤环境质量状况，应在全面深入调研的基础上，科学、客观地评判全国土壤环境质量状况，不应低估，也不宜过分夸大当前的土壤污染形势。

2.部分中度和重度污染区域土壤潜在生态风险较高，对农产品质量安全影响较大

2011年10月25日，环境保护部指出："从土壤污染看，全国土壤环境质量总体不容乐观，受污染的耕地约有1.5亿亩，长三角、珠三角、京津冀、辽中南和西南、中南等地区土壤污染面积较大。固体废物堆存占地和毁田约200万亩。一些城市污染场地再开发的环境风险不容忽视。""损害群众健康的环境问题仍然比较突出。近年来，重金属污染事件呈高发态势""全国约有1.2万座尾矿库，其中危、险、病库占12.4%，对周围水和土壤环境污染严重。"

根据2014年4月17日发布的《全国土壤污染状况调查公报》，全国土壤环境状况总体不容乐观，部分地区土壤污染较重，耕地土壤环境质量堪忧，工矿业废弃地土壤环境问题突出。工矿业、农业等人为活动以及土壤环境背景值高是造成土壤污染或超标的主要原因。全国土壤总的超标率为16.1%，其中轻微、轻度、中度和重度污染点位比例分别为11.2%、2.3%、1.5%和1.1%。污染类型以无机型为主，有机型次之，复合型污染比重较小，无机污染物超标点位数占全部超标点位的82.8%，其中，耕地土壤点位超标率为19.4%，其中轻微、轻度、中度和重度污染点位比例分别为13.7%、2.8%、1.8%和1.1%，主要污染物为镉、镍、铜、砷、汞、铅、滴滴涕和多环芳烃。从污染分布情况看，南方土壤污染重于北方；长江三角洲、珠江三角洲、东北老工业基地等部分区域土壤污染问题较为突出，西南、中南地区土壤重金属超标范围较大；镉、汞、砷、铅等4种无机污染物含量分布呈现从西北到东南、从东北到西南向逐渐升高的态势。

2000年农业部环保监测系统对全国24省（市）、320个严重污染区土壤调查发现，大田类农产品超标面积占污染区农田面积的20%，其中重金属超标占污染土壤和农作物的80%。1996—1998年农业部调查表明，全国污灌区面积约140万公顷，遭受重金属污染的土地面积占污染总面积的21%，其中：轻度污染占32%，中度污染占41%，严重污染占8%，其中以重金属Hg和Cd的污染面积最大。特别是采矿区和冶炼区周边及部分城郊地区，这些区域农田土壤重金属的含量较高，部分已超过《土壤环境质量标准》（GB 15618—1995）Ⅱ级，并对农产品安全生产构成了严重威胁。国内研究者甚至媒体对这类问题最为关注，相应的报道也较多。如广西污染高风险地区主要是分布在河池

市丹池矿化带及其延伸区域上,如河池市南丹南部、环江西部和金城江区;湖南株洲冶炼区、湖南石门采矿区、云南会泽采矿区、甘肃白银采矿区、广东汕头采矿区周边等区域采集农田土壤重金属含量较高,也属于高风险地区。这些高风险区内,一般存在着对农产品的重金属含量超标的问题。

中国现行的产地环境土壤限量基本大都源于1995年颁布的《土壤环境质量标准》(GB 15618—1995)。该标准的制定反映了中国多年来的土壤科研成果,统一了全国土壤环境质量标准。其规定了3大类土地功能区的镉、汞、砷、铜、铅、铬、锌、镍等8项金属元素以及六六六、滴滴涕的最高允许浓度。农产品产地土壤环境质量要求一般采用二级标准。

2006年环境保护部依据《土壤环境质量标准》,针对食用农产品产地环境质量制定了行业标准《食用农产品产地环境质量评价标准》(HJ/T 332—2006),标准在原有水田、旱田、果园等划分的基础上,增加了蔬菜产地要求,并且增加了稀土总量和全盐量两项指标,同时将所有指标分成了基本控制项目(必测项目)和选择控制项目两类。

四、产地环境评价概述

产地环境评价主要包括产地环境质量评价和产地环境适宜性评价。

产地环境质量评价指对农产品产地的自然环境与资源概况(包括气象条件、水文状况、土地资源、植被与生物资源、自然灾害等)、社会经济概况、工业三废及农业污染物污染情况和农业生态保护措施等情况进行评价。

产地环境适宜性评价指评定产地环境对于绿色、有机和无公害产品的生产与采集是否适宜以及适宜的程度,是进行绿色、有机和无公害产品认证的基本依据;是综合考虑针对农作物在特定种植土壤环境、气候环境、社会环境所作出的定性、定量和定位的评价。

(一)产地环境质量评价步骤

1. 区域环境质量状况考察及环境本底特征调查和资料收集与整理

需要收集、整理以下资料:土壤环境质量资料主要包括:镉、汞、砷、铅、铬等土壤污染元素资料;灌溉水质资料主要包括:pH值、总汞、总镉、总砷、总铅、六价铬、氟化物、化学需氧量、石油类、粪大肠菌群等水质监测化验成果资料;空气环境质量资料主要包括:总悬浮颗粒物、氟化物、二氧化硫、二氧化氮、臭氧、颗粒物PM10、颗粒物PM2.5、一氧化碳等监测化验成果资料;气象资料主要包括邻近20年以来的10度积温、0度积温、年平均气温(℃)、年极端最高气温(℃)、年极端最低气温(℃)、年降雨量(mm)等观测资料。

另外还有最新年份全省的测试化验分析数据、野外调查资料、基础图件资料、统计资料、气象资料和其他资料等。其中,野外调查资料包括地理位置、自然条件、生产条件、土壤剖面性状等;测试化验分析资料包括有机质、pH值及土壤大、中、微量元素和重金属元素等;统计资料包括统计年鉴、农业统计年鉴等;其他资料包括第二次土壤普查相关资料、高标准农田建设等农田基础设施建设资料、水利区划相关资料、耕地质量监测点数据资料及历年相关田间试验资料等。

2. 环境质量调查、确定评价单元及优化布点、采样

（1）评价单元选取原则

评价单元是由影响耕地质量的诸要素所组成一个空间实体，是评价的最小的单元。评价单元内耕地的基本条件、个体属性基本一致，不同评价单元之间既有差异又存在可比性。所以评价单元的确定合理与否直接关系到评价结果合理性以及评价工作量的大小。评价单元的划分方法有叠置法、地块法和网格法，需要综合考虑评价地区的地形地貌、土壤类型、土地利用现状等相关属性，同时为方便评价结果的统计分析及应用选择合适单元划分方法。

（2）评价单元的形成

将土地利用现状图、土壤图和行政区划图三者叠加，形成的图斑作为耕地质量等级评价底图，底图的每一个图斑即为一个评价单元。叠加后每块图斑都有地类名称、土壤类型、权属坐落名称等唯一的属性。由叠置法形成的评价底图会产生众多破碎的多边形。按照相关技术规范的要求，为了精简评价数据，更好地表达评价结果，需要对评价底图中的小图斑进行合并，最后确定评价地区的产地环境评价单元，在此基础上根据评价单元图数据结构添加标识码、单元编号等字段。

（3）评价单元赋值

①点位数据

土壤质量、酸碱度、有机质、有效磷、速效钾等养分数据利用地统计学模型，分析数据的分布规律，选择不同的空间插值方法生成各指标空间分布栅格图，再与评价单元叠加分析，运用区域统计功能获取相关属性。

②线性数据

地形部位通过等高线地形图生成数字高程模型，同时参考平凉市静宁县地貌图以及调查点位数据判断。

③矢量数据

灌溉能力、排水能力、质地构型、耕层质地等依据省级产地环境评价成果，通过空间位置获取。同时综合考虑调查点数据中的灌溉能力、排水能力、水源类型、灌溉方式、剖面构型、质地等属性进行赋值。

④属性数据表

灌溉水质、空气质量、气象因素、行政区划名称及代码、土壤类型名称及代码、土地利用类型及代码等通过唯一字段关联行政区划图、土壤类型图、土地利用现状图数据表赋值。

3. 选定评价参数、评价标准和规范

根据所要评价的目标和区域，选择合适的评价参数。应选择相对毒性强、难于在环境中降解，对动、植物生产影响较大、对人体健康和生态系统危害较大的污物，以及反映环境要素基本性质的其他因子作为评价参数。其中土壤环境的评价指标主要包括：

市丹池矿化带及其延伸区域上，如河池市南丹南部、环江西部和金城江区；湖南株洲冶炼区、湖南石门采矿区、云南会泽采矿区、甘肃白银采矿区、广东汕头采矿区周边等区域采集农田土壤重金属含量较高，也属于高风险地区。这些高风险区内，一般存在着对农产品的重金属含量超标的问题。

中国现行的产地环境土壤限量基本大都源于1995年颁布的《土壤环境质量标准》（GB 15618—1995）。该标准的制定反映了中国多年来的土壤科研成果，统一了全国土壤环境质量标准。其规定了3大类土地功能区的镉、汞、砷、铜、铅、铬、锌、镍等8项金属元素以及六六六、滴滴涕的最高允许浓度。农产品产地土壤环境质量要求一般采用二级标准。

2006年环境保护部依据《土壤环境质量标准》，针对食用农产品产地环境质量制定了行业标准《食用农产品产地环境质量评价标准》（HJ/T 332—2006），标准在原有水田、旱田、果园等划分的基础上，增加了蔬菜产地要求，并且增加了稀土总量和全盐量两项指标，同时将所有指标分成了基本控制项目（必测项目）和选择控制项目两类。

四、产地环境评价概述

产地环境评价主要包括产地环境质量评价和产地环境适宜性评价。

产地环境质量评价指对农产品产地的自然环境与资源概况（包括气象条件、水文状况、土地资源、植被与生物资源、自然灾害等）、社会经济概况、工业三废及农业污染物污染情况和农业生态保护措施等情况进行评价。

产地环境适宜性评价指评定产地环境对于绿色、有机和无公害产品的生产与采集是否适宜以及适宜的程度，是进行绿色、有机和无公害产品认证的基本依据；是综合考虑针对农作物在特定种植土壤环境、气候环境、社会环境所作出的定性、定量和定位的评价。

（一）产地环境质量评价步骤

1. 区域环境质量状况考察及环境本底特征调查和资料收集与整理

需要收集、整理以下资料：土壤环境质量资料主要包括：镉、汞、砷、铅、铬等土壤污染元素资料；灌溉水质资料主要包括：pH值、总汞、总镉、总砷、总铅、六价铬、氟化物、化学需氧量、石油类、粪大肠菌群等水质监测化验成果资料；空气环境质量资料主要包括：总悬浮颗粒物、氟化物、二氧化硫、二氧化氮、臭氧、颗粒物PM10、颗粒物PM2.5、一氧化碳等监测化验成果资料；气象资料主要包括邻近20年以来的10度积温、0度积温、年平均气温（℃）、年极端最高气温（℃）、年极端最低气温（℃）、年降雨量（mm）等观测资料。

另外还有最新年份全省的测试化验分析数据、野外调查资料、基础图件资料、统计资料、气象资料和其他资料等。其中，野外调查资料包括地理位置、自然条件、生产条件、土壤剖面性状等；测试化验分析资料包括有机质、pH值及土壤大、中、微量元素和重金属元素等；统计资料包括统计年鉴、农业统计年鉴等；其他资料包括第二次土壤普查相关资料、高标准农田建设等农田基础设施建设资料、水利区划相关资料、耕地质量监测点数据资料及历年相关田间试验资料等。

2. 环境质量调查、确定评价单元及优化布点、采样

(1) 评价单元选取原则

评价单元是由影响耕地质量的诸要素所组成一个空间实体，是评价的最小的单元。评价单元内耕地的基本条件、个体属性基本一致，不同评价单元之间既有差异又存在可比性。所以评价单元的确定合理与否直接关系到评价结果合理性以及评价工作量的大小。评价单元的划分方法有叠置法、地块法和网格法，需要综合考虑评价地区的地形地貌、土壤类型、土地利用现状等相关属性，同时为方便评价结果的统计分析及应用选择合适单元划分方法。

(2) 评价单元的形成

将土地利用现状图、土壤图和行政区划图三者叠加，形成的图斑作为耕地质量等级评价底图，底图的每一个图斑即为一个评价单元。叠加后每块图斑都有地类名称、土壤类型、权属坐落名称等唯一的属性。由叠置法形成的评价底图会产生众多破碎的多边形。按照相关技术规范的要求，为了精简评价数据，更好地表达评价结果，需要对评价底图中的小图斑进行合并，最后确定评价地区的产地环境评价单元，在此基础上根据评价单元图数据结构添加标识码、单元编号等字段。

(3) 评价单元赋值

①点位数据

土壤质量、酸碱度、有机质、有效磷、速效钾等养分数据利用地统计学模型，分析数据的分布规律，选择不同的空间插值方法生成各指标空间分布栅格图，再与评价单元叠加分析，运用区域统计功能获取相关属性。

②线性数据

地形部位通过等高线地形图生成数字高程模型，同时参考平凉市静宁县地貌图以及调查点位数据判断。

③矢量数据

灌溉能力、排水能力、质地构型、耕层质地等依据省级产地环境评价成果，通过空间位置获取。同时综合考虑调查点数据中的灌溉能力、排水能力、水源类型、灌溉方式、剖面构型、质地等属性进行赋值。

④属性数据表

灌溉水质、空气质量、气象因素、行政区划名称及代码、土壤类型名称及代码、土地利用类型及代码等通过唯一字段关联行政区划图、土壤类型图、土地利用现状图数据表赋值。

3. 选定评价参数、评价标准和规范

根据所要评价的目标和区域，选择合适的评价参数。应选择相对毒性强、难于在环境中降解，对动、植物生产影响较大、对人体健康和生态系统危害较大的污物，以及反映环境要素基本性质的其他因子作为评价参数。其中土壤环境的评价指标主要包括：

镉、汞、砷、铅、铬、铜、镍、锌等8个指标；灌溉水质的评价指标主要包括：pH值、总汞、总镉、总砷、总铅、六价铬、氟化物、化学需氧量、石油类、粪大肠菌群十个指标；空气质量的评价指标主要包括：总悬浮颗粒物、氟化物、二氧化硫、二氧化氮、臭氧、颗粒物PM10、颗粒物PM2.5、一氧化碳等8个指标。依据的标准规范主要是《无公害农产品 产地环境评价准则》(NY/T 5295—2015)、《绿色食品 产地环境质量》(NY/T 391—2013)、《有机产品产地环境适宜性评价技术规范》(RB/T 165—2018)等。

4. 建设产地环境数据库

主要包括空间数据库与属性数据库建设。利用空间数据库包括道路、水系、采样点点位图、评价单元图、土壤图、行政区划图等。道路、水系通过土地利用现状图提取；土壤图通过扫描纸质土壤图件拼接校准后矢量化；评价单元图通过土地利用现状图、行政区划图、土壤图叠加形成；采样点点位图通过野外调查采样数据表中的经纬度坐标生成。属性数据库包括调查检测属性数据表、土地利用现状属性数据表、行政编码表、交通道路属性数据表等。通过分类整理后，以编码的形式进行管理。通过对收集资料的整理、分类、除错、去重、转换、合并等数据整合清洗操作后，建立了所要评价区域的产地环境数据库，包括空间数据库与属性数据库，数据库结构见表3-1。

表3-1 产地环境质量评价数据库结构表

序号	字段名称	数据库字段名	数据类型	数据长度	小数点
1	主键	GUID	varchar	36	
2	统一编号	UNIFIEDCODE	varchar	20	
3	省编码	PROVINCE	varchar	20	
4	省名称	PROVINCENAME	varchar	50	
5	市编码	CITY	varchar	20	
6	市名称	CITYNAME	varchar	50	
7	县编码	COUNTY	varchar	20	
8	县名称	COUNTYNAME	varchar	50	
9	乡镇编码	TOWN	varchar	50	
10	乡镇名称	TOWNNAME	varchar	50	
11	详细地址/村	VILLAGENAME	varchar	50	
12	经度	LONGITUDE	decimal	12	8
13	纬度	LATITUDE	decimal	12	8
14	地类名称	LANDTYPENAME	varchar	50	
15	成土母质	CTMZ	varchar	20	
16	地貌类型	DMLX	varchar	20	
17	地形部位	DXBW	varchar	20	

续表

序号	字段名称	数据库字段名	数据类型	数据长度	小数点
18	坡度（度）	PD	decimal	5	1
19	坡向	PX	varchar	20	
20	海拔	ALTITUDE	decimal	10	2
21	清洁程度	QJCD	varchar	10	
22	生物多样性	SWDYX	varchar	50	
23	国家土类名称	GJTLMC	varchar	10	
24	国家亚类名称	GJYLMC	varchar	10	
25	省土类名称	STLMC	varchar	10	
26	省亚类名称	SYLMC	varchar	10	
27	省土属名称	STSMC	varchar	10	
28	县土类名称	XTLMC	varchar	10	
29	县亚类名称	XYLMC	varchar	10	
30	县土属名称	XTSMC	varchar	10	
31	土种名称	TZMC	varchar	50	
32	土壤铜	TRTONG	varchar	10	
33	土壤铬	TRLUO	varchar	30	
34	土壤汞	TRGONG	varchar	30	
35	土壤铅	TRQIAN	varchar	30	
36	土壤镉	TRGE	varchar	30	
37	土壤砷	TRSHEN	varchar	30	
38	等级	LEVEL	varchar	10	
39	耕层质地	GCZD	varchar	50	
40	质地构型	DZGX	varchar	50	
41	剖面构型	PMGX	varchar	20	
42	障碍类型	ZALX	varchar	20	
43	有效土层厚(cm)	YXTCH	varchar	10	
44	耕层层厚度(cm)	GCCKD	decimal	8	3
45	障碍层类型	ZACLX	varchar	50	
46	障碍层深度(cm)	ZACSD	decimal	8	3
47	障碍因素	ZAYX	varchar	50	
48	地下埋深	DXMS	varchar	50	

续表

序号	字段名称	数据库字段名	数据类型	数据长度	小数点
49	理化状态 pH	LHZTPH	decimal	5	1
50	有机质(g/kg)	YJZ	decimal	10	2
51	全氮(g/kg)	QD	decimal	5	1
52	全磷(mg/kg)	QLIN	decimal	8	2
53	全钾(mg/kg)	QJIA	decimal	8	2
54	碱解氮(mg/kg)	JJDAN	decimal	8	2
55	有效磷(mg/kg)	YXLIN	decimal	8	2
56	速效钾(mg/kg)	SXJIA	decimal	8	2
57	有效锌(mg/kg)	YXXIN	decimal	8	2
58	有效铜(mg/kg)	YXTONG	decimal	8	2
59	有效锰(mg/kg)	YXMENG	decimal	8	2
60	有效铁(mg/kg)	YXTIE	decimal	8	2
61	有效钼(mg/kg)	YXMU	decimal	8	2
62	有效硼(mg/kg)	YXPENG	decimal	8	2
63	缓解钾	KJIA	decimal	8	2
64	有效硫(mg/kg)	YXLIU	decimal	8	2
65	有效硅(mg/kg)	YXWA	decimal	8	2
66	硒(mg/kg)	XI	decimal	8	2
67	锗(mg/kg)	ZHE	decimal	8	2
68	阳离子交换量(cmol/kg)	YLZJHL	decimal	8	2
69	交换性钙(cmol/kg)	JHX	decimal	8	2
70	交换性镁(cmol/kg)	JHXM	decimal	8	2
71	水溶性盐总量(g/kg)	SRXYZL	decimal	8	2
72	灌溉保证率	GGBZL	decimal	8	2
73	水源类型	SYLX	varchar	10	
74	灌溉能力	GGNL	varchar	50	
75	灌溉方式	GGFS	varchar	50	
76	排水能力	PSNL	varchar	50	
77	常年耕作制度	CNGZZD	varchar	20	
78	熟制	SZ	varchar	10	
79	农田林网化	NTLWH	varchar	20	

续表

序号	字段名称	数据库字段名	数据类型	数据长度	小数点
80	水质监测气温	SZJCQW	decimal	5	1
81	水质监测水温	SZJCSW	decimal	5	1
82	水质监测 pH 值	SZJCPH	decimal	5	1
83	化学需氧量	HXXYL	decimal	5	1
84	水质监测汞	SZJCGONG	varchar	10	
85	水质监测镉	SZJCGE	varchar	10	
86	水质监测铬	SZJCLUO	varchar	10	
87	水质监测砷	SZJCSHEN	varchar	10	
88	水质监测铅	SZJCQIAN	varchar	10	
89	水质化验单位	SZHYDW	varchar	10	
90	粪大肠菌群	SZJCFDCJQ	decimal	5	1
91	灌区名称	GQMC	varchar	50	
92	色度	SD	varchar	50	
93	浑浊度	HZD	varchar	50	
94	臭和味	CHW	varchar	50	
95	肉眼可见物	NYKJW	varchar	50	
96	氟化物	FHW	varchar	50	
97	氰化物	QHW	varchar	50	
98	石油类	SYL	varchar	50	
99	总大肠菌群	ZDCJQ	varchar	50	
100	水环境等级	SHJLEVEL	varchar	50	
101	空气总悬浮颗粒物标准值(mg/m^3)	KLWBZZ	varchar	10	
102	空气总悬浮颗粒物检测结果(mg/m^3)	KLWJCJG	varchar	10	
103	空气二氧化硫标准值(mg/m^3)	LBZZ	varchar	10	
104	空气二氧化硫检测结果(mg/m^3)	LJCJG	varchar	10	
105	空气二氧化氮标准值(mg/m^3)	DBZZ	varchar	10	
106	空气二氧化氮检测结果(mg/m^3)	DJCJG	varchar	10	
107	空气氟化物标准值(mg/m^3)	FBZZ	varchar	10	
108	空气氟化物检测结果(mg/m^3)	FJCJG	varchar	10	
109	空气等级	KQDJ	varchar	10	
110	空气采用时间	KQCYSJ	date		

续表

序号	字段名称	数据库字段名	数据类型	数据长度	小数点
111	省土种名称	PROVINCETYPENAME	varchar	50	
112	省土壤代码	PROVINCETYPECODE	varchar	10	
113	县内行政码	COUNTYCODE	varchar	10	
114	县土壤代码	COUNTYTYPECODE	varchar	10	
115	实体面积	STMJ	decimal	12	2
116	地类号	LANDTYPENUMBER	varchar	10	
117	内部标识	NBBSM	varchar	20	
118	FID	FID	varchar	36	
119	主栽作物名称	ZZZWMC	varchar	50	
120	年产量(kg/亩)	NCL	decimal	8	2
121	盐化类型	YHLX	varchar	10	
122	实体长度	STCD	decimal	12	2
123	实体类型	STLX	varchar	36	
124	平差面积	PCMJ	decimal	8	2
125	GNP	GNP	decimal	12	2
126	评价得分	PJDF	decimal	5	1
127	概念性产量	GNXCL	varchar	10	
128	县地力等级	XDLDJ	varchar	10	
129	样品类型	YPLX	varchar	10	
130	采样时间	CYSJ	datetime		
131	委托单位	WTDW	varchar	10	
132	受检单位	SJDW	varchar	10	
133	检测单位	JCDW	varchar	10	
134	填表时间	TBSJ	datetime		
135	创建时间	CREATETIME	datetime		
136	创建人	CREATEUSER	varchar	50	
137	修改时间	MODIFYTIME	datetime		
138	修改人	MODIFYUSER	varchar	50	
139	土壤绿色P综	TRLSPZONG	varchar	30	
140	土壤绿色食品等级	TRLSLEVEL	varchar	10	
141	土壤有机质P综	TRYJZPZONG	varchar	30	

续表

序号	字段名称	数据库字段名	数据类型	数据长度	小数点
142	土壤有机质等级	TRYJZLEVEL	varchar	10	
143	土壤无公害 P 综	TRWGHPZONG	varchar	30	
144	土壤无公害等级	TRWGHLEVEL	varchar	10	
145	水质绿色 P 综	SZLSPZONG	varchar	30	
146	水质绿色食品等级	SZLSLEVEL	varchar	10	
147	水质有机质 P 综	SZYJZPZONG	varchar	30	
148	水质有机质等级	SZYJZLEVEL	varchar	10	
149	水质无公害 P 综	SZWGHPZONG	varchar	30	
150	水质无公害等级	SZWGHLEVEL	varchar	10	
151	空气绿色 P 综	KQLSPZONG	varchar	30	
152	空气绿色食品等级	KQLSLEVEL	varchar	10	
153	空气有机质 P 综	KQYJZPZONG	varchar	30	
154	空气有机质等级	KQYJZLEVEL	varchar	10	
155	数据来源	SJLY	varchar	20	
156	优势农作物	YSNZW	varchar	100	
157	年限	YEARS	varchar	10	

5. 建立评价数学模型并进行评价

依据相应的标准、规范，建立合适的产地环境评价模型。例如《甘肃省现代丝路寒旱农业产地环境评价》项目制定了农业产地环境评价模型，该模型分为土壤环境评价、灌溉水质评价、空气质量评价 3 个方面，具体包括土壤环境质量绿色食品评价模型、土壤环境质量有机食品评价模型、土壤环境质量无公害食品评价模型、水质环境质量绿色食品评价模型、水质环境质量有机食品评价模型、水质环境质量无公害食品评价模型、空气环境质量绿色食品评价模型和空气环境质量有机食品评价模型等 8 个模型。该项目利用上述 8 个评价模型分别对全省的当归、高原夏菜、红富士苹果、花牛苹果、马铃薯和莴笋产区进行了省级和县级产地环境质量和适宜性评价。

6. 总结区域产地环境质量评价结论

依据绿色食品、有机食品和无公害食品的产地标准、规范，选择合适的评价参数；再结合相应的产地环境数据库和产地环境质量评价模型等，对耕地的土壤环境、灌溉水质、空气质量是否符合生产绿色食品、有机食品和无公害食品的标准进行评价。在产地环境质量评价过程中，一般应以单项指数评价为主，以综合指数评价为辅。而且应根据污染因子的毒理学特征和农作物吸收、富集能力分为两类加以控制。根据检验结果及环境调查结果，分评价所采用的模式以及评价标准和评价结果与分析两个方面分析，并根据评价结果针对存在的问题提出相应的对策及改进建议。保证绿色食品、有机食品和无公害食品的安全和优质，从源头上为生产基地选择优良的土壤、水质和空气等环境，为相关的食品管理部门的决策提供科学依据，实现农业可持续发展。

(二) 产地环境质量评价原则

(1) 产地环境质量评价一般应遵循以下基本原则：

①产地环境评价应在区域性环境初步优化的基础上进行，同时不应忽视农业生产过程中的自身污染。

②农产品产地的各项环境要素(空气、水质、土壤)的质量标准是评价产地环境质量合格与否的依据，要从严掌握。

③在全面反映产地环境质量的前提下，对产品生产危害较大的环境因素和高浓度污染物对环境质量的影响。要严控指标，污染指标不能超标，超标一项即视为不合格。

④一般控制的污染指标超标，则需进行综合污染指数评价。综合污染指数不得超过1。

(2) 农用水源环境质量评价在遵循上述基本原则的前提下，还必须依据国家相关标准和《农用水源环境质量监测技术规范》(NY/T 396—2000)。针对种植业、养殖业产品种类采用农业行业的农用水源标准评价。同时要考虑所用水源的主要污染物来源。合理地设置监测采样点，以保证采样点能真实全面地反映农田灌溉用地面水源和地下水源及畜禽饮用水源和水产养殖用水水源质量。

(3) 土壤环境质量评价在遵循上述基本原则的前提下，还要依据国家相关标准和《农田土壤环境质量监测技术规范》(NY/T 395—2000) 和农业行业的相关种类的无公害农产品产地条件土壤环境指标开展评价。要紧紧围绕土壤环境的特点来进行，其基本目的是：查清土壤是否被污染、鉴别土壤污染程序及其影响因素，预测土壤对植物生产影响的发展趋势，最终目的是确保土壤环境质量能满足无公害农产品生产。

(4) 空气环境质量评价在遵循上述基本原则的前提下，还要依据国家相关标准和《农区环境空气质量监测技术规范》(NY/T 397—2000)。针对种植业、养殖业产品种类采用农业行业的空气环境质量标准评价。同时应考虑当地空气主要污染物来源，合理地设置监测采样点，以保证采样点能真实全面地反映生产基地的空气环境质量。

(三) 产地环境适宜性评价

产地环境适宜性评价立足于研究区农作物产地的土壤、气候和环境，收集农作物产区的水、热、光等气象资源数据、土壤资源数据，综合评价研究区农作物的品质特性；同时参考相关专业的报告、文献资料对农化物适宜生长环境的要求，再结合相关专家的意见，构建该研究区农作物特色优势农产品评价指标体系，利用该指标体系对农作物进行产地环境适宜性进行了评价。

1. 产地环境适宜性评价理论

农作物的适宜性评价是针对不同的农作物特性，从耕地的农田管理、土壤养分、气象因素、立地条件、理化性状、剖面性状、盐碱状况等方面选择对评价作物影响较大的因子，通过建立层次分析模型和隶属函数模型对作物进行适宜性评价。

在农作物适宜性评价中，需要根据各参评因素对作物适宜性的贡献确定其权重。本评价中采用层次分析法（AHP）结合专家打分法来确定各参评因素的权重。对定性数据（概念型指标）采用德尔菲法直接给出相应的隶属度；对定量数据采用专家打分法与隶属函数法结合的方法确定各评价因子的隶属函数。用德尔菲法根据一组分布均匀的实测值评估出对应的一组隶属度，然后在计算机中绘制这两组数值的散点图，再根据散点图进行曲线拟合，寻求参评因素实际值与隶属度关系方程从而建立起各参评指标的隶属函数。

最后通过计算耕地单元适宜性综合指数，根据评价地区的作物种植和生长情况用结合农业专家建议对耕地进行评价作物的适宜性等级划分，一般划分为四个等级：高度适宜、适宜、勉强适宜和不适宜。耕地适宜性综合指数计算方法如下：

$$P=\sum(C_i \times F_i)$$

式中：

P——耕地适宜性综合指数；

C_i——第 i 个评价指标的组合权重；

F_i——第 i 个评价指标的隶属度。

按照从大到小的顺序，在耕地单元适宜性指数曲线最高点到最低点间采用等距离法将耕地适宜性一般划分为四个等级：高度适宜、适宜、勉强适宜和不适宜。

2. 建立适宜性评价层次分析模型

工作的层次模型建立经历了前期预评价，评价结果与实际产地区域对比调整，调整模型，召开专家评议会对模型讨论修正，确定模型等几个阶段。通过召开专家评议会，选定将对农作物适宜性分布贡献率排名前列的生态因子，例如年降雨量、海拔、年平均气温、坡度、零度积温、坡向、质地、省土类名称、成土母质、有效土层厚、pH 值等因子作为农作物适宜性评价的指标，然后根据各自的属性和特点，将它们分别归入到气象因素、立地条件和剖面性状 3 个准则层中。

最后，针对各准则层及指标层各指标之间的相互关系，由专家通过德尔菲法按照准则层对目标层、指标层各因素对准则层相应因素的相对重要性，根据判断标度，经专家反复对比与分析，最终建立相应的判断矩阵。利用矩形一致性比例 CR 值判断矩阵是否通过一致性检验。

3. 计算各因子权重

在研究区耕地资源管理系统中，运行层次分析模型编辑菜单，系统根据所构建的判别矩阵，首先获得各判别矩阵的权重值，然后计算同一层次所有因素对于总目标相对排序权值，即进行层次总排序，最终所得到的组合权重即为各农作物适宜性评价因子的权重值。由各因素组合权重计算结果矩阵的层次分析结果可以得出，适宜性各评价因子对研究区农作物适宜性影响程度从大到小的权重比例。

4. 建立隶属函数模型、确定其隶属度

根据模糊数学的理论，将选定的评价指标与作物适宜性之间的关系分为戒上型函数、戒下型函数、峰型函数、直线型函数以及概念性函数5种类型的隶属函数(表3-2)。各参评指标对农作物的适宜性的影响程度都是单因素概念,由于评价指标单因子间的数据量纲和数据类型不同,只有让每一个指标都处于同一量度后,才能用来衡量综合因子对作物适宜性的影响程度。为了采用定量化的评价方法和自动化的评价手段,减少人为因素的影响,评价方法里对于可定量化的数据类型采用模糊数学方法,根据各因素对作物适宜性影响大小建立隶属函数,通过函数求得各因素隶属度;对于非定量因子,即定性指标,则直接采用多专家打分、平均取值的方法获取。

构造隶属函数时,需要用德尔菲法对单个参评要素的一组实测值评估出相应的一组隶属度,然后建立该组实测值与评定的隶属度之间的函数关系,要求两者差值平方和的最小值,即满足最小二乘法要求的函数关系为该参评因素的隶属函数。根据模糊数学的理论和评价指标与耕地生产能力的关系,确定了研究区农作物适宜性评价隶属函数模型。

表3-2 常用隶属函数模型

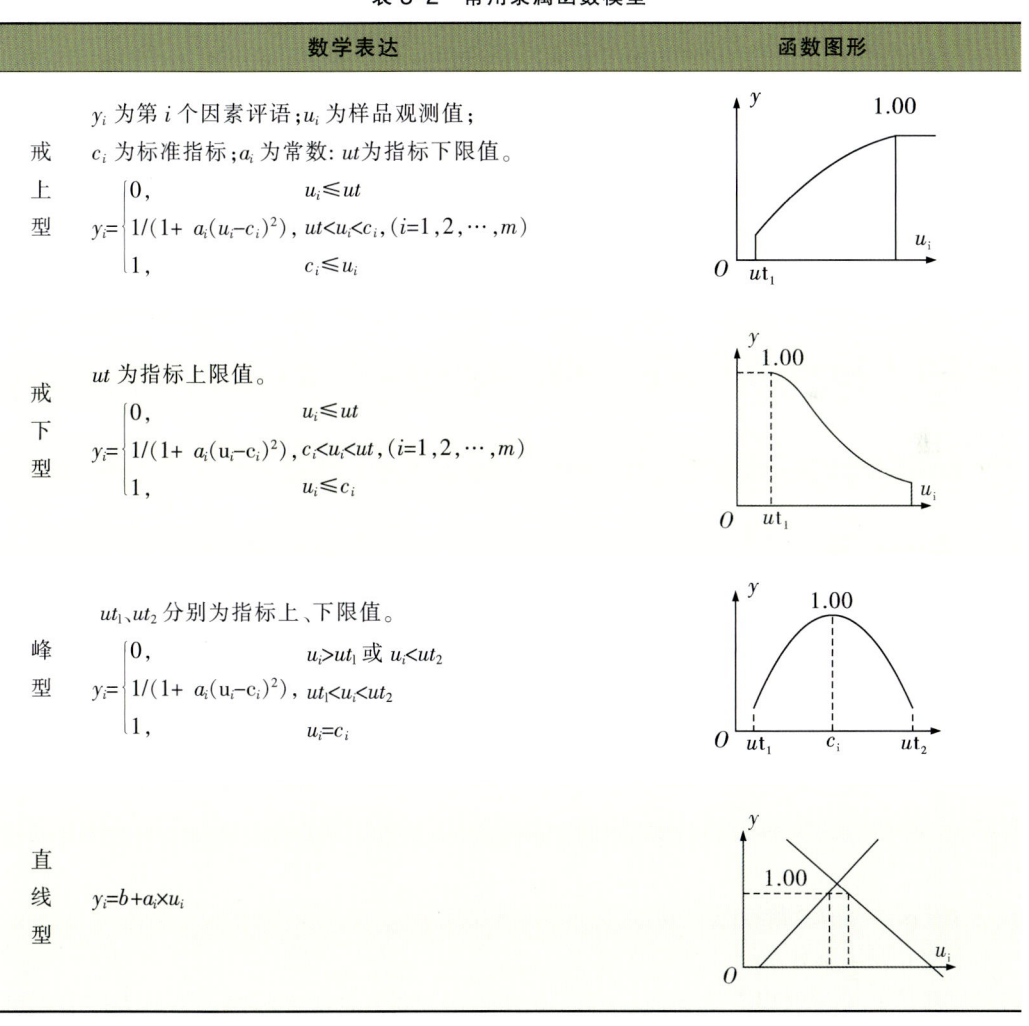

	数学表达	函数图形
戒上型	y_i 为第 i 个因素评语; u_i 为样品观测值; c_i 为标准指标; a_i 为常数: ut 为指标下限值。 $y_i = \begin{cases} 0, & u_i \leq ut \\ 1/(1+a_i(u_i-c_i)^2), & ut<u_i<c_i, (i=1,2,\cdots,m) \\ 1, & c_i \leq u_i \end{cases}$	
戒下型	ut 为指标上限值。 $y_i = \begin{cases} 0, & u_i \leq ut \\ 1/(1+a_i(u_i-c_i)^2), & c_i<u_i<ut, (i=1,2,\cdots,m) \\ 1, & u_i \leq c_i \end{cases}$	
峰型	ut_1、ut_2 分别为指标上、下限值。 $y_i = \begin{cases} 0, & u_i>ut_1 \text{ 或 } u_i<ut_2 \\ 1/(1+a_i(u_i-c_i)^2), & ut_1<u_i<ut_2 \\ 1, & u_i=c_i \end{cases}$	
直线型	$y_i = b + a_i \times u_i$	

5. 确定适宜性评价单元、单元赋值

评价单元是由对研究区农作物适宜性评价具有关键影响的各耕地要素组成的空间实体，是蔬菜适宜性评价的最基本单位、对象和基础图斑。同一评价单元内的耕地自然基本条件、耕地的个体属性和经济属性基本一致，不同耕地评价单元之间，既有差异性，又有可比性。适宜性评价就是要通过对每个评价单元的评价，确定其适宜性等级类别，把评价结果落实到实地和编绘的分布图上。因此，耕地评价单元划分得合理与否，直接关系到蔬菜、水果适宜性等级评价的结果以及工作量的大小。研究区的土壤图、农用地地块图和行政区划图叠加求交集得到最终评价单元。

如果影响研究区农作物适宜性等级的因子类型较多时，且它们在计算机中的存贮方式、格式各异，因此如何准确地获取各评价单元评价指标的信息是评价中的重要环节。鉴于此，根据不同类型数据的特点，通过采样点分布图、空间插值、矢量图、等值线图为评价单元获取数据并赋值；指标赋值按照数值准确、来源真实、符合实际的原则选择赋值方法。一般情况下评价工作使用的评价单元与该农作物产地环境评价使用同一套评价单元。

6. 进行产地环境适宜性评价及分析结果

使用研究区农作物产地适宜性评价的层次分析模型和隶属函数模型，关联其耕地资源管理单元的属性数据，对研究区内所有耕地进行农作物适宜性评价。可以采用累积曲线分级法来划分研究区农作物适宜性评价等级。在划分等级过程中，考虑到部分评价结果可能与当地实际情况不符，在第一轮评价结果出来后，联系当地专家，在当地专家经验指导下，经过不断调试，设置各等级起始分值，确定将研究区农作物适宜性评价定为几个等级。

等级分值确定之后，系统依据评分生成不同等级的适宜性评价结果图，然后召开省级专家讨论会，对调整的评价结果进行现场讨论，记录专家意见，根据专家集体意见仔细修改，再对评价模型进行调整，最终形成研究区农作物的适宜性评价结果图。根据适宜性评价结果图综合分析该农作物高度适宜、适宜、勉强适宜和不适宜等几个等级的分布范围和面积。

五、国外产地环境评价研究进展及现状

Anokhin等以俄罗斯贝加尔湖流域为研究区，对当地大气、水和土壤环境建立了评价模型，但模型以评价总体环境质量为主要目标，选取的评价因子和评价模型不适用于食用农产品产地的环境质量评价(Anokhin，2000)。

农产品质量功能展开 (Quality Function Deployment，QFD)最早由日本学者赤尾洋二提出，其核心内容是质量屋(House of Quality，HoQ)(Yoii Akao，1986)。借助 QFD 可将顾客需求转化为实现顾客需求的各种设计质量特性。通常分析顾客需求、建立质量屋、构建关联矩阵与相关矩阵等，通过一系列加权评分技术，确定要采取的关键技术措施，为产品在市场竞争中提供决策方法和工具(Hauser，1988)。借助质量功能展开理论可实现从"餐桌"到"田间"农产品质量安全全过程监管机制设计，Anthony Halog(2001)

等首先将其应用到环境系统决策中。

全球气候变化对生物多样性分布，农业生产影响巨大。维持和恢复连通性是气候变化下生物多样性保护的关键适应战略。提出了一种新颖的物种分布和连通性模型组合，使用当前和未来的气候制度来优先确定纽约哈德逊河谷26种稀有物种种群之间的联系(Howard T G，2013)。研究旨在评估在气候变化下可能影响土地适宜性、需水量和作物生长期的相关指标(Seif-Ennasr M，2020)。

土地适宜性变化对动物影响的研究表明，破碎化对生态系统有负面影响，并可能导致栖息地丧失，栖息地边缘增加和隔离。生境的丧失和退化是对生物多样性的主要威胁，而以农业为主的景观的土地利用变化对于生物多样性的重要部分至关重要，尤其是在欧洲。土地利用和土地覆盖的变化是物种发生和栖息地减少的主要驱动力(Brambilla M，2017)。

地下水质的适宜性研究主要是对城市或乡村的样地下水质量进行适宜性分析，判断样本地区的地下水是否满足饮用和农业灌溉的需求，以及评估土地利用活动对地下水质量的影响(Mair A，2013)。

研究农业用地导致流域生态系统服务的变化，应在作物生产和流域土壤侵蚀控制之间进行权衡考虑，对土地利用冲突的空间，进行评估模型、体系建立和适宜性评估；研究流域生态系统中的物种分布模型(SDM)，测试不同的影响因子进行评估(Kim I，2018)。

国外学者基于AHP-CA-GIS模型、SWAT工具、SD、LUC、H2D、PLF、ANN、BBN等评价模型进行辅助土地适宜性模拟，同时也利用Landsat(地球资源卫星)数据进行分析，以评估灌溉农田适宜性，土地利用和人类活动的影响。通过标准评估权重和层次分析法(AHP)估算城市适宜区域。这些方法和模型为生态系统服务的总体适宜性评估技术提供支持(Zeng L，2020)。

如今，全球粮食安全已成为人类非常紧迫的问题之一，据粮食及农业组织(FAO)称，到2050年，对粮食的需求增长可能会增长70%。设计一种基于土壤质量指标和遥感数据的土地评估新方法，以评估和绘制土壤对水稻作物的适宜性(El Baroudy A A，2020)。通过自然要素和社会要素指标，结合遥感数据进行土地适宜性评价，加强对耕地保护，协调耕地与生态环境、人类生活之间的矛盾，以应对未来可能出现的粮食安全危机。

六、国内产地环境评价研究进展及现状

(一) 产地环境质量评价研究进展及现状

中国1979年颁布《中华人民共和国环境保护法(试行)》，首次确定环境影响评价制度法律地位。随ISO 9000、ISO 14000和HACCP等国际管理标准等效、等同采用，无公害蔬菜产地环境质量评价工作在20世纪90年代开展，相关法律、法规、评价标准等相继出台(章力建，2011；陆杉，2012)。如，2001年国家质检总局发布《农产品安全质量无公害蔬菜产地环境要求》(GB/T 18407.1—2001)，2002年农业部发布《无公害食品 蔬菜产地环境条件》(NY 5010—2002)，2004年发布《无公害食品 产地环境评价准则》(NY/T

5295—2004)，2015年发布最新《无公害食品 产地环境评价准则》(NY/T 5295—2015)。

就蔬菜农产品而言，不仅要数量充足、品种结构均衡，且必须确保质量安全。就质量安全而言，不仅农药残留要符合相应标准规定，影响消费者食品安全的重金属、病原微生物、生物毒素等必须符合健康要求，同时蔬菜农产品生产要符合消费者对优质、营养、健康食品的新需求。针对当前农产品质量安全全过程监管新要求，农产品产地环境质量问题必须采取创新，确保农产品生产生态安全、食物质量安全水平不断提升，消费者食品营养健康保障能力不断提高。良好农业操作规范(Good Agriculture Practice，GAP)便是在此背景下诞生的初级农产品从田间到餐桌全程质量控制体系。山东省在出口蔬菜种植及加工厂试点运行GAP均取得良好效果。尤其在蔬菜种植基地中运用GAP认证，通过对基地灌溉用水、土壤、空气环境、种子、肥料和农药、采收、农产品处理、标识、追溯系统等的要求，保障源头安全，实现农产品质量安全目标(张东玲等，2010)。对蔬菜农产品而言，GAP标准在品种和繁殖材料、种植基地历史和管理、土壤和基质管理、肥料使用、灌溉和施肥、作物保护、采收、农产品处理设施、员工健康、安全和福利及环境问题等方面均有要求。

农产品产地环境质量指农产品产地环境指标符合规定标准。农产品产地环境质量安全体系通常由四部分构成：一是农产品产地环境法律法规体系，二是农产品产地环境标准体系，三是农产品产地环境管理体系，四是农产品产地环境技术体系。在农产品产地环境质量安全体系中，法律法规是基础，质量标准是依据，管理体系是主体，技术支持是保障。在此基础上，农产品产地环境质量评价主要内容包括：评价程序、评价调查、评价指标、评价体系和评价方法等(高齐圣等，2016)。

农产品产地环境质量评价研究情况可分为：①基于部分评价因子农产品产地环境质量评价(李玲等，2008)。主要集中评价土壤和灌溉水中重金属等部分因子，评价方法采用单项污染指数法和综合污染指数法；②农产品产地环境质量整体性评价。参照农产品产地环境质量国际、国家和行业标准，建立包括土地、土壤、灌溉用水、环境安全和基地管理体系等指标体系(姚成胜等，2015)。评价方法采用线性加权法，通过层次分析法(AHP)、模糊矩阵等确定各指标权重；③研究性评价。在对农产品产地环境质量评价过程中，已非单纯现状评价，部分已达到研究阶段(熊鹰等，2006；Li ZM，2015)。研究性评价涵盖法律法规、质量标准、质量管理和监测技术等方面。

农产品产地环境属于农业生态系统范畴，其中水体、土地土壤、空气环境、农业投入品和生产技术等要素相互作用，构成一个复杂系统(苏昕，2012)，并不满足线性叠加原理，传统线性加权处理方法难以作出有效性评价。为此，基于农产品产地环境质量需求，结合GAP标准和质量功能展开思想，进行农产品产地质量评价方法与应用研究(高齐圣等，2016)。

产地环境评价相关研究存在的问题集中在以下几方面：一是针对不同农作物进行生产适宜性评价，评价主要依据气候条件和土壤条件，其中Web GIS技术的应用较少；二是对土壤环境、水质等的评价，评价因素相对单一；三是目前集成大气、水质、土壤信息,为农村环境和农业土壤肥力提供评价的研究较少,而针对食用农产品产地利用 Web GIS 技术进行的环境质量评价研究目前仍未见报道。例如,刘小军等人以中国江苏省为研究区,对当地大气、水和土壤环境建立了评价模型,但模型以评价总体环境质量为主要目标,选取的评价因子和评价模型不适用于食用农产品产地的环境质量评价(李文峰,2011)。

高齐圣等基于质量功能展开(Quality Function Deployment,QFD)农产品产地环境质量规划,参照 Anthony Halog 等设计的环境决策质量屋,构建农产品产地环境质量屋(高齐圣等,2016),见图 3-1。

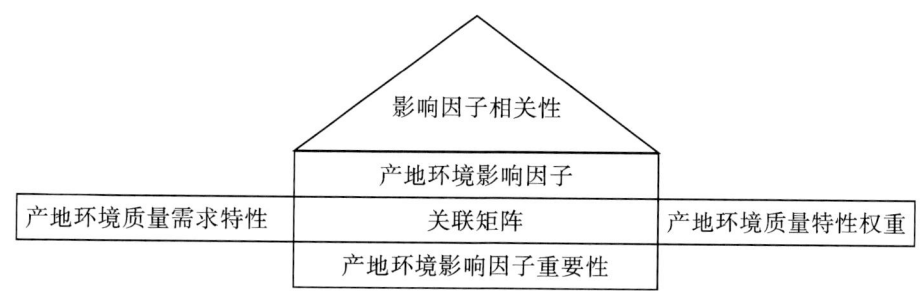

图 3-1 农产品产地环境质量屋

(二) 产地环境适宜性评价研究现状

张东方等基于 MaxEnt 模型对药用植物当归的全球生态适宜区和生态特征进行了相关研究,根据 109 个当归样本点和 37 个生态因子,利用最大信息熵模型(MaxEnt)和地理信息系统(Geographic information System,GIS)对其进行全球适宜性区划。结果表明,当归生态适宜区主要集中在北纬 20°~50°范围内的北美洲、欧洲、亚洲和南纬 15°~35°范围内的南美洲和非洲。其中生态相似度最高的区域主要分布在中国甘肃省南部、四川省、西藏自治区东部、云南省北部、贵州省、陕西省西南部等地区(张东方等,2017)。

徐小琼等研究了甘肃省当归的生态适宜性,指导甘肃产当归的合理栽培。通过走访和实地调查,从甘肃当归栽培县区采集不同分布地点的样品共计 1545 份,使用 GPS 获取每个采样点的经度、纬度、海拔等相关地理信息,结合全国生态环境因子数据,利用 MaxEnt 模型和 ArcGIS 软件的空间分析功能进行分析,探讨甘肃省当归药材分布与生态环境之间的关系,分析了对当归分布贡献率排名前六的生态因子,并得到了甘肃省当归的分布区划图,明确显示了甘肃省当归种植的适宜区、次适宜区、不适宜区(徐小琼等,2020)。

产地环境适宜性评价研究发展到现在,评价方法已经多样化,但不管采用何种评价方法处理土壤适宜性评价问题,参评因子的筛选、因子等级的划分、指数的赋值、因子权重系数的确定,仍是影响评价结果的关键步骤。综合指数和法、地统计学法、模糊数学方法及人工智能法的适宜性评价研究,多应用于土壤适宜性评价、重金属污染评价、土地评价等方面,而在中药材产地环境适宜性评价方面的研究还比较少。确定评价指标体系后,怎样确定各评价指标的评价标准、怎样结合现状评价与预测、怎样用科学的方法进行作物生态环境适宜性评价，都是有待研究的问题（何冠谛，2015）。

1. 基于 GIS 的适宜性评价

中国医学科学院药用植物研究所陈士林，基于 GIS 研制了中药材产地适宜性分析地理信息系统(TCMGIS)(陈士林等，2006)，从此将基于 GIS 的中药材适宜性评价研究引领进入一个新时期。之后运用该系统生成的中药材适宜性评价体系，陈士林按蒙古黄芪药材生长所需要的气候、土壤条件得知，蒙古黄芪主要产区分布在内蒙古以南和山西以北，黄河以南的华东地区基本没有适宜区(陈士林等，2006)。

魏建和利用 TCMGIS 进行三七产地适宜性数值分类与区划研究，同时其应用 TCMGIS 分析人参的适宜产地得出，人参除了适合在长白山区一带外，在大兴安岭山区、内蒙古及陕西的秦岭等地区有适合人参生长的地带(魏建和，2006)。陈君应用 TCMGIS 系统分析濒危药材管花肉苁蓉产地适宜性(陈君，2007)。郑小华运用 GIS 技术及模糊综合评判的方法对陕南秦巴山区进行中草药气候资源评价(郑小华，2008)。李宗梅利用多重线性回归的方法得到牛蒡子品质指标的预测模型，利用 GIS 分析，得到牛蒡子不同品质指标在全国的分布(李宗梅，2009)。严辉应用中药材产地适宜性分析地理信息系统(TCMGIS)对当归在全国的生态适宜区进行分析(严辉等，2009)。杜静运用 TCMGIS 系统对贯叶连翘的全国适宜产地进行分析(杜静，2012)。陈黎利用 TCMGIS 技术对鄂西北适宜白及生长的环境及其影响因子进行分析，得出相似度在 95%~100% 的适宜白及规模化种植生长的环境因素(陈黎，2014)。

2. 基于经验指数和法的适宜性评价

指数和法在土壤质量、土壤适宜性评价乃至土地资源评价上都得到广泛的应用，能够指出众多指标的总体趋势并分析潜在矛盾。应用因素法与指数和法对农用地分等进行了对比实证研究（徐晗，2011），基于指数和法的村庄复垦适宜性评价研究（潘效安，2013）；基于指数和法与极限条件法的土地复垦适宜性评价研究。指数和法首先针对评价目的，确定评价的关键环境功能，建立相应的评价指标体系和评价标准；其次是测定环境的特征值，建立与之相关的模型；再次确定各个评价指标的权重；最后将权重与评分值相乘得到产地环境评分矩阵，其总和就是评价等级(裴亮，2012)。

3. 基于地统计学方法的适宜性评价

地统计学方法是 Fisher 所创立的古典统计方法，假设土壤特性是彼此独立且均匀分布的，这种方法可以在材料多样、样本少和环境多变的情况下获取最多的信息(陈文辉等，2004)。地统计学法结合地学方法和统计学方法，以区域化变量、随机函数、内蕴假设和平稳性假设等概念为基础，以半方差函数为核心，以克里格插值法为手段，分析研究自然现象的空间变异问题(周慧珍等，1996)。

近年来，基于地统计学的适宜性评价研究比较多，主要有基于地统计学模型的惠州市土壤重金属污染评价(王利东等，2011)，基于 GIS 和地统计学的滩涂增养殖区沉积物重金属污染评价(张博，2011)，基于 GIS 和地统计学的土壤重金属空间分布的插值与污染评价研究(李东升,2012),基于 GIS 和地统计学的低山茶园土壤肥力质量评价(廖桂堂等,2012)。

4. 基于模糊数学方法的适宜性评价

模糊 ISODATA 聚类分析法即迭代自组织数据分析方法,是一种基于模糊表述的模糊分类方法(何春花等,2006)。由于模糊 ISODATA 聚类分析方法能考虑样本在性态和类属方面存在中介性等不确定因素的影响,该方法适用于从样本数据提取特征指标,获得知识,从而建立模糊聚类模型,使问题从变量空间向评语空间转换,并利用该模型得出聚类结果,因而得到了更广泛的应用(许传华等,2000)。在 GIS 技术应用的过程中,大量数理方法及数学模型在 GIS 环境中得到展现。模糊数学在土地评价中的应用实例包括多层次灰色评价法在土地评价中的应用(宋晓丽等,2006),灰色关联度分析法在土地评价中应用(郭娜等,2007),模糊数学在边坡稳定性评价中的应用(张宏云,2011),基于层次分析与模糊数学综合评判法的矿区生态环境评价研究(马丽丽等,2013),模糊数学在引黄水库水质评价中的应用研究等(岳兴玲等,2013)。

5. 基于人工神经网络法的适宜性评价

人工神经网络(ANN)是 20 世纪 80 年代以来国际上迅速兴起的非线性科学,能够模拟、描述复杂系统。不同于传统方法的是,它能够包含模糊性和不确定性。可以自动提取变量与自变量之间非线性关系的处理系统。人工神经网络通过对样本的"学习和训练",具有自组织、自学习、自适应的特点,特别适用于各类分类、评估、预测、识别等问题。郭劲松在水质评价中将 BP 神经网络、Hopfield 神经网络与模糊综合指数法进行比较研究,结果采用 ANN 进行水质综合评价,此种方法具有较强的网络通用性、结果客观、计算简便等优点(郭劲松,2000)。唐婉莹采用 BP 神经网络对长江上游某一监测区间中 N 元素污染情况进行评价,结果表明 BP 神经网络既适用于定量指标评价又适用于定性指标参数评价,同时,可用于环境质量标准评级体系的建设(唐婉莹,2002;宋松柏,2004;李洪义等,2006)。

近年来在人工智能、信号处理、自动控制和模式识别等研究领域取得了令人瞩目的成果。径向基函数(RBF)神经网络可以以任意精度全局逼近一个给定的非线性函数,能够避免输入层与隐含层间反向传播的繁琐冗长的计算,提高网络学习效率(王炜等,2005)。传统的区域生态环境分类方法是在人为条件下,根据区域生态环境条件进行划分的,在生态环境分类具体指标的选择上存在一定的随意性(乔平林,2004)。人工神经网络方法在区域生态环境分类评价方面的研究,是神经网络模式识别的一个重要应用(宋松柏等,2004;李洪义等,2006)。人工神经网络在适宜性评价方面的应用主要有土壤环境质量评价的径向基函数神经网络模型设计与应用(胡焱弟,2006);基于径向基函数神经网络的植烟土地适宜性评价(秦建成,2008);基于 BP 神经网络的高新技术产业用地适宜性评价(王艳等,2008);基于 BP 神经网络的土壤适宜性评价研究(陈琨等,2009);基于 BP 神经网络的滩涂资源适宜性评价研究(杨东,2010);利用 BP 神经网络在嘉鱼县农用地定级中的应用研究(冯莎等,2012);基于径向基函数神经网络的车内噪声品质评价系统(高印寒，2012)。

随着现代数学理论的发展和计算机技术的不断更新，环境适宜性评价方法逐渐从简单的单准则、单目标方法逐渐向多准则、多目标的方向延伸。在现有的评价方法中，评价方法的选择人为因素的影响较大，根据研究需要在众多评价方法上选取其中一种方法进行评价，这在一定程度上忽略了各评价方法的优缺点，进而严重影响了评价结果的合理性和准确性(何冠谛，2015)。

环境适宜性评价涉及众多土壤性质(成土母质、土壤类型、地形部位)气候因子、社会因素等多项指标，即使所选评价因子相同，若采用的评价方法不同，评价结果也不尽相同。通过采用适宜性评价中较为常用的评价方法进行理论和评价结果的差异性进行比较，全面掌握各评价方法的优势和不足，进而为区域因地制宜提供科学评价，制定符合当地实际情况的适宜性种植区划。选取科学、合理的评价指标来构建研究区域的种植环境适宜性评价体系，这是进行评价过程的首要环节，也是提高评价结果准确性的关键措施。反过来，通过研究评价方法与评价指标之间的相关性，充分认识评价指标与评价方法的相关关系，从而进一步修正和完善评价指标体系，将为以后进行科学、合理的评价研究奠定基础(何冠谛等，2015)。

第四章　甘味农产品产地环境评价

近年来，甘肃省加强"无公害农产品、绿色食品、有机农产品、地理标志农产品"和"品种、品质、品牌、标准化生产"两个"三品一标"建设，全力打造"甘味"知名农产品品牌。截至目前，全省"三品一标"企业1318家，产品达2815个，其中绿色产品1579个，有机产品217个，地理标志农产品124个，无公害农产品895个。2020年甘肃省完成了包括兰州百合、天祝白牦牛、武都花椒、会宁胡麻油的"独一份""特别特""好中优""错峰头"等30个"甘味"特色农产品的筛选、专家遴选、样品检测、专家分析评价和媒体宣传发布等工作。得出了包括"兰州百合粗纤维、百合苷A的含量低、多糖含量高达20%以上""白牦牛肉中天门冬氨酸、苯丙氨酸等能够使肉质鲜美的氨基酸分别比普通肉牛高出了19.6%和16.9%"等一批评价结果，进一步加大了"甘味"农产品的科技数字化支撑力度，让广大消费者全面了解了"甘味"农产品的绿色有机特质，增强品牌公信力和市场认可度。

一、硬件准备

硬件准备主要包括用来处理数据和图件的计算机、扫描仪、喷墨绘图仪等。

计算机配置一般要求内存16GB以上，配置独立显卡，显卡显存2GB以上，硬盘在500GB以上；扫描仪用于收集各类图件的数字化输入，要求A0幅面以上，彩色扫描仪；喷墨绘图仪用于成果图的输出，要求A0幅面以上，彩色绘图仪。

二、软件准备

一是SPSS数据统计分析、ACCESS数据管理系统等应用软件；二是ArcGIS、MapGIS软件等专业分析软件。

三、基础与专题图件资料

图件资料指收集整理的印刷、出版的或经过成果评审的各类地图、专题图、卫星照片以及数字化矢量图和栅格图等。

（一）地形图（1∶50万）

通过地形图可以生成数字高程模型(DEM)，获取管理单元的坡度、坡向及海拔高度等信息。资料来源于甘肃省测绘局。

（二）土壤图（1∶100万）

通过土壤图可以了解本区的土壤类型情况、土壤立地条件、土壤剖面性状、障碍因素等，并与土地利用现状图合理划分耕地资源管理单元，便于产地环境评价。由甘肃省第二次土壤普查资料获得。

(三) 土地利用现状图 (1:50万)

通过土地利用现状图获取甘肃省土地利用信息,并与土壤图合理划分耕地资源管理单元,便于产地环境评价。由甘肃省自然资源厅提供。

(四) 地貌类型分区图 (1:50万)

通过将地貌类型分区图和采样点位图叠加,可以得到每个采样点位的地貌类型信息,是采样点基本情况调查的重要内容。由甘肃省国土厅提供。

(五) 行政区划图 (1:50万)

通过行政区划图可以统计各行政区域内土壤养分或产地环境的分布情况。由甘肃省自然资源厅提供。

初期进行大量资料收集,并按照收集—登记—完整性检查—可靠性检查—筛选—分类—编码—整理—归档的流程进行。

收集是在调研的基础上广泛收集相关资料。同一类资料不同时间、来源、版本、介质都应收集,以便将来相互检查、补充和佐证。

登记是对收集到的资料立即登记。记载资料名称、内容、来源、页(幅)数、收集时间、密级、是否要求归还、保管人等;数据产品还应记载介质类型、数据格式、打开工具等。

完整性检查。资料的完整性至关重要,一套统计数据如果不完全,只能作为辅助数据,无法实现与现有数据的完整性比较。

可靠性检查是检查数据的所有者、生产者、时间、数据产生的背景等信息。来源不清的数据不能使用。

筛选是通过以上步骤可基本确定哪些是有用的资料,对于重复、冗余或过于陈旧的资料,应作进一步的筛选。

分类是按资料类型或资料涉及内容进行分类和管理。

编码是为便于管理和使用,对所有资料编码。

整理是对已经编码的资料进行必要的整理、装订、封装,珍贵资料应采取适当的保护措施。

归档是将所有资料进行归档,建立管理和查阅使用制度,严防资料散失。

四、数据文本资料

产地环境评价是以耕地的各性状要素为基础,因此必须广泛地收集与评价有关的各类自然和社会经济因素资料,为评价工作作好数据的准备。本次产地环境评价收集获取的资料主要包括以下几个方面:

(一) 野外调查资料

野外调查资料按野外调查点获取,主要包括地形地貌、土壤母质、水文、土层厚度、表层质地、耕地利用现状、灌排条件、作物产量水平、管理措施水平等。

(二) 室内化验分析资料

室内化验分析资料包括有机质、全氮、速效氮、速效磷、速效钾等大量养分数据,以及 pH 值等。

（三）统计资料

1. 邮政编码表

邮政编码由六位数组成，可到当地邮政部门查询，是调查与采样点统一编号的重要组成部分，应在调查前进行收集和整理。

2. 土壤类型代码表

省内土壤类型代码表，以第二次土壤普查土壤分类系统为准，8 位数字表示，并归并为国家标准代码。

3. 典型剖面属性数据表

包含成土母质、剖面构型、土壤质地、质地构型等信息，通过整理第二次土壤普查资料获取。

4. 产地环境调查点基本情况及化验结果属性数据表

产地环境调查点基本情况，包括立体条件、土壤类型、土壤理化性状，农村及农业生产基本情况所要求的熟制、种植制度、常年粮食产量等，可从测土配方施肥汇总系统导出产地环境评价因子表后规范化处理。

5. 农业气象资料

包含近 20 年常年降雨量、年度温度平均值、有效积温和无霜期、年度最高温度平均值、年度最低温度平均值等信息。由甘肃省气象局提供。

6. 行政区划代码表

由甘肃省统计局提供。

7. 土壤志或土种志

包括甘肃土种志、甘肃土壤志、各县(区)土壤志志、农化样采样点基本情况及检测结果数据等。

8. 土壤养分分级指标体系

用于评价土壤养分状况，进行养分分级汇总。

9. 主要种植作物施肥参数

用于单元推荐施肥和区域推荐施肥制定配方，通过测土配方施肥项目"3414"试验计算获得。

10. 作物品种特征资料

包含品种的生产潜力产量，50kg 籽粒耗氮、磷、钾量等参数。通过整理相关试验资料获取。

11. 其他资料

行政区划为基本单位的人口，土地面积，粮油、蔬菜、果茶面积，各类投入产出等社会经济指标数据，各土种性状描述、土壤典型剖面照片、土壤肥力监测点景观照片、当地典型景观照片、特色农产品介绍(文字、图片)、地方介绍资料(图片、录像、文字、音乐)。

(四) 数据甄别遴选

1. 数据筛选原则

对本辖区省级产地环境评价属性数据进行遴选、甄别，平原区按1万亩选取1个样点、丘陵山区按8000亩选取1个样点，对地形复杂地区样点适度加密。遴选样点时，对照省级评价采样点位分布图，充分考虑到土壤类型、地貌类型、耕地利用方式、地力等级、行政区划等因素。对遴选出的数据按照《县域耕地资源管理信息系统数据字典》要求，进行完整性、规范性与合理性检查。

2. 数据筛选过程

按照筛选原则，选取的点位应该涉及到各县的每一个土种，每个土地利用类型，并兼顾不同地力水平的耕地，保持点位的独特性、均匀性、实效性。完成初步筛选后，对数据的准确性进行筛选，按照甘肃省的养分分级标准，数值型数据去除极值。对照数据字典和农业农村部对于甘肃省省级产地环境评价的数据要求，将概念型的数据项规范化，横向、纵向对各数据项进行审核，最后将审核通过的数据作为甘肃省产地环境评价的基础数据。

3. 数据项的确定

按照农业农村部对省级产地环境评价的数据标准，确定了成土母质、海拔、坡度、坡向、地貌类型、地形部位、≥0℃积温、≥10℃积温、年降水量、有效土层厚度、耕层厚度、常年耕作制度、玉米产量、马铃薯产量、灌溉方式、灌溉保证率、水源类型、排水能力、剖面土体构型、土壤侵蚀类型、盐化类型、障碍因素、障碍层类型、障碍层深度、障碍层厚度、质地、容重、pH值、有机质、全氮、碱解氮、有效磷、速效钾以及各种微量元素的化验值等数据。

(五) 补充调查

1. 补充调查目的

以县域产地环境调查数据为基础，将县域产地环境没有涉及到的、但又对于省级产地环境评价很重要的数据项列出来，补充调查县域产地环境评价中没有的调查内容，补充原来县域数据中没有检测的参数，充实数据，使数据完整。

2. 补充调查的内容

在研究分析遴选出的省级产地评价数据基础上，赴平凉、庆阳、天水、临夏、甘南等市州进行充分调研，并广泛征询专家意见。具体的调查内容有地形地貌、土壤养分、评价因子的选取建议、近3年"甘味"特色作物单产等。

3. 补充调查的方法

对于土壤养分、重金属含量，空气、水质等缺失的数据项，通过实地调查、样品检测和查阅资料等方式进行补足，如铅、铬、镉、汞等；并对产地环境评价数据未涉及、但对当地农业生产及耕地生产能力影响重大的内容，开展补充调查，如耕作制度、主栽作物名称、主栽作物产量、秸秆还田方式、秸秆还田量、覆膜方式、农田防护林防护效果等，充实完善产地环境评价数据。

(六) 数据审核

基础数据的质量关系着产地环境评价的结果正确与否，因此，严把数据质量关，保证数据涵盖面是数据审核的重中之重。

1. 审核数据标准的确定

概念型数据的审核标准，见表4-1。数值型数据的审核标准、土壤养分含量以甘肃省耕地质量监测指标分级标准来确定上下限，见表4-2。经纬度坐标，在ArcGIS10.2中，生成点位图，删除漂移的点位。海拔、积温、降水量，不能出现空白值。有效土层厚度、耕层厚度，注意与实际的切合度。产量与各县实际产量进行核对。耕层含盐量，注意与实际的切合度。

表4-1 甘肃省产地环境评价概念型数据标准一览表

概念型数据	审核标准
土壤类型名称	建立甘肃省土壤名称到国家标准土壤名称对照表。对应到亚类一级（中国土壤分类与代码 GB 17296—2009）
成土母质归类	冲洪积物、残坡积物、风积物、黄土状物、红土状物、河湖沉积物。按二普的土属上面信息，前面加上母岩
地貌类型	按高原、平原、山地、丘陵、盆地等5类进行归并
地形部位	丘陵对应丘陵上部、丘陵中部、丘陵下部；山地对应山地坡上、山地坡中、山地坡下、河谷；平原对应平原高阶、平原低阶、平原中阶；盆地对应山间盆地；高原对应高原边部、高原中部
常年耕作制度	作物组成配置和种植方式的总称
熟制	一年一熟、一年两熟、两年三熟（以积温和纬度来定，不以具体种植作物来定）
灌溉方式	漫灌、沟灌、畦灌、喷灌、滴灌、小白龙或无灌溉条件
水源类型	地表水，地下水，地表水+地下水，无
排水能力	强、中、弱、无
质地构型	按1m土体内不同质地土层的排列组合形式来填写。一般可分为薄层型（红黄壤地区土体厚度<40cm,其他地区<30cm）、松散型（通体砂型）、紧实型（通体黏型）、夹层型（夹砂砾型、夹黏型、夹料姜型等）、上紧下松型（漏砂型）、上松下紧型（蒙金型）、海绵型（通体壤型）等几大类型
土壤侵蚀类型	水蚀、风蚀、冻融侵蚀、混合侵蚀、无侵蚀等
盐化类型	硫酸盐、氯化物盐、碳酸盐等。若是复合型的盐化类型，将主要成分的盐放在次要成分的盐之前
盐化程度	统一归并为重度、中度、轻度、无
障碍因素	盐碱、沙化、瘠薄（耕层<30cm归为薄层型，都改成瘠薄）、酸化、白僵化（干旱是气候因素，大多数是钙积层，可改为白僵化）、无
障碍层类型	影响作物生长的土壤层次的种类，按对植物生长构成障碍的土层类型来填，如黏磐层，土壤黏性太高，过于紧实，植物根系扎不下去；铁盘层、砂砾层、潜育层、卵石层、沙层石灰结核层等

续表

概念型数据	审核标准
耕层质地	按国际制归并四类,壤土、砂土、黏壤土、黏土
秸秆还田方式	不还田、留茬还田、全量还田
覆膜方式	全膜覆盖、半膜覆盖、不覆盖
农田防护林防护效果	好、一般、差、无

表4-2 甘肃省耕地质量监测指标分级标准

指标	单位	分级标准				
		1级(高)	2级(较高)	3级(中)	4级(较低)	5级(低)
耕层厚度	cm	>40.0	25.0~40.0	15.0~25.0	10.0~15.0	≤10.0
土壤容重	g/cm^3	1.15~1.25	1.25~1.35	1.00~1.15	1.35~1.45	≤1.00,>1.45
土壤紧实度	MPa	1.0~2.0	2.0~2.5	2.5~3.0	3.0~4.0	≤1.0,>4.0
水稳性大团聚体(>0.25mm)	%	>40.0	30.0~40.0	20.0~30.0	10.0~20.0	≤10.0
阳离子交换量	cmol/kg	>20.0	15.4~20.0	10.5~15.4	6.2~10.5	≤6.2
有机质	g/kg	>40.0	30.0~40.0	20.0~30.0	10.0~20.0	≤10.0
pH		6.5~7.5	7.5~8.0	8.0~8.5	5.5~6.5	≤5.5,>8.5
全氮	g/kg	>2.00	1.50~2.00	1.25~1.50	1.00~1.25	≤1.00
有效磷	mg/kg	>40.0	25.0~40.0	15.0~25.0	6.0~15.0	≤6.0
速效钾	mg/kg	>300	250~300	200~250	150~200	≤150
缓效钾	mg/kg	>1200	1000~1200	800~1000	600~800	≤600
交换性钙	mg/kg	>2000	1000~2000	250~1000	100~250	≤100
交换性镁	mg/kg	>200	100~200	50~100	25~50	≤25
有效硫	mg/kg	>50.0	30.0~50.0	16~30.0	10.0~16.0	≤10.0
有效铁	mg/kg	>15.0	10.0~15.0	4.5~10.0	2.5~4.5	≤2.5
有效锰	mg/kg	>15.0	9.0~15.0	7.0~9.0	3.0~7.0	≤3.0
有效铜	mg/kg	>2.00	1.00~2.00	0.50~1.00	0.20~0.50	≤0.20
有效锌	mg/kg	>2.00	1.00~2.00	0.50~1.00	0.30~0.50	≤0.30
有效硼	mg/kg	>2.00	1.00~2.00	0.50~1.00	0.20~0.50	≤0.20
有效钼	mg/kg	>0.40	0.20~0.40	0.15~0.20	0.05~0.15	≤0.05
有效硅	mg/kg	>230	115~230	70~115	25~70	≤25
全磷	g/kg	>2.00	1.50~2.00	1.20~1.50	0.80~1.20	≤0.80
全钾	g/kg	>30.0	24.0~30.0	18.0~24.0	12.0~18.0	≤12.0
土壤微生物生物量碳	mg/kg	>300	200~300	100~200	50~100	≤50

续表

指标	单位	分级标准				
		1级(高)	2级(较高)	3级(中)	4级(较低)	5级(低)
土壤盐渍化程度(含盐量)	g/kg	≤1.0	1.0~3.0	3.0~4.0	4.0~6.0	>6.0
农膜残留量	kg/亩	≤1.0	1.0~2.0	2.0~3.0	3.0~5.0	>5.0
土壤铬	mg/kg	参考环保部门出台的相关标准,不再单独制定分级标准				
土壤镉	mg/kg					
土壤铅	mg/kg					
土壤砷	mg/kg					
土壤汞	mg/kg					

2. 审核的主要内容

（1）完整性

审核各项数据是否完整。如甘肃省的数据初次筛选完成后，发现有些县的微量元素有缺项，有效硼、有效钼、有效硅的数据量很少，省土肥站发现这一紧迫的问题后，立即组织各县化验室工作人员来省站质检科培训，把79个项目单位的化验人员分成三批，紧急培训后，把微量元素的缺项补充完整。

（2）科学性

数据的科学性对于评价结果是相当重要的，尤其是各项土壤养分含量值，对照甘肃省养分分级标准，并以有相关性的两组数据拟合函数，以此保证数据的科学性、准确性。如各地的产量值，实地调查以确保数据的科学性。土壤成土母质、有效土层厚度、障碍层位置、障碍层厚度等，参照《第二次土壤普查报告》《甘肃土壤》等历史资料，确保数据真实可靠。

（3）符合性

各项数据要符合各县的实际情况。甘肃省的地域狭长，地貌类型复杂多样，这样就决定了气候是多样的，年降水量、积温、海拔的差异是非常大的。以这个条件为基准，审核数据就不会出错。另外，甘南高寒阴湿区的有机质含量较高，而陇中黄土高原以黄绵土为主要耕种土壤的耕地，有机质含量较低。

3. 审核方法

按照现代丝路寒旱产地环境评价实施方案，省耕保总站于2020年底完成数据的初步遴选，然后组织甘肃省产地环境评价领导小组、专家小组召开数据审核会议，各专家对于每一项数据都提出了严格的审核要求。会后省耕保总站会同相关专家完成了第一次数据审核。

第二次数据审核工作的重点是纵向比较。在Excel中筛选每一项数据，防止空值、极值的出现，并且按照《产地环境评价数据标准》对每一项数据进行审核、更正。

第三次数据审核的重点是横向比较。比如，障碍层厚度有数据，但是障碍层类型却没有，这样的数据可能有一个值是错误的，参照《甘肃省土种志》《甘肃土壤》等资料，更正土壤信息。

三次审核后，在 ArcGIS 中生成点位图，然后根据气候、立地条件、土壤养分、土壤管理、剖面性状等要素，核对各县的每一项数据，确保数据的完整性、科学性和符合性。最终形成甘肃省的省级产地环境评价数据。

五、数据库与评价单元建立

（一）空间数据库建立

1. 空间数据的矢量化

对搜集到的纸质（或硫酸纸）图件进行完整性检验、图件预处理、图件扫描，利用 ArcGIS 软件把土壤图、土地利用现状图、行政区划图、地貌类型图、地形图进行配准、投影变换、矢量化、校正、图形编辑、建立拓扑关系，并根据产地环境评价相关要求，将各种空间数据的名称进行规范化命名，与属性数据的关联字段为标准建立空间数据库，最终以 Arcview 的 Shape 格式保存。各图件情况见表 4-3。

表 4-3 甘肃省产地环境评价空间数据基本情况

图层名称	数据代码	资料来源	属性字段内容	关联字段
行政区划图（县界）	AD101	甘肃省自然资源厅	行政代码	行政代码
省市县位置图	AD102	行政区划图提取	行政代码	行政代码
行政界线图	AD103	土地利用现状图提取	/	/
辖区边界图	AD201	行政区划图提取	/	/
装饰边界图	AD202	ArcGIS 10.2 绘制	/	/
道路图	GE105	行政区划图提取	/	/
地貌类型图	GE203	甘肃省自然资源厅	/	/
点注记图	GE901	行政区划图提取	/	/
土壤图	SB101	第二次土壤普查资料	土壤代码	土壤代码
土地利用现状图	LU101	甘肃省自然资源厅	地类号	地类号
农用地地块图	LU102	土地利用现状图提取	地类号	地类号
非农用地地块图	LU103	土地利用现状图提取	地类号	地类号
产地环境调查点位图	SB302	产地环境调查 GPS 数据生成	调查点编号	调查点编号

空间数据的采集规则如下：

坐标系统：Beijing_1954_GK_Zone_18N；

投影类型：Gauss_Kruger；

假东：18500000.000000；

假北：0.000000；

中央经线：105.000000；

比例因子：1.000000；

中央纬度：0.000000；

地理坐标系：GCS_Beijing_1954；

大地基准：D_Beijing_1954。

2. 质量控制

由于矢量化过程采用扫描数字化方式，因此需要严格按照矢量化流程进行质量控制。具体操作如下：

（1）图件数据质量控制

扫描影像能够区分图内各要素，若有线条不清晰现象，需重新扫描。扫描影像数据经过角度纠正，纠正后的图幅下方两个内图廓点的连线与水平线的角度误差不超过0.2°。公里网格线交叉点为图形纠正控制点，每幅图应选取不少于20个控制点，纠正后控制点的点位绝对误差不超过0.2mm（图面值）。

（2）矢量化

要求图内各要素的采集无错漏现象，图层分类和命名符合统一的规范，各要素的采集与扫描数据相吻合，线划（点位）整体或部分偏移的距离不超过0.3mm（图面值）。

所有数据层具有严格的拓扑结构。面状图形数据中没有碎片多边形。图形数据及属性数据的输入正确。野外调查GPS定位数据误差50m以内。

3. 其他图件的生成

（1）产地环境调查点点位图

利用产地环境调查点数据在ArcGIS软件直接生成带有属性数据的点位图。

（2）各类养分专题图层的生成

空间差值是利用样点的经纬度坐标，将采样点导入到ArcGIS软件中。然后将测定的数据连接到样点的属性数据中，应用地统计分析模块的普通Kriging插值法对数据进行分析。

地统计学的理论基础是区域化变量理论，而协方差函数和变异函数是以区域化理论为基础建立起来的，是地统计学的两个最基本的函数。克立格法是建立在变异函数理论和结构分析基础之上的一个函数，计算见公式4-1。

$$r(h)=\frac{1}{2}\delta^2\ [Z(x+h)-Z(x)] \quad \cdots \quad （公式4-1）$$

式中：h—样本间距；$Z(x)$—在位置x处的数值；$Z(x+h)$—在距离为$x+h$处的数值。

半方差函数一般有3个主要参数可以直接从半变异函数图中得到，它们决定着半变异函数的形状与结构。其中，基台值是指当半变异函数随着间隔距离的增大，从非零值达到一个相对稳定的常数时的值。半方差图是地统计学解释土壤特性空间变异结构的基础，其可靠性取决于采样密度。土壤性质的半方差函数通常可以被某些曲线方程所拟合，这些曲线方程称为半方差函数的理论模型，主要包括线性模型、球状模型、指数模型、高斯模型、对数模型、双曲线模型等。

Kriging 插值是根据变异函数模型而发展起来的空间插值方法，在地质、土壤、农业、气象等领域应用广泛，主要用于研究空间分布和制图。Kriging 插值的最大优点是它能给出无偏估计，能够充分考虑到土壤特性的空间变异。Kriging 插值方法是地统计学中最为常用的插值方法，它是利用原始资料和半方差函数的结构性，对为采样点的区域化变量进行最优无偏估值的一种方法，它对各观测点的权重确定是通过半方差图分析获取的。作为一种加权移动平均的内插方法，其主要优点是能得到内插计算中产生的独立误差的估值，且由已知点内插估计点间土壤特性空间相关性，具有较好的内在关联属性和精确性。因此，甘肃省产地环境评价所有养分数据均采用 ArcGIS10.2 地统计分析模块的普通 Kriging 插值法。

（3）甘肃省数字高程模型和坡度图的生成

利用甘肃省 1:50 万地形图，扫描输入后进行矢量化，获得等高线及高程信息，空间分析生成甘肃省数字高程模型，在此基础上生成甘肃省地形坡度、坡向，经编辑处理后形成坡度图、坡向图。

（二）属性数据库建立

1. 属性数据库内容与标准

见表 4-4。

表 4-4　甘肃省产地环境评价属性数据基本情况

名称	来源	属性字段	关联字段
产地环境调查点情况及化验结果数据表	产地环境评价采样调查数据（2020 年、2021 年）	点省内编码	点省内编码
耕地资源管理单元属性数据表	测土配方施肥调查及化验数据（2005—2014 年）、耕地质量调查评价数据（2017—2021 年）	内部标识码	内部标识码
行政区基本情况数据表 2021	甘肃省统计局	行政代码	行政代码
省级行政区划代码表	甘肃省统计局	行政代码	行政代码
土地利用类型代码	甘肃省自然资源厅	地类号	地类号
土壤典型剖面属性数据表 1988	第二次土壤普查资料	土壤代码	土壤代码
土壤类型代码表	第二次土壤普查资料	土壤代码	土壤代码

2. 属性数据库建立方法

对照数据字典和农业农村部关于《西北片区及省级产地环境评价数据标准》，用 Access 软件，将数据的各个字段规范化后，以 mdb 格式保存。土壤养分数据，空间插之后，用 ArcGIS 的 Zonal Statistics 模块赋值。另外，成土母质、土壤侵蚀类型、土壤侵蚀程度、剖面构型、质地构型、有效土层厚度、耕层厚度、障碍层类型、障碍层出现位置、障碍层厚度、质地、容重等数据是利用土壤图关联土壤典型剖面属性数据表后在合成管理单元图的过程中获取。

3. 评价单元建立

评价单元是由对产地环境具有关键影响的各土地要素组成的空间实体，是产地环境评价的最基本单位、对象和基础图斑。同一评价单元内的土地自然基本条件、土地的个体属性和经济属性基本一致，不同土地评价单元之间，既有差异性，又有可比性。产地环境评价就是要通过对每个评价单元的评价，确定其评价等级，把评价结果落实到实地和编绘的土地资源图上。因此，产地环境评价单元划分得合理与否，直接关系到产地评价的结果以及工作量的大小。

4. 评价单元形成

本次甘肃省产地环境评价土地评价单元的划分采用土壤图、土地利用现状图、行政区划图和地貌类型图叠置划分。用这种方法划分评价单元，既可以反映单元之间的空间差异性，使土地利用类型有了土壤基本性质的均一性，又使土壤类型有了确定的地域边界线，使评价结果更具综合性、客观性，可以较容易地将评价结果落实到实地。

5. 评价单元合并

通过图件的叠置和检索，将实体面积小于 10 000m² 的小多边形在兼顾土壤属性的情况下与相邻的多边形进行合并，最终生成了甘肃省耕地资源管理单元图，共生成 74 292 个管理单元，耕地单元总面积为 5 410 232.09hm²，最小管理单元耕地面积为 0.35hm²，最大管理单元耕地面积为 9 885.51hm²，平均为 72.82hm²。

6. 评价单元赋值

影响产地环境的因子非常多，并且它们在计算机中的存储方式也不相同，因此如何准确地获取各评价单元评价信息，是评价中的重要一环。鉴于此，我们舍弃直接从键盘输入参评因子值的传统方式，根据不同类型数据的特点，通过点分布图、矢量图、等值线图为评价单元获取数据，采取将评价单元与各专题图件叠加采集各参评因素的信息。

具体的操作是：①单元编号。在 ArcMap 环境下生成评价信息，按唯一标识原则为评价单元编号；②养分点位分布图属性的提取。甘肃省共采用 7504 个点样进行空间插值，按栅格单元大小将其转换为栅格图，再与评价单元图叠加，通过加权统计以内部标识码为字段给评价单元赋值；③矢量分布图。在耕地资源管理信息系统中将其直接与评价单元图叠加，通过加权统计、属性提取的方法给评价单元赋值；④等高线图。对等高线图进行 DEM 分析，使用生成的 DEM 图形，形成栅格单元大小 30×30 的坡度图、坡向图，再与评价单元图叠加，通过加权统计以内部标识码为字段给评价单元赋值。由此，得到图形与属性相连的、以评价单元为基本单位的评价信息，为后续产地环境的评价奠定了基础。

六、产地环境评价模型建立

（一）土壤环境质量评价模型

1. 绿色食品评价方法

评价指标包括：镉、汞、砷、铅、铬、铜。6 个指标按土壤耕作方式的不同分为旱田和水田两大类，每类又根据土壤 pH 值的高低分为 3 种情况，即 pH<6.5、6.5≤pH≤7.5、pH>7.5。见公式 4-2，公式 4-3，公式 4-4。

第一步：计算 pH 的污染指数：

$$P_{pH} = \frac{|pH - pH_{sm}|}{(pH_{su} - pH_{sd})/2} \cdots （公式 4-2）$$

$$pH_{sm} = \frac{1}{2}(pH_{su} + pH_{sd}) \cdots （公式 4-3）$$

说明：

P_{pH}——pH 的污染指数；

pH——pH 的实测值；

pH_{su}——pH 允许幅度的上限值（△t=8.5）；

pH_{sd}——pH 允许幅度的下限值（△t=5.5）。

第二步：分别计算 6 种污染元素的土壤污染指数：

$$P_i = \frac{C_i}{S_i} \cdots （公式 4-4）$$

说明：

P_i——土壤的单项污染指数；

C_i——单项指标的实测值；

S_i——单项指标的评价标准值。

其中 S_i 单项金属的评价标准值参考《绿色食品产地环境质量》金属单项评价标准指标。见表 4-5。

表 4-5 《绿色食品产地环境质量》金属单项评价标准

项目	旱田			水田		
	pH<6.5	6.5≤pH≤7.5	pH>7.5	pH<6.5	6.5≤pH≤7.5	pH>7.5
镉, mg/kg	≤0.3	≤0.3	≤0.4	≤0.3	≤0.3	≤0.4
汞, mg/kg	≤0.25	≤0.3	≤0.35	≤0.3	≤0.4	≤0.4
砷, mg/kg	≤25	≤20	≤20	≤20	≤20	≤15
铅, mg/kg	≤50	≤50	≤50	≤50	≤50	≤50
铬, mg/kg	≤120	≤120	≤120	≤120	≤120	≤120
铜, mg/kg	≤50	≤60	≤60	≤60	≤60	≤60

第三步：土壤环境质量的综合评价：

土壤 pH 值、镉、汞、砷、铅、铬、铜等 7 项单项污染指数均大于 1，直接判断为不符合绿色食品产地环境标准；均小于等于 1，进行综合污染指数评价，计算本耕地资源管理单元的综合质量指数，计算方法如公式 4-5：

$$P_{综} = \sqrt{\frac{(C_i/S_i)_{max}^2 + (C_i/S_i)_{ave}^2}{2}} \cdots （公式 4-5）$$

说明：

$(C_i/S_i)_{max}$——污染指数的最大值；

$(C_i/S_i)_{ave}$——污染指数的平均值；

$P_{综}$——土壤的综合污染指数。

第四步：土壤环境质量$P_{综}$以下表进行分级

等级	结果	
	清洁区	尚清洁区
优级	$P_i \leqslant 0.7$	
一级		$0.7 \leqslant P_i \leqslant 1.0$

2. 有机质食品质量评价标准

有机环境质量要求评价指标包括：镉、汞、砷、铅、铬、铜、镍、锌，每类又根据土壤pH值的高低分4种情况，即pH≤5.5、5.5<pH≤6.5、6.5<pH≤7.5、pH>7.5。砷、铬按土壤耕作方式的不同分为水田和其他两大类，铜按土壤耕作方式的不同分为果园和其他两大类。

第一步：分别计算8种污染元素的土壤污染指数，如公式4-5：

$P_i = \dfrac{C_i}{S_i}$ … （公式4-5）

说明：

P_i——土壤的单项污染指数；

C_i——单项指标的实测值；

S_i——单项指标的评价标准值。

其中S_i单项金属的评价标准值参考《有机食品产地环境适宜性评价技术规范》单项评价标准指标。见表4-6。

表4-6 《有机食品产地环境适宜性评价技术规范》单项评价标准

单位：mg/kg

指标		土壤pH值分级			
		pH≤5.5	5.5<pH≤6.5	6.5<pH≤7.5	pH>7.5
总镉		≤0.30	≤0.40	≤0.50	≤0.60
总汞		≤0.30	≤0.30	≤0.50	≤1.0
总砷	水田	≤30	≤30	≤25	≤20
	其他	≤40	≤40	≤30	≤25
总铅		≤80	≤120	≤160	≤200
总铬	水田	≤250	≤250	≤300	≤350
	其他	≤150	≤150	≤200	≤250
总铜	果园	≤150	≤150	≤200	≤200
	其他	≤50	≤50	≤100	≤100

指标	土壤 pH 值分级			
	pH≤5.5	5.5<pH≤6.5	6.5<pH≤7.5	pH>7.5
总镍	≤40	≤40	≤50	≤60
总锌	≤200	≤200	≤250	≤300

第二步：土壤环境质量的综合评价：

土壤镉、汞、砷、铅、铬、铜、镍、锌等8项单项污染指数均大于1，直接判断为不符合绿色食品产地环境标准；否则进行综合污染指数评价，计算本耕地资源管理单元的综合质量指数，计算方法如公式4-6：

$$P_{综}=\sqrt{\frac{(C_i/S_i)_{max}^2+(C_i/S_i)_{ave}^2}{2}} \cdots \text{（公式 4-6）}$$

说明：

$(C_i/S_i)_{max}$——污染指数的最大值；

$(C_i/S_i)_{ave}$——污染指数的平均值；

$P_{综}$——土壤的综合污染指数。

第三步：将土壤环境质量 $P_{综}$ 按以下表进行分级：

环境质量等级	土壤各单项或综合污染指数	等级名称
1	$P_i≤0.7$	适宜
2	$0.7≤P_i≤1.0$	尚适宜
3	$P_i>1.0$	不适宜

产地已进行土壤环境背景值调查或近3年来已进行土壤环境质量监测，且监测结果（提供监测结果单位资质）符合有机产品土壤环境质量要求的产地可以免除土壤环境的监测。

3. 无公害食品质量评价标准

评价采用单项污染指数与综合污染指数相结合的方法，分步进行。评价指标分为严格控制指标和一般控制指标两类，严格控制指标包括汞、砷、镉、铅、铬等5项，一般控制指标包括总铜、镍、锌。

第一步：严格控制指标的评价采用单项污染指数法，分别计算5种污染元素的土壤污染指数，如公式4-7：

$$P_i=\frac{C_i}{S_i} \cdots \text{（公式 4-7）}$$

说明：

P_i——土壤的单项污染指数；

C_i——单项指标的实测值；

S_i——单项指标的评价标准值；

$P_i>1$，严格控制指标有超标，判定为不合格，不再进行一般控制指标评价；$P_i \leqslant 1$，严格控制指标未超标，继续进行一般控制指标评价。其中 S_i 单项指标的评价标准值参考《土壤环境质量农用地土壤污染风险管控标准(试行)》(GB 15618—2018)单项评价标准指标。见表4-7。

表4-7 农用地土壤污染风险管控标准

单位：mg/kg

序号	污染物项目		风险筛选值			
			pH≤5.5	5.5<pH≤6.5	6.5<pH≤7.5	pH>7.5
1	镉	水田	0.3	0.4	0.6	0.8
		其他	0.3	0.3	0.3	0.6
2	汞	水田	0.5	0.5	0.6	1.0
		其他	1.3	1.8	2.4	3.4
3	砷	水田	30	30	25	20
		其他	40	40	30	25
4	铅	水田	80	100	140	240
		其他	70	90	120	170
5	铬	水田	250	250	300	350
		其他	150	150	200	350
6	铜	水田	150	150	200	250
		其他	50	50	100	100
7		镍	60	70	100	190
		锌	200	200	250	300

第二步：一般控制指标的评价单项污染指数法，按式(公式4-7)计算。$P_i \leqslant 1$，一般控制指标未超标，判定为合格，不再进行综合污染指标评价；$P_i>1$，一般控制指标有超标，继续进行综合污染指标评价。

第三步：综合污染指数法评价。在没有严格控制指标超标，而只有一般控制指标超标的情况下，采用单项污染指数平均值和单项污染指数最大值相结合的综合污染指数法，土壤(水)综合污染指数按(公式4-8)计算。

$$P_{综}=\sqrt{\frac{(C_i/S_i)_{max}^2+(C_i/S_i)_{ave}^2}{2}} \cdots (公式4-8)$$

说明：

$(C_i/S_i)_{max}$——污染指数的最大值；

$(C_i/S_i)_{ave}$——污染指数的平均值；

$P_{综}$——土壤的综合污染指数。

第四步：将土壤环境质量 $P_{综}$ 按以下表进行分级：

环境质量等级	土壤各单项或综合污染指数	等级名称
1	$P_i \leq 1$	合格
2	$P_i > 1$	不合格

(二) 水质评价模型

1. 绿色食品评价标准

根据《绿色食品产地环境质量》(NY/T 391—2013)中"6.1 农田灌溉水质要求"，本次评价的内容主要包括 pH、总汞、总镉、总砷、总铅、六价铬、氟化物、化学需氧量、石油类、粪大肠菌群等 10 个指标。

第一步：计算水质单项综合污染指数：

灌溉（渔业、畜禽养殖、加工用水）评价指标分别参照《绿色食品 产地环境质量》(NY/T 391—2013) 执行，评价方法参照《农用水源环境质量监测技术规范》(NY/T 396—2000) 的 "8.3.1、8.3.2"，《绿色食品产地环境调查、监测及评价规范》(NY/T 1054—2013) 的 "5.4.1" 污染指数评价执行。评价模型为：

水质单项污染指数按(公式 4-9)计算：

$$水质单项污染指数 = \frac{水质污染物实测值}{污染物质量标准} \quad \text{（公式 4-9）}$$

对水质中某些随污染增加而浓度减少的指标(如溶解氧)，单项污染指数按(公式 4-10)计算：

$$单项污染指数 = \frac{理论值(实际上的最大值) - 实测值}{理论值(实际上的最大值) - 评价标准} \quad \text{（公式 4-10）}$$

对某些有幅度限制的指标(pH 值的允许幅度为 6~9)，单项污染指数按(公式 4-11 和公式 4-12)计算：

$$单项污染指数 = \frac{实测值 - 允许幅度平均值}{允许幅度最低值\ (或允许幅度最高值) - 允许幅度平均值}$$

$$\text{（公式 4-11）}$$

$$允许幅度平均值 = \frac{允许幅度最低值 + 允许幅度最高值}{2} \quad \text{（公式 4-12）}$$

水质综合污染指数按(公式 4-13)计算：

$$水质综合污染指数 = \sqrt{\frac{(平均单向污染指数)^2 + (最大单项污染指数)^2}{2}}$$

$$\text{（公式 4-13）}$$

其中总汞、总镉、总砷、总铅、六价铬、氟化物、石油类、粪大肠菌群等 8 项水质单项污染指数按(公式 4-9)计算；污染物质量标准依据表 4-8 水质污染物质量标准参考表确定。

总汞污染物质量标准=0.001、总镉污染物质量标准=0.01、总砷污染物质量标准=(0.05/0.1/0.05)、总铅污染物质量标准=0.2、六价铬污染物质量标准=0.1、氟化物污染物质量标准=(2/3)、石油类污染物质量标准=(5/10/1)、粪大肠菌群污染物质量标准=

(40000/40000/20000)。

其中 pH 水质单项污染指数按(公式 4-11)计算；允许幅度最高值=8.5，允许幅度均值=(5.5+8.5)/2=7

其中化学需氧量水质单项污染指数按(公式 4-10)计算；评价标准=(150/200/100)，理论值为实测值的最大值。

水质综合污染指数按(公式 4-13)计算，水质等级划分标准参照表 4-8 农用水源水质划分标准表执行。

表 4-8 水质污染物质量标准参考表

项目	指标	检测方法
pH 值	5.5~8.5	GB 6920—86
总汞,mg/L	≤0.001	GB 597—83
总镉,mg/L	≤0.005	GB 7475—87
总砷,mg/L	≤0.05	GB 7485—87
总铅,mg/L	≤0.1	GB 7475—87
六价铬,mg/L	≤0.1	GB 7467—87
氟化物,mg/L	≤2.0	GB 7484—87
化学需氧量(CODcr),mg/L	≤60	GB 11914—89
石油类,mg/L	≤1.0	HJ 637—2018
粪大肠菌群 3,个/L	≤10 000	SL 355—2006

注：灌溉蔬菜、瓜类和草本水果的地表水需测粪大肠菌群，其他情况不测粪大肠菌群。

第二步：水质评价 $P_{综}$ 以表 4-9 农用水源水质划分标准表进行分级：

表 4-9 农用水源水质划分标准表

等级划定	综合污染指数	污染程度	污染水平
1	≤0.5	清洁	清洁
2	0.5~1.0	尚清洁	标准限量内
3	≥1.0	污染	越出警戒水平

2.有机质食品质量评价标准

有机产品产地农田灌溉水质指标限值应符合 GB 5084—2021 的规定，对于以天然降雨为水源的地区，产地可以免除灌溉水的监测。

根据《有机产品产地环境适宜性评价技术规范》(RB/T 165—2018)农田灌溉水质要求，本次有机食品质量评价的内容主要包括化学需氧量、pH 值、总汞、总镉、总砷、总铅、六价铬等 7 个指标。

评价模型和计算方法同绿色食品评价，水质单项污染指数标准见表4-10。

表4-10 有机食品水质环境质量水质单项污染指标

指标	含量限制			单位
	水作	旱作	蔬菜	
必测指标				
化学需氧量	≤150	≤200	≤100a, ≤60b	mg/L
pH值		5.5~8.5		
总汞		≤1		
总镉		≤10		
总砷	≤50	≤100	≤50	μg/L
总铅		≤200		
六价铬		≤100		

有机食品水质环境质量水质综合污染指数以下表进行分级：

环境质量等级	水质各综合污染指数	等级名称
1	$P_i \leq 0.5$	清洁
2	$0.5 < P_i \leq 1.0$	尚清洁
3	$P_i > 1.0$	污染

3. 无公害食品质量评价标准

根据《无公害农产品 淡水养殖产地环境条件》(NY/T 5361—2016) 农田灌溉水质要求，本次无公害食品质量评价的内容主要包括pH值、总汞、总镉、总砷、总铅、六价铬等6个指标。评价模型和计算方法同绿色食品评价，无公害农产品水质单项污染指数标准见表4-11。

表4-11 无公害农产品水质单项污染指数标准

项目	指标			
	水田	旱地	菜地	食用菌
pH		5.5~8.5		6.5~8.5
总汞,mg/L		≤0.001		≤0.001
总镉,mg/L		≤0.01		≤0.005
总砷,mg/L	≤0.05	≤0.1	≤0.05	≤0.01
总铅,mg/L		≤0.2		≤0.01
铬(六价)mg/L		≤0.1		≤0.05

注：对实行水旱轮作、菜粮套种或果粮套种等种植方式的农地，执行其中较低标准值的项作物的标准值。

无公害食品水质环境质量水质综合污染指数以下表进行分级:

环境质量等级	水质各综合污染指数	等级名称
1	$P_i \leq 1$	合格
2	$P_i > 1.0$	不合格

(三)空气质量评价模型

1. 绿色食品评价标准

根据《绿色食品 产地环境质量》(NY/T 391—2013)中"6.1 农田空气要求",本次评价的内容主要包括总悬浮颗粒物、二氧化硫、二氧化氮、氟化物等4个指标。

第一步:计算空气单项污染、综合污染指数。评价指标参照《绿色食品 产地环境质量》(NY/T 391—2013)中"5 空气质量要求"执行,评价方法参照《农区环境空气质量监测技术规范》(NY/T 397—2000)中"8.3.1 各类参数计算方法、8.3.2 农区空气环境质量分级"划定,《绿色食品产地环境调查、监测及评价规范》(NY/T 1054—2013)中"5.4.1 污染指数评价"执行。评价模型为:

(1) 大气单项污染指数按(公式4-14)计算:

$$大气单项污染指数 = \frac{大气污染实测值}{天气污染物质里标准} \cdots (公式4\text{-}14)$$

(2) 大气综合污染指数按(公式4-15或公式4-16)计算:

$$大气综合污染指数 = \sqrt{最大单项污染指数 \times 平均单项污染指数} \cdots (公式4\text{-}15)$$

$$P'_{综} = \sqrt{(C'_i/S'_i)_{max}^2 \times (C'_i/S'_i)_{ave}^2} \cdots (公式4\text{-}16)$$

式中:

$P'_{综}$——空气的综合污染指数;

$(C'_i/S'_i)_{max}$——空气污染物中污染指数的最大值;

$(C'_i/S'_i)_{ave}$——空气污染物中污染指数的平均值。

标准值根据表4-12绿色食品产地环境空气质量要求表。

表4-12 绿色食品产地环境空气质量要求表

项目	指标		检测方法
	日平均	1h	
总悬浮颗粒物(mg/m³)	≤0.30		GB/T 15432
二氧化硫(mg/m³)	≤0.15	≤0.50	HJ 482
二氧化氮(mg/m³)	≤0.08	≤0.20	HJ 479
氟化物(μg/m³)	≤7	≤20	HJ 480

注:日平均指任何一日的平均指标;1h指任何一小时的指标。

表 4-13 建议使用大气污染物质量标准值

检测项目	标准值
总悬浮颗粒物(mg/m³)	≤0.30
二氧化硫(mg/m³)	≤0.15
二氧化氮(mg/m³)	≤0.08
氟化物(μg/m³)	≤7

第二步：空气环境质量分级划定。农区空气环境质量分级划定根据评价目的不同，分别按 GB 9137—88 和 GB 3095 计算污染指数。农区环境空气质量评价一般以单项污染指数为主，可直接采用 GB 9137 和 GB 3095—2012 中的污染物浓度限值划分为三级；但当区域内环境空气质量作为一个整体与其他区域空气质量比较，或同一个区域内空气质量在不同历史时段内比较时，应采用综合污染指数评价，并按综合污染指数划分为五级。农区空气环境质量分级标准见表 4-14。

表 4-14 农区空气环境质量分级标准

等级划分	综合污染指数	污染等级	污染水平
1	≤0.6	清洁	清洁
2	0.6~1.0	尚清洁	标准限量内
3	1.0~1.9	轻污染	警戒水平
4	1.9~2.8	中污染	警报水平
5	≥28	重污染	紧急水平

2.有机质食品质量评价标准

根据《有机产品产地环境适宜性评价技术规范》(RB/T 165—2018) 农田空气质量要求，本次评价的内容主要包括二氧化硫、二氧化氮、臭氧、颗粒物 PM10、颗粒物 PM2.5、一氧化碳等 6 个指标。

第一步：计算空气单项污染、综合污染指数。评价方法和模型同绿色食品质量评价，标准值根据表 4-15 有机食品产地环境空气质量要求表。

表 4-15 有机食品产地环境空气质量要求表

指标	浓度限值			单位
	年均	24h 平均	1h 平均	
必测指标				
二氧化硫	≤60	≤150	≤500	
二氧化氮	≤40	≤80	≤200	
臭氧		≤60		μg/m³
颗粒物 PM10	≤70	≤150		
颗粒物 PM2.5	≤35	≤75		
一氧化碳		≤4	≤10	mg/m³

第二步：空气环境质量分级划定。农区空气环境质量分级标准见表4-16。

表4-16 农区空气环境质量分级标准

环境质量等级	空气综合污染指数	等级名称
1	$P_i \leq 0.6$	适宜
2	$0.6 < P_i \leq 1.0$	尚适宜
3	$P_i > 1.0$	不适宜

3. 无公害食品质量评价标准

根据《无公害农产品种植业产地环境条件》(NY/T 5010—2016) 农区种植环境空气质量无要求。

绿色食品、有机质食品、无公害食品评价判定关系。综上土壤环境质量评价模型、水质评价模型依据绿色食品、有机质食品、无公害食品评价标准，绿色食品评价高于有机食品和无公害食品，三者以图4-1示例表明。

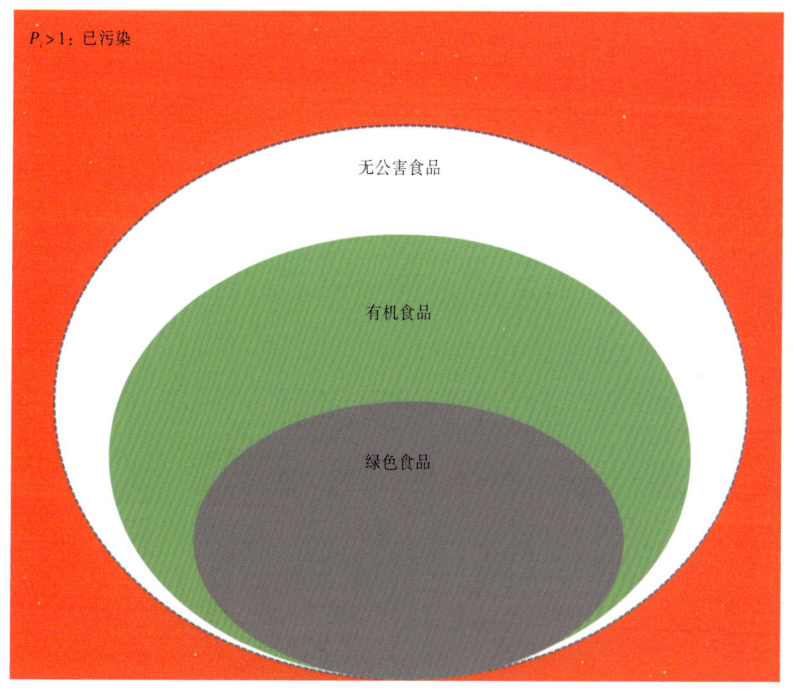

图4-1 绿色食品、有机质食品、无公害食品评价判定关系图

第五章 甘肃省产地环境评价结果与分析

甘肃地处黄土高原、青藏高原和内蒙古高原三大高原的交会地带，境内地形复杂，山脉纵横交错，海拔相差悬殊，高山、盆地、平川、沙漠和戈壁等兼而有之，是山地型高原地貌。地势自西南向东北倾斜，地形狭长，东西长1659 km，南北宽530 km。

甘肃各地气候类型多样，从南向北包括了亚热带季风气候、温带季风气候、温带大陆性（干旱）气候和高原高寒气候等四大气候类型。年平均气温0~15℃，大部分地区气候干燥，干旱、半干旱区占总面积的75%。主要气象灾害有干旱、暴雨洪涝、冰雹、大风、沙尘暴和霜冻等。全省各地年降水量在36.6~734.9 mm，大致从东南向西北递减，乌鞘岭以西降水明显减少，陇南山区和祁连山东段降水偏多。受季风影响，降水多集中在6—8月份，占全年降水量的50%~70%。全省无霜期各地差异较大，陇南河谷地带一般在280 d左右，甘南高原最短，只有140 d。多数地方海拔在1500~3000 m之间，年降雨量约300 mm。

独特的地理位置和气候资源赋予甘肃省寒旱生境，而独特的寒旱生境孕育了知名中外的"甘味"优势作物，为了将"甘味"特色优势农产品产业作大作强，甘肃省耕地质量建设保护总站在搜集整理历史数据，挖掘整合现有数据，构建绿色、有机、无公害食品产地环境评价模型的基础上，对甘肃省的耕地作了系统、科学、全面的产地环境评价。

甘肃省产地环境评价的耕地面积为7814万亩。评价结果包括绿色食品产地土壤环境质量评价结果、绿色食品产地水质环境质量评价结果、绿色食品产地空气环境质量评价结果、有机食品产地土壤环境质量评价结果、有机食品产地水质环境质量评价结果、有机食品产地空气环境质量评价结果、无公害食品产地土壤环境质量评价结果、无公害食品产地水质环境质量评价结果等8个方面的成果。

通过本次产地环境评价，我们可以得出甘肃省7814万亩的耕地质量环境基本符合国家绿色食品产地环境要求，全部符合有机食品产地环境要求，全部符合无公害食品的产地环境就要求。具体评价结果如下：

一、绿色食品产地土壤环境质量评价结果

绿色、有机、无公害食品产地环境质量评价的目的，是为保证绿色食品安全和优质，从源头上为生产基地选择优良的生态环境，为绿色食品管理部门的决策提供科学依据，实现农业可持续发展。根据2013年12月13日农业部发布，2014年1月1日实施的《绿色食品 产地环境质量》(NY/T 391—2013)和《绿色食品 产地环境质量》

(NY/T 391—2013）中对绿色食品产地环境质量评价的土壤质量环境要求、评价原则及方法，对甘肃省7814万亩耕地进行了绿色食品产地土壤环境质量评价，评价的内容主要包括甘肃省耕地土壤中的总镉、总汞、总砷、总铅、总铬等5种污染元素的含量情况。经过本次评价，甘肃省大部分地区符合农业农村部发布的绿色食品产地环境质量要求，评价结果分为3个等级：优级、一级、不适宜。其中评价结果为优级的耕地主要分布在平凉市的静宁县、华亭县、崆峒区、崇信县、灵台县，天水市的甘谷县、秦安县、张家川回族自治县、清水县，陇南市的武都区、康县、文县等大部分县区，甘南州、临夏州也有大部分耕地评价结果为优级，优级的总耕地面积约3200万亩，约占全省耕地总面积的41.5%；不适宜地区主要分布在庄浪县、华池县、民乐县、永昌县、张掖市甘州区等地，另外酒泉市肃州区、民勤县、武威市凉州区、永登县、临夏县、通渭县、环县、靖远县、天水市秦州区也有分布，不适应耕地区域的总面积约354万亩，约占全省耕地总面积的4.5%，引起不适宜的主要原因是砷元素超过了国标线；其余地是一级区，一级区总耕地面积约4220万亩，约占全省耕地总面积的54%。具体评价结果如图5-1。

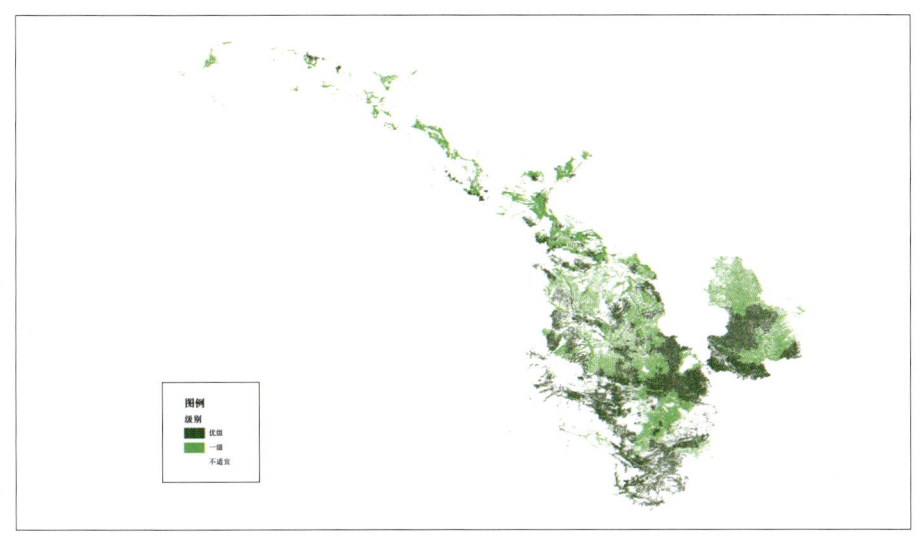

图5-1 绿色食品产地土壤环境质量评价结果图

二、绿色食品产地水质环境质量评价结果

根据原农业部发布实施的《绿色食品 产地环境质量》(NY/T 391—2013)中对绿色食品产地环境质量评价的灌溉水质量环境要求、评价原则及方法，对甘肃省7814万亩耕地进行了绿色食品产地水质环境质量评价，评价的内容主要包括：灌溉水pH值、总汞、总镉、总砷、总铅、总六价铬、化学需氧量、粪大肠杆菌群等8个指标的监测情况。评价结果分为两个等级：适宜、尚适宜，其中评价结果为适宜的耕地主要分布在平凉市的静宁县、庄浪县、华亭县、崆峒区、崇信县、灵台县，庆阳市的镇远县、西峰区、泾川县、合水县、宁县、正宁县，天水市的甘谷县、秦安县、张家川回族自治县、清水县、麦积区、秦州区、甘谷县、武山县等，陇南市的武都区、康县、文县、成县、徽县、两当县等大部分县区，甘南州、临夏州等，另外，金昌市的金川区、永昌县也有大面积的分布；其余地区是尚适宜区，具体评价结果如图5-2。

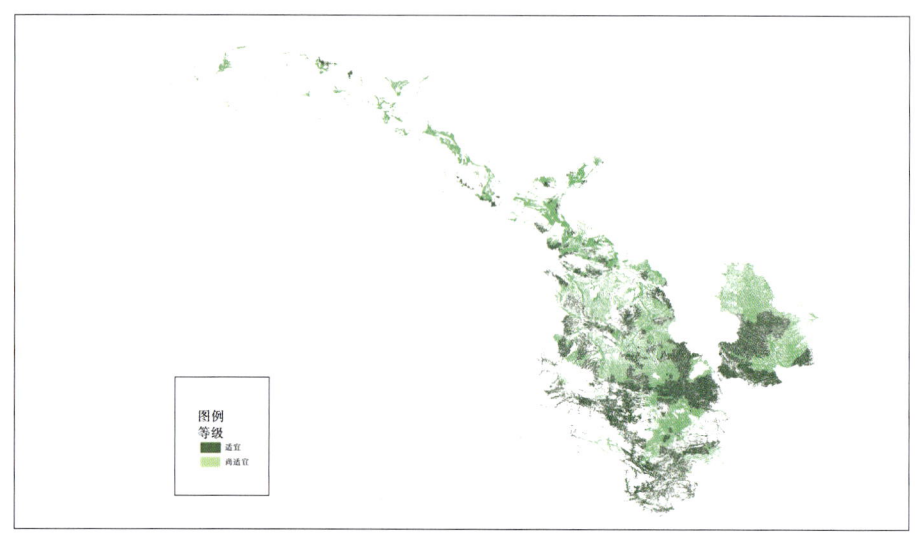

图 5-2 绿色食品产地水质环境质量评价结果

三、绿色食品产地空气环境质量评价结果

根据原农业部发布实施的《绿色食品 产地环境质量》(NY/T 391—2013)中对绿色食品产地环境质量评价的空气质量环境要求、评价原则及方法，对甘肃省7814万亩耕地进行了绿色食品产地空气环境质量评价，评价的内容主要包括：总悬浮颗粒物、二氧化硫、二氧化氮、氟化物等4个指标的监测情况。经过本次评价，甘肃省7814万亩耕地耕地全部符合农业农村部发布的绿色食品产地环境空气质量要求，全部的耕地质量评价结果等级为适宜，具体评价结果如图5-3。

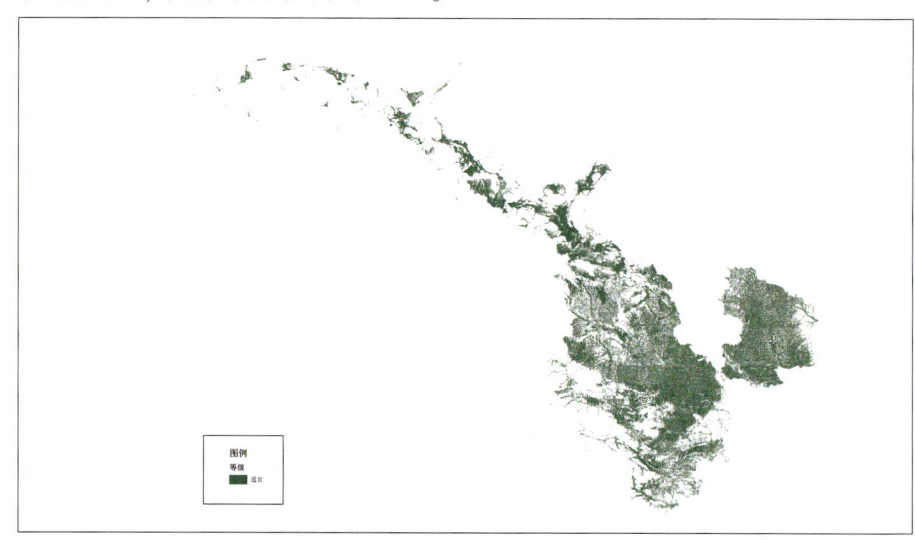

图 5-3 绿色食品产地空气环境质量评价结果

四、有机食品产地土壤环境质量评价结果

根据中国国家认证认可监督管理委员会 2018 年 3 月 23 日发布，2018 年 10 月 1 日实施的《有机产品产地环境适宜性评价技术规范》(RB/T 165—2018)"第 1 部分：植物类产品"中对有机食品产地环境质量评价的土壤质量环境要求、评价原则及方法，对甘肃省 7814 万亩耕地进行了有机食品产地土壤环境质量评价，评价的内容主要包括安定区耕地土壤中的总镉、总汞、总砷、总铅、总铬等 5 种污染元素的含量情况。经过本次评价，甘肃省 7814 万亩耕地耕地全部符合中国国家认证认可监督管理委员会发布的有机食品产地环境土壤质量要求，全部的耕地质量评价结果等级为适宜，具体评价结果如图 5-4。

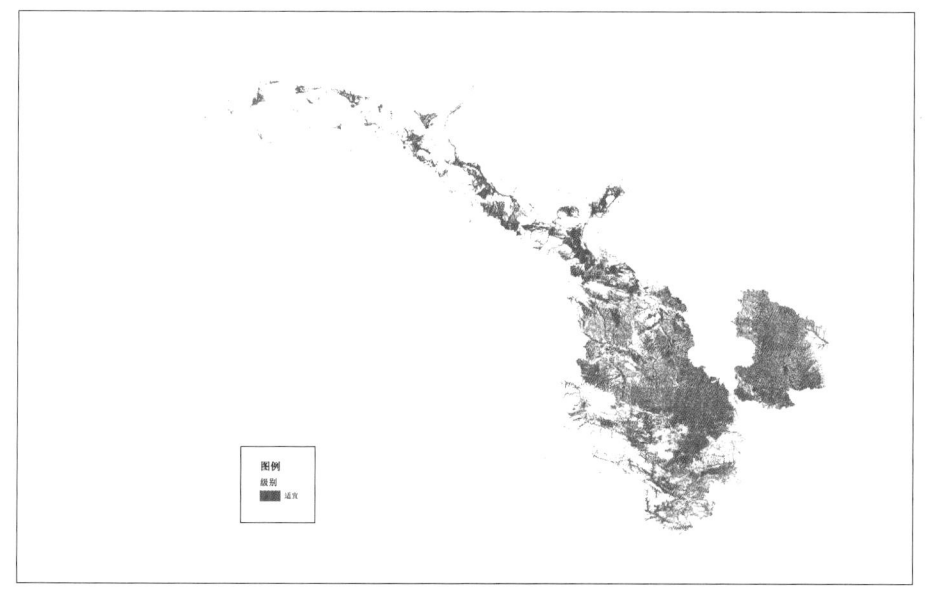

图 5-4　有机食品产地土壤环境质量评价结果

五、有机食品产地水质环境质量评价结果

根据中国国家认证认可监督管理委员会 2018 年 3 月 23 日发布，2018 年 10 月 1 日实施的《有机产品产地环境适宜性评价技术规范》(RB/T 165—2018)"第 1 部分：植物类产品"中对有机食品产地环境质量评价的灌溉水质量环境要求、评价原则及方法，对甘肃省 7814 万亩耕地进行了绿色食品产地水质环境质量评价，评价的内容主要包括：灌溉水化学需氧量、pH 值、总汞、总镉、总砷、总铅、总六价铬、粪大肠杆菌群等 8 个指标的监测情况。评价结果分为两个等级：适宜、尚适宜，其中评价结果为适宜的耕地主要分布在平凉市的静宁县、庄浪县、华亭县、崆峒区、崇信县、灵台县，庆阳市的镇原县、西峰区、泾川县、合水县、宁县、正宁县，天水市的甘谷县、秦安县、张家川回族自治县、清水县、麦积区、秦州区、甘谷县、武山县等，陇南市的武都区、康县、文县、成县、徽县、两当县等大部分县区，甘南州、临夏州等，另外，金昌市的金川区、永昌县也有大面积的分布；其余地区是尚适宜区，具体评价结果如图 5-5。

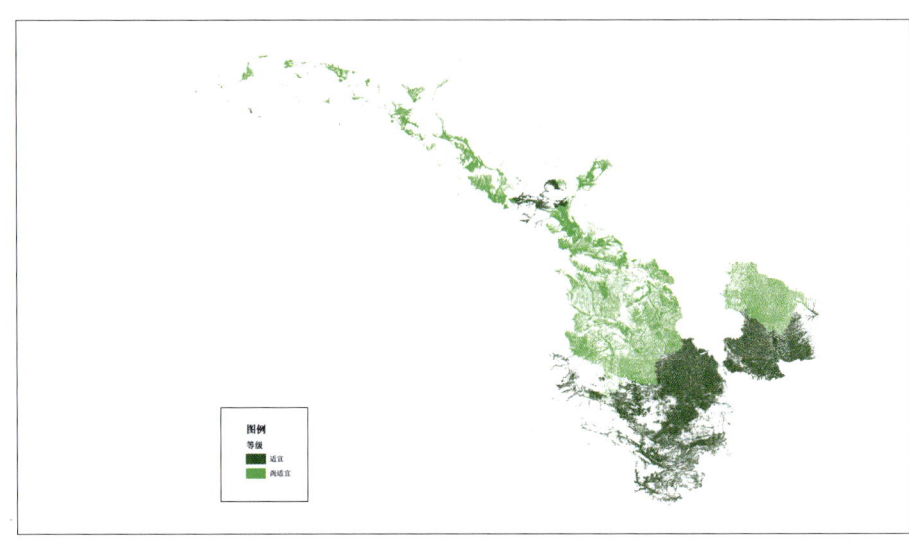

图 5-5 有机食品产地水质环境质量评价结果

六、有机食品产地空气环境质量评价结果

根据中国国家认证认可监督管理委员会 2018 年 3 月 23 日发布，2018 年 10 月 1 日实施的《有机产品产地环境适宜性评价技术规范》(RB/T 165—2018)"第 1 部：分植物类产品"中对有机食品产地环境质量评价的空气质量环境要求、评价原则及方法，对甘肃省 7814 万亩耕地进行了绿色食品产地空气环境质量评价，评价的内容主要包括：二氧化硫、二氧化氮、臭氧、颗粒物 PM10、颗粒物 PM2.5、一氧化碳等 6 个指标的监测情况。经过本次评价，甘肃省 7814 万亩耕地耕地全部符合中国国家认证认可监督管理委员会发布的有机食品产地环境空气质量要求，全部的耕地质量评价结果等级为适宜，具体评价结果如图 5-6。

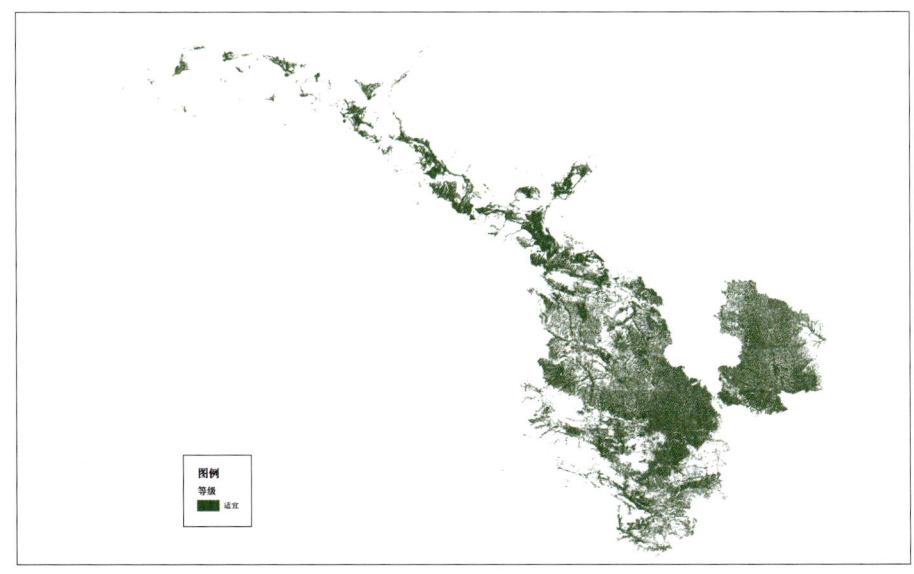

图 5-6 有机食品产地空气环境质量评价结果

七、无公害食品产地土壤环境质量评价结果

根据 2016 年 5 月 23 日农业部发布、2016 年 10 月 1 日实施的《无公害农产品 种植业产地环境条件》(NY/T 5010—2016) 以及 2015 年 5 月 21 日发布、2015 年 8 月 1 日实施的《无公害农产品 产地环境评价准则》(NY/T 5295—2015) 中对无公害食品产地环境质量评价的土壤质量环境要求、评价原则及方法，对甘肃省 7814 万亩耕地进行了无公害食品产地土壤环境质量评价，评价的内容主要包括全省耕地土壤中的总镉、总汞、总砷、总铅、总铬等 5 种污染元素的含量情况，经过本次评价甘肃省 7814 万亩耕地耕地全部符合农业农村部发布的无公害食品产地环境土壤质量要求，全部的耕地质量评价结果等级为适宜，具体评价结果如图 5-7。

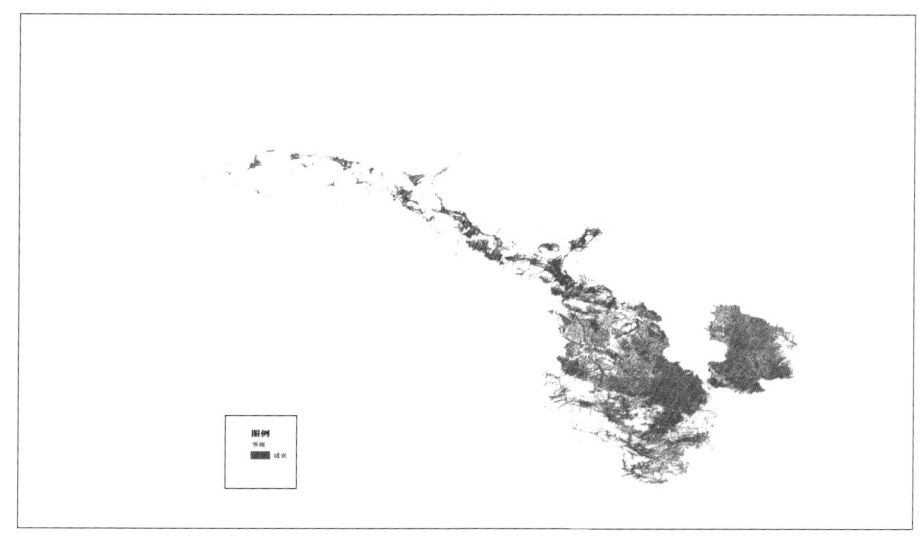

图 5-7 无公害食品产地土壤环境质量评价结果

第六章 甘味农产品适宜性评价

一、安定区马铃薯适宜性评价

马铃薯是中国第四大粮食作物,明朝万历年间从南美洲传入,既可以当主食、也可以作菜,既能加工成休闲食品,也能用作工业原料,用途多、功能广,在全国各地都有广泛种植。而定西种植马铃薯已有200多年历史,定西人不光能种土豆,吃土豆也很在行。凭借着自己的智慧和双手,定西人把其貌不扬的土豆,作成了最能代表家乡味道的美食名片。

(一) 安定区马铃薯种植现状

定西地处甘肃中部,是全国马铃薯四大集中产区之一,也是全国最大的脱毒种薯繁育基地。海拔高、气温低、温差大,雨热同期正好与马铃薯块茎膨大期相吻合,自然条件非常适宜马铃薯生产,所产马铃薯薯块大、薯皮光滑、薯型整齐、干物质含量高、口感好、耐贮运。鲜薯及薯制品畅销全国20多个省区市,并远销东南亚、俄罗斯等国家和地区,马铃薯产业的影响力和竞争力明显增强,产业优势日益显现,产业化特色突出。定西马铃薯已不单是调整产业结构、增加农业收入的一个特色优势产业,更浓缩形成了独具特色的"定西马铃薯文化"。

定西马铃薯文化是在长期的马铃薯种植历史中传承累积而自然凝聚的共有人文精神和物质体现。把开发特色产业和发展特色文化有机结合起来,以文化包装马铃薯,对提升马铃薯产业的软实力、增强马铃薯产业的影响力和美誉度具有非常积极的意义。

定西马铃薯种植面积稳定在300万亩以上,产量超过500万吨,均位列全国地级市前三。当地将持续放大定西马铃薯品牌效应,进一步巩固全国重要商品薯生产基地地位。推动马铃薯种植标准上升为行业标准、国家标准,推广标准化种植技术,建设一批标准化、规模化的千亩攻关基地和万亩示范种植基地,把标准化种植与产业化发展结合起来,建立马铃薯种植和品质全过程可追溯体系。

从前,土豆是定西人口中用来填饱肚子的"洋芋蛋"。如今,它变成了带领定西人民脱贫致富的"金蛋蛋"。作为南美洲的舶来品,土豆在大西北的黄土地上开花结果,帮助定西人摘下了贫困的帽子,也见证了定西这座城市的发展历程。如今的定西,已成为全国马铃薯四大主产区之一、全国最大的脱毒种薯繁育基地、全国重要的商品薯生产基地和薯制品加工基地。这里出产的优质种薯不仅占据了大部分的国内市场,还远销沙特阿拉伯、埃及、土耳其、泰国等7个国家。作为国家地理标志产品,定西马铃薯制成的大众主食产品、地域特色主食产品、休闲主食产品走向市场,马铃薯粉、粉条、薯条、薯片、薯馕、马铃薯馒头等食品成为人们餐桌上的"抢手货"。

(二) 安定区马铃薯适宜性评价的目的

中国马铃薯主要分布在西北，西南高纬度，高海拔低温干旱地区。近年来，中国马铃薯常年种植面积达 533.33 万公顷，甘肃省定西市作为甘肃省乃至全国优质马铃薯产地之一，常年种植面积达 20.00 万公顷，且有逐年扩大的趋势。虽然马铃薯在当地栽培历史悠久，是大多数农民解决温饱、增加经济收入的主要途径，但长期"十年九旱"的自然气候特征以及农户较落后的生产方式，严重影响当地马铃薯产业作大作强。进行马铃薯适宜性评价，可以发掘潜在的马铃薯种植地，指导农户生产，有助于马铃薯产业持续蓬勃发展，有助于提高马铃薯种植效益，增加农民收入，关系到当地经济发展和社会稳定。

定西市安定区马铃薯种植适宜性评价工作立足于安定区马铃薯产区产地气候、环境，收集定西马铃薯产区水、热、光等气象资源数据、土壤资源数据，综合评价安定区马铃薯的品质特性。参考甘肃农业大学编写的《甘肃省特色优势农产品评价报告（定西马铃薯）》对安定区马铃薯适宜生长环境的要求，结合 2022 年 3 月 4 日在甘肃省耕地质量建设保护总站召开的项目成果评审会上各位专家的现场意见，构建了定西马铃薯特色优势农产品评价指标体系。旨在用科学数据支撑定西马铃薯生产环境佳、产品质量优、营养价值高的优势，为甘肃省政府及时发布和推介定西马铃薯优质、无污染特色产品，提升品牌形象和市场知名度，深度打造"甘味"知名产品品牌，提高产品市场竞争能力提供依据和支撑。

(三) 评价理论和流程

农作物的适宜性评价是针对不同的农作物特性，从耕地的农田管理、土壤养分、气象因素、立地条件、理化性状、剖面性状、盐碱状况等方面选择对评价作物影响较大的因子，通过建立层次分析模型和隶属函数模型对作物进行适宜性评价。

本评价中采用层次分析法（AHP）结合专家打分法来确定各参评因素的权重。对概念型指标采用德尔菲法直接给出相应的隶属度；对定量数据采用专家打分法与隶属函数法结合的方法确定各评价因子的隶属函数。用德尔菲法根据一组分布均匀的实测值评估出对应的一组隶属度，然后在计算机中绘制这两组数值的散点图，再根据散点图进行曲线拟合，寻求参评因素实际值与隶属度关系方程从而建立起各参评指标的隶属函数。

最后通过计算耕地单元适宜性综合指数，根据评价地区的作物种植和生长情况用结合农业专家建议对耕地进行评价作物的适宜性等级划分，一般划分为4个等级：高度适宜、适宜、勉强适宜和不适宜。耕地适宜性综合指数计算方法如下：

$P=\sum(C_i \times F_i)$

式中：

P——耕地适宜性综合指数；

C_i——第 i 个评价指标的组合权重；

F_i——第 i 个评价指标的隶属度。

按照从大到小的顺序，在耕地单元适宜性指数曲线最高点到最低点间采用等距离法将耕地适宜性划分为4个等级：高度适宜、适宜、勉强适宜和不适宜。

（四）层次分析构型的建立

本次工作的层次模型建立经历了前期预评价，评价结果与实际产地区域对比调整，调整模型，召开专家评议会对模型讨论修正，确定模型等几个阶段。通过专家集体评议，选定年平均气温、年降水量、海拔、有机质、有效磷、速效钾等6个因子作为马铃薯适宜性评价的指标，然后根据各自的属性和特点，将它们分别归入到立地条件、气象因素、土壤养分状况3个准则层中。构造的层次结构如表6-1所示：

表6-1　定西市安定区马铃薯适宜性评价层次模型结构

目标层	准则层	指标层
马铃薯适宜性	气象因素	年平均气温
		年降水量
	立地条件	海拔
	土壤养分	有机质
		有效磷
		速效钾

针对各准则层及指标层各指标之间的相互关系，由专家通过德尔菲法按照准则层对目标层、指标层各因素对准则层相应因素的相对重要性，根据表6-1中的判断标度，经专家反复对比与分析，最终建立了3个判断矩阵（表6-2，表6-3，表6-4，表6-5）。

表6-2　安定区马铃薯适宜性评价目标层判断矩阵指标权重

指标	气象因素	立地条件	土壤养分	权重
立地条件	1.00	1.666 7	5.00	0.562 4
气象因素	0.60	1.00	2.50	0.317 8
土壤养分	0.20	0.400	1.00	0.119 7

表6-3　安定区马铃薯适宜性评价立地条件判断矩阵

指标	海拔	权重
海拔	1.00	1.00

表6-4　安定区马铃薯适宜性评价气象因素判断矩阵

指标	年平均气温	年降水量	权重
年平均气温	1.00	0.833 3	0.454 5
年降水量	1.20	1.000 0	0.545 5

表 6-5　安定区马铃薯适宜性评价土壤养分判别矩阵

指标	有机质	有效磷	速效钾	权重
有机质	1.00	1.25	0.833 3	0.336 1
有效磷	0.80	1.00	0.833 3	0.289 7
速效钾	1.20	1.20	1.000	0.374 3

（五）计算各因子权重

在县域耕地资源管理系统中，运行层次分析模型编辑菜单，系统根据所构建的判别矩阵，首先获得各判别矩阵的权重值，然后计算同一层次所有因素对于总目标相对排序权值，即进行层次总排序，最终所得到的组合权重即为各马铃薯适宜性评价因子的权重值（表 6-6）：

表 6-6　定西市安定区马铃薯适宜性评价各因素的组合权重计算结果

准则层	气象因素	立地条件	土壤养分	组合权重
指标层	0.53	0.13	0.34	$\sum C_i A_i$
年平均气温	0.20			0.11
年降水量	0.80			0.42
海拔		0.29		0.04
速效钾		0.71		0.09
有机质			0.69	0.24
有效磷			0.31	0.11

由层次分析结果可以看出，各评价因子对马铃薯适宜性的影响程度从大到小依次为：年降水量、有机质、有效磷、年平均气温、速效钾、海拔。

（六）隶属函数模型建立及其隶属度确定

根据模糊数学的理论，将选定的评价指标与作物适宜性之间的关系分为戒上型函数、戒下型函数、峰型函数、直线型函数以及概念性函数 5 种类型的隶属函数（表 6-7）。各参评指标对农作物的适宜性的影响程度都是单因素概念，由于评价指标单因子间的数据量纲和数据类型不同，只有让每一个指标都处于同一量度后才能用来衡量综合因子对作物适宜性的影响程度。为了采用定量化的评价方法和自动化的评价手段，减少人为因素的影响，评价方法里对于可定量化的数据类型采用模糊数学方法，根据各因素对作物适宜性影响大小建立隶属函数，通过函数求得各因素隶属度；对于非定量因子，即定性指标，则直接采用多专家打分，平均取值的方法获取。

表 6-7 常用隶属函数模型

数学表达	函数图形
戒上型 y_i 为第 i 个因素评语；u_i 为样品观测值；c_i 为标准指标；a_i 为常数；ut 为指标下限值。 $$y_i=\begin{cases}0, & u_i\leq ut\\ 1/(1+a_i(u_i-c_i)^2), & ut<u_i<c_i,(i=1,2,\cdots,m)\\ 1, & c_i\leq u_i\end{cases}$$	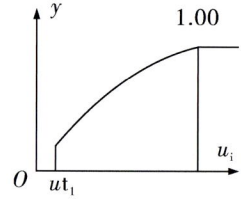
戒下型 ut 为指标上限值。 $$y_i=\begin{cases}0, & u_i\leq ut\\ 1/(1+a_i(u_i-c_i)^2), & c_i<u_i<ut,(i=1,2,\cdots,m)\\ 1, & u_i\leq c_i\end{cases}$$	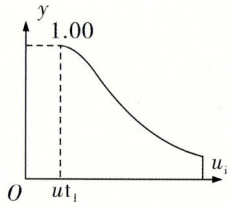
峰型 ut_1、ut_2 分别为指标上、下限值。 $$y_i=\begin{cases}0, & u_i>ut_1\ 或\ u_i<ut_2\\ 1/(1+a_i(u_i-c_i)^2), & ut_1<u_i<ut_2\\ 1, & u_i=c_i\end{cases}$$	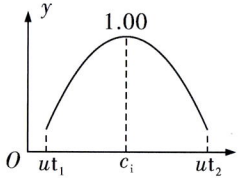
直线型 $y_i=b+a_i\times u_i$	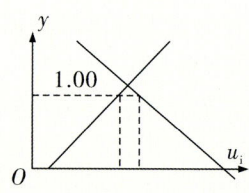

构造隶属函数时，需要用德尔菲法对单个参评要素的一组实测值评估出相应的一组隶属度，然后建立该组实测值与评定的隶属度之间函数关系，要求两者之间的差值平方和最小，即满足最小二乘法要求的函数关系为该参评因素的隶属函数。根据模糊数学的理论和评价指标与耕地生产能力的关系，确定安定区马铃薯适宜性评价隶属函数，见表 6-8。

表 6-8 安定区马铃薯适宜性评价隶属函数模型详细信息表

指标名称	函数类型	函数	a 值	c 值	U1	U2	条件内容
年平均气温	峰型	y=1/(1+a*(u-c)^2)	0.182 601	5.982 072	−1.04	13	<全部>
年降雨量	峰型	y=1/(1+a*(u-c)^2)	0.000 019	550.000 0	−138.25	1 238.24	<全部>
海拔	峰型	y=1/(1+a*(u-c)^2)	0.000 004	2 000.000 0	500	3500	<全部>
有机质	峰型	y=1/(1+a*(u-c)^2)	0.179 007	11.600 0	4.5	18.69	<全部>
有效磷	峰型	y=1/(1+a*(u-c)^2)	0.179 007	14.700 0	7.6	21.79	<全部>
速效钾	峰型	y=1/(1+a*(u-c)^2)	0.000 060	187.000 0	−200.3	574.29	<全部>

（七）确定评价单元与评价单元赋值

1. 确定评价单元

评价单元是由对马铃薯适宜性评价具有关键影响的各耕地要素组成的空间实体，是马铃薯适宜性评价的最基本单位、对象和基础图斑。同一评价单元内的耕地自然基本条件、耕地的个体属性和经济属性基本一致，不同耕地评价单元之间，既有差异性，又有可比性。马铃薯适宜性评价就是要通过对每个评价单元的评价，确定其适宜性等级类别，把评价结果落实到实地和编绘到分布图上。因此，耕地评价单元划分得合理与否，直接关系到马铃薯适宜性等级评价的结果以及工作量的大小。本次评价单元，是由《安定区土壤图》《安定区农用地地块图》《安定区行政区划图》叠加求交集得到最终的 31 337 个评价单元。

2. 评价单元赋值

由于影响马铃薯适宜性等级的因子类型较多，且它们在计算机中的存贮方式、格式各异，因此如何准确地获取各评价单元评价指标的信息是评价中的重要环节。鉴于此，根据不同类型数据的特点，通过采样点分布图、空间插值、矢量图、等值线图为评价单元获取数据并赋值；指标赋值按照数值准确、来源真实、符合实际的原则选择赋值方法。本次评价工作使用的评价单元与马铃薯的产地环境评价使用同一套评价单元。评价单元赋值主要使用县域耕地资源管理信息系统 v4.4.4 软件、ArcGIS 软件等。

（八）马铃薯种植适宜性评价及其结果

通过建立的安定区马铃薯生产适宜性评价的层次分析模型和隶属函数模型，关联安定区耕地资源管理单元的属性数据，对安定区内所有耕地进行马铃薯适宜性评价。本项目采用累积曲线分级法来划分安定区马铃薯适宜性评价等级。

在划分等级过程中，考虑到部分评价结果与当地实际情况不符，将第一轮评价结果返回当地专家，在当地专家经验指导下，经过不断调试，设置各等级起始分值，确定将安定区马铃薯适宜性评价定为 4 个等级。等级分值确定之后，系统依据评分生成不同等级的适宜性评价结果图，然后召开省级专家讨论会，对调整的评价结果进行现场讨论，记录专家意见，根据专家集体意见，再对评价模型进行调整。生成适宜性评价结果图后，再与马铃薯的主审专家一一联系听取意见，如此反复，直到结果得到各位马铃薯的主审专家的认可为止。等级分值确定之后，系统依据评分生成不同等级的适宜性评价结果图（图6-1）。

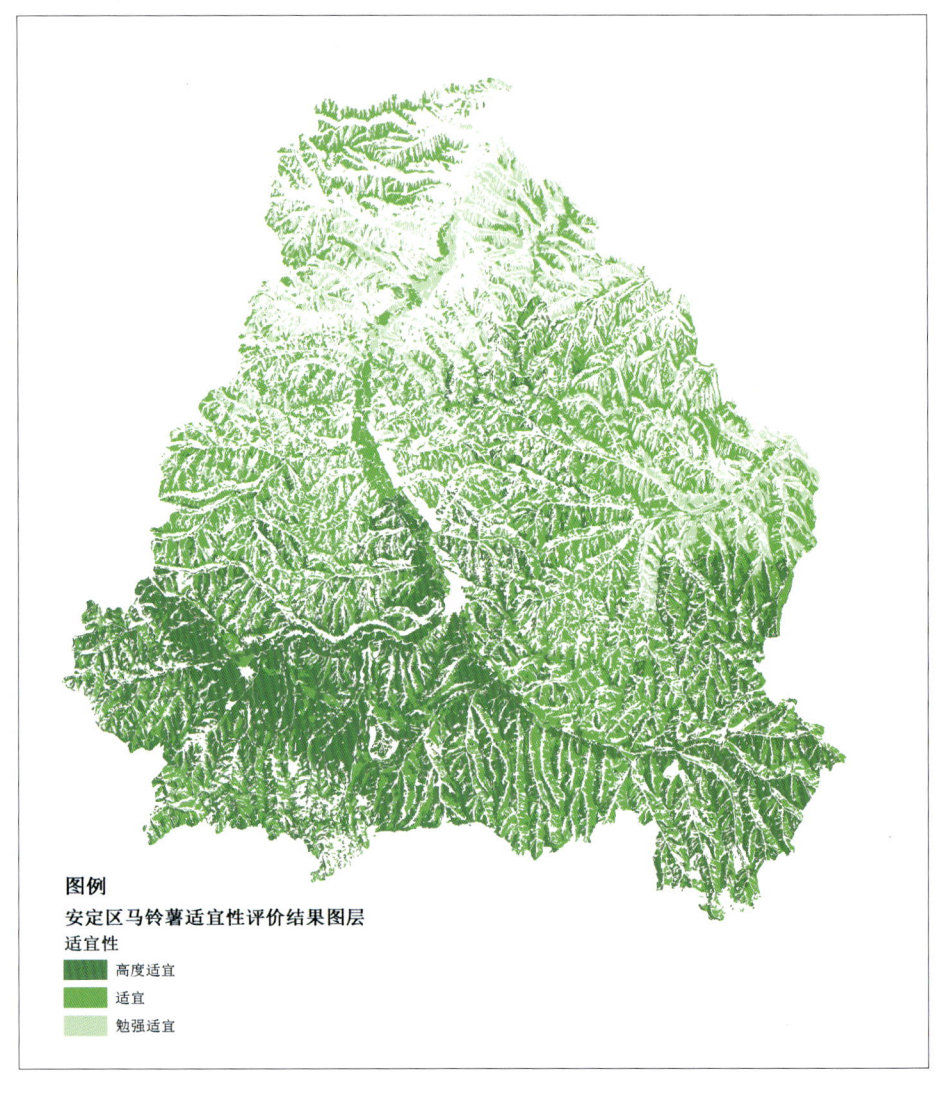

图6-1 安定区马铃薯适宜性评价结果图

由图6-1可知，定西市安定区内绝大多数耕地均适合马铃薯生产，安定区耕地总面积242.87万亩，其中马铃薯种植高度适宜区主要分布在安定区的南部区域，集中在符家川镇、内官镇、香泉镇、团结镇、李家堡镇、杏园乡、宁远镇、石泉乡、高峰乡等乡镇，耕地总面积90.65万亩，占全区总耕地面积的37.32%；适宜种植区分布在安定区的中部区域主要包括称钩驿镇、葛家岔镇、巉口镇、新集乡等乡镇，耕地总面积125.04万亩，占全区总耕地面积的51.48%；勉强适宜种植区主要在安定区的北部鲁家沟镇和石峡湾乡以及东部的西巩驿镇等乡镇，耕地总面积27.18万亩，占全区总耕地面积的11.19%。具体如下表6-9。

表 6-9 安定区马铃薯生产适宜性评价各等级面积分布

乡镇	耕地面积（亩）	高度适宜（亩）	高度适宜（%）	适宜（亩）	适宜（%）	勉强适宜（亩）	勉强适宜（%）
白碌乡	75 004.04	140.31	0.02%	64 293.29	5.14%	10 570.43	3.89%
巉口镇	172 850.68	396.89	0.04%	152 692.31	12.21%	19 761.49	7.27%
称钩驿镇	117 224.26	18 924.51	2.09%	97 179.46	7.77%	1 120.29	0.41%
凤翔镇	200 114.92	136 667.01	15.08%	63 447.91	5.07%	0.00	0.00%
符家川镇	67 570.34	48 884.48	5.39%	18 685.86	1.49%	0.00	0.00%
高峰乡	48 212.48	25 975.47	2.87%	22 237.00	1.78%	0.00	0.00%
葛家岔镇	95 779.75	20 619.49	2.27%	75 100.38	6.01%	59.88	0.02%
李家堡镇	184 461.36	61 169.35	6.75%	123 237.43	9.86%	54.58	0.02%
鲁家沟镇	134 667.63	26.31	0.00%	50 837.93	4.07%	83 803.39	30.83%
内官镇	258 952.76	193 203.52	21.31%	65 749.25	5.26%	0.00	0.00%
宁远镇	150 088.98	93 933.84	10.36%	56 155.14	4.49%	0.00	0.00%
青岚山乡	139 278.46	32 795.63	3.62%	106 407.89	8.51%	74.95	0.03%
石泉乡	108 165.95	59 115.05	6.52%	49 050.90	3.92%	0.00	0.00%
石峡湾乡	92 675.82	23.63	0.00%	33 160.26	2.65%	59 491.93	21.89%
团结镇	113 923.56	78 109.37	8.62%	35 814.19	2.86%	0.00	0.00%
西巩驿镇	152 704.54	242.57	0.03%	82 566.19	6.60%	69 895.78	25.71%
香泉镇	115 724.05	87 218.68	9.62%	28 505.37	2.28%	0.00	0.00%
新集乡	122 367.35	335.12	0.04%	95 029.06	7.60%	27 003.17	9.93%
杏园乡	78 933.06	48 724.39	5.37%	30 208.67	2.42%	0.00	0.00%
总计	2 428 700.00	906 505.61	37.32%	1 250 358.49	51.48%	271 835.90	11.19%

二、榆中县高原夏菜适宜性评价

高原夏菜是生长在夏季气候干冷的高原上的一种蔬菜统称，又被称为冷凉蔬菜，常见的种类有花菜、甘蓝、娃娃菜、辣椒、苦苣等。中国高原夏菜以绿色、健康、安全及原生态优良品质深受消费者喜爱，种植区域和种植面积逐年递增，产地由最初的甘肃兰州及周边区域，广泛分布于宁夏、甘肃及青海等区域。

从生产状况看，近几年高原夏菜主产区种植规模和产量逐年递增；从消费情况看，高原夏菜以鲜菜消费为主，同时伴有速冻蔬菜、脱水蔬菜、蔬菜汁、蔬菜粉及膨化蔬菜等初加工产品；从市场运行情况看，高原夏菜年均价格相对稳健，每年月均价格周期性波动；从成本分析看，种植成本逐年上升；从收益分析看，高原夏菜收益明显高于小麦、玉米、马铃薯等竞争作物。主产区核心种植区主要集中在甘肃省河西走廊、沿黄灌区、泾河流域、渭河流域和徽成盆地五大蔬菜优势产区。

高原夏菜是西北高原的特色优质蔬菜，兰州独特的气候特征和富硒特性，使得兰州高原夏菜具备独一无二的特色品牌优势，经过多年的发展壮大，高原夏菜形成了产业化发展格局，促进了当地经济增长。

榆中县是高原夏菜的盛产区，坐落于甘肃省中部、兰州市东郊，属于温带大陆性气候，四季分明，年降水量保持在300~400mm，年日照时长2562.5 h，平均气温6.6℃，为高原夏菜的高营养、高质量提供了保障。根据地形和海拔特征将榆中县分为北部干旱山区、中部川塬河谷区和南部高寒二阴山区三类地区。相较于其他两个地区，中部地区满足高原夏菜的最佳生长环境：海拔高，光照充足，昼夜温差大；降雨量丰富且耕地面积最大；人口数量最多为榆中县高原夏菜的种植提供了劳动力资源支撑。

立足于榆中县高原夏菜产区产地气候、环境，收集兰州高原夏菜产区水、热、光等气象资源数据、土壤资源数据，综合评价榆中县高原夏菜的品质特性，构建兰州高原夏菜特色优势农产品评价指标体系，旨在用科学数据支撑兰州高原夏菜生产环境佳、产品质量优、营养价值高的优势，为甘肃省政府及时发布和推介兰州高原夏菜优质、无污染特色产品，提升品牌形象和市场知名度，深度打造"甘味"知名产品品牌，提高产品市场竞争能力提供依据和支撑。

（一）榆中县高原夏菜的种植现状

榆中县是全国无公害蔬菜生产示范基地县和兰州高原夏菜的发源地和主产区，是甘肃省重要的蔬菜生产销售大县。境内地势呈马鞍形，分为南部高寒二阴山区、北部干旱山区和中部川塬河谷区三类地区。

2019年全县高原夏菜种植29.4万亩，全县蔬菜总产量56.8万吨、总产值达12亿元，带动种业、农资、物流、运输、包装、劳务等产业达20亿。有6万多农户20万人成为蔬菜产业人，有9个乡镇蔬菜种植面积在1万亩以上，菜农家庭收入在2.2万~7.8万元。比如，马坡乡菜民每年种植菜花3亩，年收入2.4万元，金崖镇祁家坪村祁林泉每年种植西芹9亩，收入7万~11万元，农民家庭经营性收入中蔬菜产业占比42%。高原夏菜成为带动农民致富增收的支柱产业，是当地经济活跃和稳定发展的主力军。

2019年榆中县共有蔬菜保鲜库117个，扶持培育发展蔬菜龙头企业43家，总库容量达13万吨，总资产3亿多元。同时，还积极培育发展产供销一体的农民专业合作社650多家，为榆中县蔬菜产业发展起到了重要的示范引领、龙头带动和市场拉动作用。高原夏菜产业已经逐渐成为当地农业经济和农民收入稳定增长的支柱产业。

（二）榆中县高原夏菜的适宜性评价的目的

目前甘肃省高原夏菜主要来源于种植，虽然有着悠久的种植历史及广泛的应用前景。但是高原夏菜存在产业集约化、组织化程度低、尾菜利用率低，资源浪费严重等问题，而且蔬菜销售过程中主要以分散经营为主，蔬菜加工能力严重不足，致使高原夏菜加工产业链条短、加工品种数量少、加工率与加工层次低，严重影响了产业竞争力。为了避免高原夏菜盲目引种扩种和加工效率低等问题带来的经济损失，研究榆中县高原夏菜种植进行适宜性评价十分必要，对高原夏菜科学引种栽培及精细化种植管理具有重大意义。

本次榆中县高原夏菜适宜性评价，基于空间分析技术，通过数据库和文献检索，收集高原夏菜分布信息，结合气候、地形和土壤等相关生态因子，对高原夏菜地理分布进行区划，建立层次分析模型和隶属函数模型，探讨榆中县高原夏菜药材分布与生态环境之间的关系，分析了对高原夏菜分布贡献率较大的11种的生态因子，并得到了榆中县高原夏菜适宜性评价结果图，明确显示了榆中县高原夏菜种植的高度适宜区、适宜区、勉强适宜区和不适宜区。同时找出影响高原夏菜在榆中县分布的主要生态因子以及最适合生长的区域，为高原夏菜人工引种栽培及选址提供参考，以提高高原夏菜质量和产量，实现中药产业可持续发展。

同时，高原夏菜适宜性研究结果对为高原夏菜栽种基地的优选和道地药材资源保护提供参考，为榆中县产高原夏菜栽培区域的合理分布具有重要指导意义。旨在用科学数据支撑榆中县高原夏菜生产环境佳、产品质量优、营养价值高的优势，为甘肃省政府及时发布和推介甘肃省高原夏菜优质、无污染特色产品，提升品牌形象和市场知名度，深度打造"甘味"知名产品品牌，提高产品市场竞争能力提供依据和支撑。

（三）评价理论和流程

农作物的适宜性评价是针对不同的农作物特性，从耕地的农田管理、土壤养分、气象因素、立地条件、理化性状、剖面性状、盐碱状况等方面选择对评价作物影响较大的因子，通过建立层次分析模型和隶属函数模型对作物进行适宜性评价。

最后通过计算耕地单元适宜性综合指数，根据评价地区的作物种植和生长情况，用结合农业专家建议对耕地进行评价作物的适宜性等级划分，一般划分为4个等级：高度适宜、适宜、勉强适宜和不适宜。耕地适宜性综合指数计算方法如下：

$$P=\sum (C_i \times F_i)$$

式中：

P——耕地适宜性综合指数；

C_i——第 i 个评价指标的组合权重；

F_i——第 i 个评价指标的隶属度。

按照从大到小的顺序，在耕地单元适宜性指数曲线最高点到最低点间采用等距离法将耕地适宜性划分为4个等级：高度适宜、适宜、勉强适宜和不适宜。

（四）层次分析构型的建立

通过召开专家评议会，选定年平均气温、海拔、速效钾、pH值、有机质、有效磷等6个因子作为高原夏菜适宜性评价的指标，然后根据各自的属性和特点，将它们分别归入到气象因素、立地条件、土壤养分状况3个准则层中。构造的层次结构如表6-10所示：

表 6-10 高原夏菜适宜性评价层次模型结构

目标层	准则层	指标层
高原夏菜适宜性	气象因素	年平均气温
	立地条件	海拔
	土壤养分	有机质
		有效磷
		速效钾
		pH 值

针对各准则层及指标层各指标之间的相互关系，由专家通过德尔菲法按照准则层对目标层、指标层各因素对准则层相应因素的相对重要性，根据表 6-10 中的判断标度，经专家反复对比与分析，最终建立了判断矩阵，如表 6-11、表 6-12、表 6-13、表 6-14 所示。

表 6-11 榆中县高夏菜适宜性评价目标层判断矩阵及指标权重

指标	立地条件	气象因素	土壤养分	权重
立地条件	1.000	1.250 0	1.666 7	0.417 3
气象因素	0.680	1.000 0	1.250 0	0.326 8
土壤养分	0.600	0.800	1.000 0	0.255 9

表 6-12 榆中县高原夏菜适宜性评价立地条件判断矩阵

指标	海拔	权重
海拔	1.00	1.00

表 6-13 榆中县高原夏菜适宜性评价气象因素判断矩阵

指标	年平均气温	权重
年平均气温	1.00	1.00

表 6-14 榆中县高原夏菜适宜性评价土壤养分判断矩阵

指标	pH 值	有机质	有效磷	速效钾	权重
pH 值	1.00	1.428 6	1.666 7	1.666 7	0.338 5
有机质	0.70	1.00	1.666 7	1.666 7	0.283 1
有效磷	0.60	0.60	1.000 0	1.666 7	0.213 2
速效钾	0.60	0.60	0.600 0	1.000 0	0.165 1

(五) 计算各因子权重

在省级耕地资源管理系统中，运行层次分析模型编辑菜单，系统根据所构建的判别矩阵，首先获得各判别矩阵的权重值，然后计算同一层次所有因素对于总目标相对排序权值，即进行层次总排序，最终所得到的组合权重即为各高原夏菜适宜性评价因子的权重值，如表 6-15 所示。

表6-15 榆中县高原夏菜适宜性评价各因素的组合权重计算结果

准则层	气象因素	立地条件	土壤养分	组合权重
指标层	0.53	0.13	0.34	$\sum C_i A_i$
年平均气温	0.20			0.326 8
海拔		0.29		0.417 3
pH值	0.80			0.086 6
速效钾			0.71	0.072 4
有机质			0.69	0.054 5
有效磷			0.31	0.042 3

由层次分析结果可以看出，各评价因子对高原夏菜适宜性的影响程度从大到小依次为：海拔、年平均气温、pH值、速效钾、有机质、有效磷。

(六) 隶属函数模型建立及其隶属度确定

根据模糊数学的理论，将选定的评价指标与作物适宜性之间的关系分为戒上型函数、戒下型函数、峰型函数、直线型函数以及概念性函数5种类型的隶属函数。各参评指标对农作物的适宜性的影响程度都是单因素概念，由于评价指标单因子间的数据量纲和数据类型不同，只有让每一个指标都处于同一量度后才能用来衡量综合因子对作物适宜性的影响程度。为了采用定量化的评价方法和自动化的评价手段，减少人为因素的影响，评价方法里对于可定量化的数据类型采用模糊数学方法，根据各因素对作物适宜性影响大小建立隶属函数，通过函数求得各因素隶属度；对于非定量因子，即定性指标，则直接采用多专家打分，平均取值的方法获取，常用隶属函数模型，如表6-16所示。

构造隶属函数时，需要用德尔菲法对单个参评要素的一组实测值评估出相应的一组隶属度，然后建立该组实测值与评定的隶属度之间函数关系，要求两者之间的差值平方和最小，即满足最小二乘法要求的函数关系为该参评因素的隶属函数。根据模糊数学的理论和评价指标与耕地生产能力的关系，确定榆中县高原夏菜适宜性评价隶属函数，如表6-17所示。

(七) 确定评价单元与评价单元赋值

1. 确定评价单元

评价单元是由对高原夏菜适宜性评价具有关键影响的各耕地要素组成的空间实体，是高原夏菜适宜性评价的最基本单位、对象和基础图斑。同一评价单元内的耕地自然基本条件、耕地的个体属性和经济属性基本一致，不同耕地评价单元之间，既有差异性，又有可比性。高原夏菜适宜性评价就是要通过对每个评价单元的评价，确定其适宜性等级类别，把评价结果落实到实地和编绘到分布图上。因此，耕地评价单元划分得合理与否，直接关系到高原夏菜适宜性等级评价的结果以及工作量的大小。本次评价单元，是由土壤图、农用地地块图和行政区划图叠加求交集得到最终的6501个评价单元。

表 6-16　常用隶属函数模型

	数学表达	函数图形
戒上型	y_i 为第 i 个因素评语；u_i 为样品观测值；c_i 为标准指标；a_i 为常数：ut 为指标下限值。 $y_i = \begin{cases} 0, & u_i \leq ut \\ 1/(1+a_i(u_i-c_i)^2), & ut<u_i<c_i, (i=1,2,\cdots,m) \\ 1, & c_i \leq u_i \end{cases}$	
戒下型	ut 为指标上限值。 $y_i = \begin{cases} 0, & u_i \leq ut \\ 1/(1+a_i(u_i-c_i)^2), & c_i<u_i<ut, (i=1,2,\cdots,m) \\ 1, & u_i \leq c_i \end{cases}$	
峰型	ut_1、ut_2 分别为指标上、下限值。 $y_i = \begin{cases} 0, & u_i>ut_1 \text{ 或 } u_i<ut_2 \\ 1/(1+a_i(u_i-c_i)^2), & ut_1<u_i<ut_2 \\ 1, & u_i=c_i \end{cases}$	
直线型	$y_i = b + a_i \times u_i$	

表 6-17　榆中县高原夏菜适宜性评价隶属函数模型详细信息表

指标名称	函数类型	函数	a 值	c 值	U1	U2
年平均气温	峰型	y=1/(1+a*(u-c)^2)	0.127 652	7.381 975	-1.02	15.77
pH 值	峰型	y=1/(1+a*(u-c)^2)	0.000 017	361.776 984	-365.83	1 089.38
海拔	峰型	y=1/(1+a*(u-c)^2)	0.000 001	2 240.733 537	-759.27	5 240.73
有机质	峰型	y=1/(1+a*(u-c)^2)	0.056 580	22.503 437	9.89	35.11
有效磷	峰型	y=1/(1+a*(u-c)^2)	0.056 580	20.703 437	8.09	33.31
速效钾	峰型	y=1/(1+a*(u-c)^2)	0.000 251	163.051 551	-26.31	352.4

2. 评价单元赋值

由于影响高原夏菜适宜性等级的因子类型较多，且它们在计算机中的存贮方式、格式各异，因此如何准确地获取各评价单元评价指标的信息是评价中的重要环节。鉴于此，根据不同类型数据的特点，通过采样点分布图、空间插值、矢量图、等值线图为评价单元获取数据并赋值；指标赋值按照数值准确、来源真实、符合实际的原则选择赋值方法。本次评价工作使用的评价单元与高原夏菜的产地环境评价使用同一套评价单元。

（八）高原夏菜种植适宜性评价及其结果

使用之前建立的榆中县高原夏菜生产适宜性评价的层次分析模型和隶属函数模型，关联榆中县耕地资源管理单元的属性数据，对榆中县内所有耕地进行高原夏菜适宜性评价。本项目采用累积曲线分级法来划分榆中县高原夏菜适宜性评价等级。

在划分等级过程中，考虑到部分评价结果可能与当地实际情况不符，第一轮评价结果出来后，联系当地专家，在当地专家经验指导下，经过不断调试，设置各等级起始分值，确定将榆中县高原夏菜适宜性评价定为4个等级。等级分值确定之后，系统依据评分生成不同等级的适宜性评价结果图，然后召开省级专家讨论会，对调整的评价结果进行现场讨论，记录专家意见，根据专家集体意见，再对评价模型进行调整，生成适宜性评价结果图后，再与高原夏菜的主审专家一一联系听取意见，如此反复，直到结果得到各位高原夏菜主审专家的认可为止。最终形成了榆中县高原夏菜的适宜性评价结果图，如图 6-2 所示。

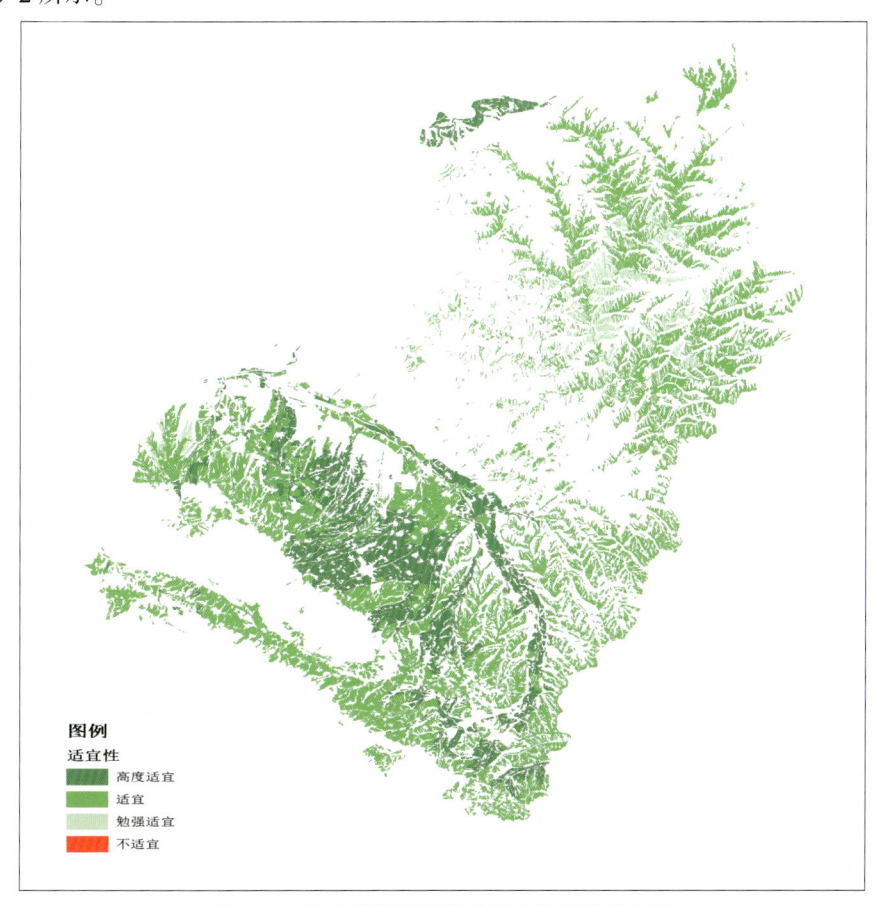

图 6-2　榆中县高原夏菜的适宜性评价结果图

由图6-2可知，榆中县内绝大多数耕地均适合高原夏菜生产，其中高度适宜种植高原夏菜的区域分布在榆中县西南地区，主要有青城镇、定远镇、高崖镇、连搭镇、城关镇、清水驿乡、龙泉乡，耕地总面积38.35万亩，占全区总耕地面积的22.68%；适宜种植高原夏菜的区域分布在金崖镇、贡井镇、哈岘乡、园子岔乡、中连川乡，耕地总面积120.99万亩，占全区总耕地面积的71.54%；勉强适宜种植高原夏菜的区域分布在榆中县北部的贡井镇、园子岔乡、上花岔乡，耕地总面积9.79万亩，占全区总耕地面积的5.79%。

三、定西市岷县当归适宜性评价

当归为伞形科植物当归的干燥根。秋末采挖，除去须根和泥沙，待水分稍蒸发后，捆成小把，上棚，用烟火慢慢熏干。味甘、辛，性温，归肝、心、脾经。具有补血活血、调经止痛、润肠通便的功效，用于血虚萎黄、月经不调、风湿痹痛、肠燥便秘等症，是临床常用中药，素有"十方九归"之称。现代研究表明当归对神经系统、免疫系统、循环系统、血液系统、呼吸系统的病变均有较好治疗效果，同时具有抗炎、抗氧化及抗衰老作用。当归作为传统出口大宗药材，不仅用于配方，而且在传统膳食及保健品中均有较多应用，全年销量达到13 000~15 000 t。

当归生长于质地疏松、有机质含量高的黑土类和褐土类的土壤中，幼苗期需避免阳光直射，成药期需要雨量充足，是一种生长海拔较高、喜阴湿的低温长日照植物。海拔、气候、土壤类型对当归的生长发育影响明显。孙红梅根据当归不同产地的种植环境，提出当归道地种植区的栽培条件应该为海拔在1750~3100 m，年均气温3.3~12.8℃，全年平均日照时长为1380~2650 h，成药期年积温1692~3900℃，年降水量500~1250 mm。由于纬度的关系，在中国西部高原地区当归适宜在海拔1500~2500 m的高山环境下生长。海拔过高或过低都会影响当归药材产量和质量。

当归属植物主要分布于北温带地区，北美和东亚为其世界分布中心，东亚则以中国种类最丰，在日本、朝鲜和越南也有当归栽培品。中国当归产地广泛分布于甘肃、云南、贵州、四川、陕西、青海、湖南、湖北等地，另外宁夏、陕西、贵州、西藏和山西也有引种培育。全国80%以上的当归药材均产于以甘肃省岷县为圆心的周边各县区域。

（一）岷县当归的种植现状

甘肃作为当归道地产区，以其出产的当归质重、气香、油性足、产量大而驰名中外，自古以来就是进贡朝廷的珍品，其中岷县所产当归质量最佳。故甘肃当归以商品名"岷归"作为其高品质当归的代名词，并有"中华当归甲天下，岷县当归甲中华"之美称。

1975年甘肃省当归生产形成了以岷县、宕昌、漳县、渭源为主体的生产基地，是当归的道地产区，年产量占全国当归总产量的80%以上。甘肃岷县及其周边地区地处北纬33°46′~35°07′，东经103°14′~104°59′之间，海拔2040~3747m，气候凉爽阴湿、雨量中等，土壤多为肥沃的褐土类与黑土类，有非常适于当归生长的自然环境，是当归药材的主产区。

甘肃省作为全国当归药材生产大省，20世纪80年代初至今，种植面积大幅增加。2020年甘肃省全省当归种植总面积达572 265亩，总产量达170 945吨；其中，岷县当归种植总面积为177 460亩，约占当年全省的31%，总产量为46 960吨，约占全省当年的27.5%(数据来源于《甘肃省2021年发展年鉴》)。但是盲目大规模引种栽培当归，导致当归产量供过于求，当归药材质量参差不齐。

（二）岷县当归适宜性评价的目的

目前岷县当归主要来源于栽培，虽然有着悠久的栽培历史及广泛的应用前景，但是当归存在种质资源退化、栽培技术落后、质量下降等问题，而且栽培过程中还存在着严重的连作障碍，导致当归可栽培土地逐渐减少，其产量远远跟不上市场需求，严重影响着当归的现代化发展。为了避免当归盲目引种扩种和连作障碍等问题带来的经济损失，研究当归种植进行适宜性评价十分必要，对当归科学引种栽培及精细化种植管理具有重大意义。

本次适宜性评价立足于全省当归产区产地气候、环境，收集全省当归产区水、热、光等气象资源数据、土壤资源数据，综合评价全省当归的品质特性。参考甘肃中医药大学编写的《甘肃省特色优势农产品评价报告(岷县当归)》对全省当归适宜生长环境的要求，同时结合2022年3月4日在甘肃省耕地质量建设保护总站召开的项目成果评审会上各位专家的现场意见，构建岷县当归特色优势农产品评价指标体系。

岷县当归适宜性评价，基于空间分析技术，通过数据库和文献检索，收集当归分布信息。结合气候、地形和土壤等相关生态因子，对当归地理分布进行区划，建立层次分析模型和隶属函数模型，探讨甘肃省当归药材分布与生态环境之间的关系，分析了对当归分布贡献率较大的11种的生态因子，并得到了甘肃省当归适宜性评价结果图，明确显示了甘肃省当归种植的高度适宜区、适宜区、勉强适宜区和不适宜区。同时找出影响当归在甘肃省分布的主要生态因子以及最适合生长的区域，为当归人工引种栽培及选址提供参考，以提高当归质量和产量，实现中药产业可持续发展。

同时，当归适宜性研究结果对为当归栽种基地的优选和道地药材资源保护提供参考，为岷县产当归栽培区域的合理分布具有重要指导意义。旨在用科学数据支撑岷县当归生产环境佳、产品质量优、营养价值高的优势，提升品牌形象和市场知名度，深度打造"甘味"知名产品品牌，提高产品市场竞争能力提供依据和支撑。

（三）评价理论和流程

农作物的适宜性评价是针对不同的农作物特性，从耕地的农田管理、土壤养分、气象因素、立地条件、理化性状、剖面性状、盐碱状况等方面选择对评价作物影响较大的因子，通过建立层次分析模型和隶属函数模型对作物进行适宜性评价。

在农作物适宜性评价中，需要根据各参评因素对作物适宜性的贡献确定其权重。本评价中采用层次分析法（AHP）结合专家打分法来确定各参评因素的权重。对定性数据（概念型指标）采用德尔菲法直接给出相应的隶属度；对定量数据采用专家打分法与隶属函数法结合的方法确定各评价因子的隶属函数。用德尔菲法根据一组分布均匀的实测值评估出对应的一组隶属度，然后在计算机中绘制这两组数值的散点图，再根据散点图进行曲线拟合，寻求参评因素实际值与隶属度关系方程从而建立起各参评指标的隶属函数。

最后通过计算耕地单元适宜性综合指数，根据评价地区的作物种植和生长情况用结合农业专家建议对耕地进行评价作物的适宜性等级划分，一般划分为4个等级：高度适宜、适宜、勉强适宜和不适宜。耕地适宜性综合指数计算方法如下：

$$P=\sum(C_i \times F_i)$$

式中：

P——耕地适宜性综合指数；

C_i——第 i 个评价指标的组合权重；

F_i——第 i 个评价指标的隶属度。

按照从大到小的顺序，在耕地单元适宜性指数曲线最高点到最低点间采用等距离法将耕地适宜性划分为4个等级：高度适宜、适宜、勉强适宜和不适宜。

(四) 层次分析构型的建立

本次工作的层次模型建立经历了前期预评价，评价结果与实际产地区域对比调整，调整模型，召开专家评议会对模型讨论修正，确定模型等几个阶段。

通过召开专家评议会，选定将年降雨量、海拔、年平均气温、坡度、零度积温、坡向、质地、省土类名称、成土母质、有效土层厚、pH值等11个因子作为岷县当归适宜性评价的指标，然后根据各自的属性和特点，将它们分别归入到气象因素、立地条件和剖面性状3个准则层中。

构造的层次结构如表6-18所示：

表6-18 岷县当归适宜性评价层次模型结构

目标层	准则层	指标层
岷县当归	气象因素	年降雨量
		年平均气温
		零度积温
	立地条件	海拔
		坡度
		坡向
	剖面性状	省土类名称
		成土母质
		质地
		有效土层厚
		pH值

针对各准则层及指标层各指标之间的相互关系，由专家通过德尔菲法按照准则层对目标层、指标层各因素对准则层相应因素的相对重要性，根据表6-19中的判断标度，经专家反复对比与分析，最终建立了4个判断矩阵（表6-20至表6-22）。

表6-19　岷县当归适宜性评价目标层判断矩阵及指标权重

指标	气象因素	立地条件	剖面性状	权重
气象因素	1.000 0	1.176 5	1.666 7	0.408 0
立地条件	0.850 0	1.000 0	1.428 6	0.347 8
剖面性状	0.600 0	0.700 0	1.000 0	0.244 1

表6-20　岷县当归适宜性评价气象因素判断矩阵

指标	年降雨量	年平均气温	零度积温	权重
年降雨量	1.000 0	1.111 1	1.428 6	0.384 9
年平均气温	0.900 0	1.000 0	1.250 0	0.343 2
零度积温	0.700 0	0.800 0	1.000 0	0.272 0

表6-21　岷县当归适宜性评价立地条件判断矩阵

指标	海拔	坡度	坡向	权重
海拔	1.000 0	5.555 6	6.666 7	0.751 6
坡度	0.180 0	1.000 0	1.250 0	0.137 2
坡向	0.150 0	0.800 0	1.000 0	0.111 2

表6-22　岷县当归适宜性评价剖面性状判断矩阵

指标	省土类名称	成土母质	质地	有效土层厚	pH值	权重
省土类名称	1.000 0	1.111 1	1.250 0	1.666 7	2.000 0	0.250 4
成土母质	0.900 0	1.000 0	1.250 0	1.666 7	2.500 0	0.247 2
质地	0.800 0	0.800 0	1.000 0	1.666 7	5.000 0	0.258 5
有效土层厚	0.600 0	0.600 0	0.600 0	1.000 0	2.500 0	0.159 9
pH值	0.500 0	0.400 0	0.200 0	0.400 0	1.000 0	0.084 0

（五）计算各因子权重

在县域耕地资源管理系统中，运行层次分析模型编辑菜单，系统根据所构建的判别矩阵，首先获得各判别矩阵的权重值，然后计算同一层次所有因素对于总目标相对排序权值，即进行层次总排序，最终所得到的组合权重即为各岷县当归适宜性评价因子的权重值，见表6-23。

由以上层次分析结果可以看出，适宜性各评价因子对岷县当归适宜性的影响程度从大到小依次为：海拔、年降雨量、年平均气温、零度积温、质地、省土类名称、成土母质、坡度、有效土层厚、坡向、pH值。

（六）隶属函数模型建立及其隶属度确定

根据模糊数学的理论，将选定的评价指标与作物适宜性之间的关系分为戒上型函数、戒下型函数、峰型函数、直线型函数以及概念性函数5种类型的隶属函数。各参评指标对农作物的适宜性的影响程度都是单因素概念，由于评价指标单因子间的数据量纲和数据类型不同，只有让每一个指标都处于同一量度后才能用来衡量综合因子对作物适宜性的影响程度。为了采用定量化的评价方法和自动化的评价手段，减少人为因素的影响，评价方法里对于可定量化的数据类型采用模糊数学方法，根据各因素对作物适宜性影响大小建立隶属函数，通过函数求得各因素隶属度；对于非定量因子，即定性指标，则直接采用多专家打分，平均取值的方法获取。

表6-23 岷县当归适宜性评价各因素的组合权重计算结果

准则层	气象因素	立地条件	剖面性状	组合权重
指标层	0.408 0	0.347 8	0.244 1	$\sum C_i A_i$
年降雨量	0.384 9			0.157 0
年平均气温	0.343 2			0.140 0
零度积温	0.272 0			0.111 0
海拔		0.751 6		0.261 4
坡度		0.137 2		0.047 7
坡向		0.111 2		0.038 7
省土类名称			0.250 4	0.061 1
成土母质			0.247 2	0.060 4
质地			0.258 5	0.063 1
有效土层厚			0.159 9	0.039 0
pH 值			0.084 0	0.020 5

（七）确定评价单元与评价单元赋值

1. 确定评价单元

评价单元是由对岷县当归适宜性评价具有关键影响的各耕地要素组成的空间实体，是蔬菜适宜性评价的最基本单位、对象和基础图斑。同一评价单元内的耕地自然基本条件、耕地的个体属性和经济属性基本一致，不同耕地评价单元之间，既有差异性，又有可比性。岷县当归适宜性评价就是要通过对每个评价单元的评价，确定其适宜性等级类别，把评价结果落实到实地和编绘到分布图上。因此，耕地评价单元划分得合理与否，直接关系到蔬菜、水果适宜性等级评价的结果以及工作量的大小。本次评价单元，是土壤图、农用地地块图和行政区划图叠加求交集得到最终的7049个评价单元。

2. 评价单元赋值

由于影响岷县当归适宜性等级的因子类型较多，且它们在计算机中的存贮方式、格式各异，因此如何准确地获取各评价单元评价指标的信息是评价中的重要环节。鉴于此，根据不同类型数据的特点，通过采样点分布图、空间插值、矢量图、等值线图为评价单元获取数据并赋值；指标赋值按照数值准确、来源真实、符合实际的原则选择赋值方法。本次评价工作使用的评价单元与岷县当归的产地环境评价使用同一套评价单元。

（八）岷县当归种植适宜性评价及其结果

使用岷县当归生产适宜性评价的层次分析模型和隶属函数模型，关联岷县耕地资源管理单元的属性数据，对岷县内所有耕地进行当归适宜性评价。本项目采用累积曲线分级法来划分岷县当归适宜性评价等级。在划分等级过程中，考虑到部分评价结果可能与当地实际情况不符，第一轮评价结果出来后，联系当地专家，在当地专家经验指导下，经过不断调试，设置各等级起始分值，确定将岷县当归适宜性评价定为4个等级。等级分值确定之后，系统依据评分生成不同等级的适宜性评价结果图，然后召开省级专家讨论会，对调整的评价结果进行现场讨论，记录专家意见，根据专家集体意见仔细修改，再对评价模型进行调整，最终形成了岷县当归的适宜性评价结果图（图6-3）。

由图6-3可知，岷县耕地的当归适宜性评价分为高度适宜、适宜和勉强适宜3个等级。岷县多数耕地评价适宜当归种植。高度适宜种植当归的区域分布在岷县的中部、西南部和东部地区，主要集中闾井镇、麻子川镇、马坞乡、蒲麻镇、秦许乡、十里镇、寺沟镇、梅川镇、寺沟乡、麻子川乡、茶埠镇、岷阳镇等，此外在中寨镇、申都乡、维新乡、西江镇、西寨镇等部分区域有零星或带状分布；高度适宜耕地总面积约996 380.9亩，占全县耕地总面积的76.4%。

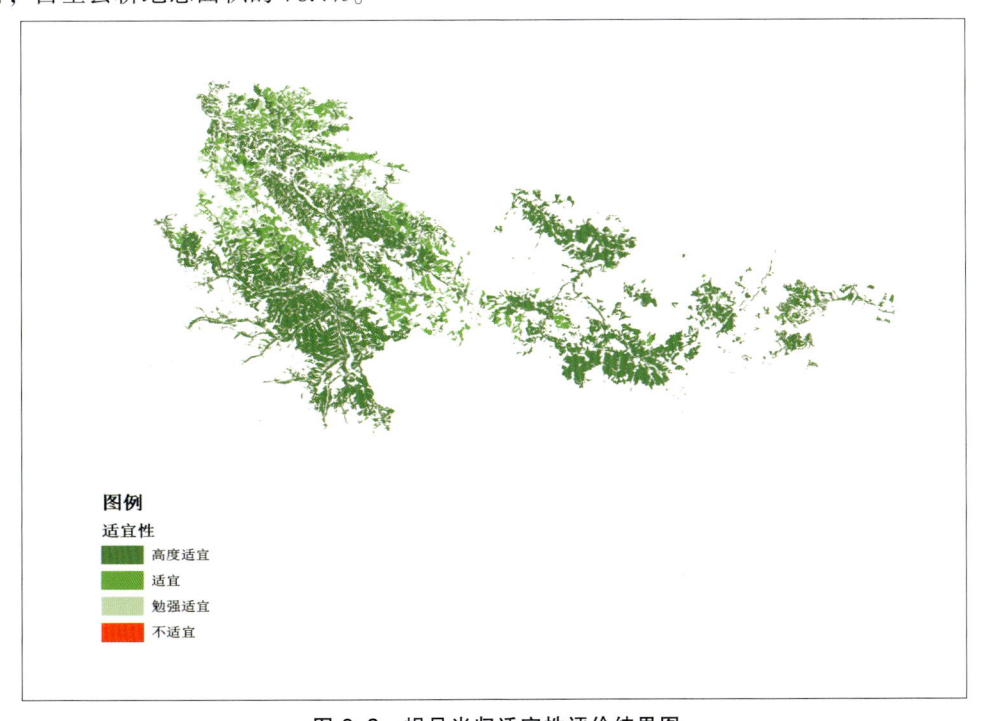

图6-3 岷县当归适宜性评价结果图

适宜种植当归的区域主要分布在禾驮镇、清水镇等，在中寨镇、申都乡、维新乡和茶埠镇等部分区域也有零星或带状分布；适宜耕地总面积约 263 356.1 亩，占全县耕地总面积的 20.2%。

勉强适宜种植当归的区域在五到十等耕地均有分布，涉及全县 5 个乡镇的约 44 754.3 亩耕地，占全县耕地总面积的 3.4%。

四、静宁县红富士苹果适宜性评价

苹果属于蔷薇科梨亚科中的苹果属植物，苹果果实性味温和，富含矿物质和维生素。苹果有许多种类，近些年红富士苹果在中国大范围种植。红富士苹果是日本农林水产省果树试验场盛冈分场于 1939 年以国光为母本，元帅为父本进行杂交，中国于 1966 年开始引进富士苹果，如今富士系苹果在中国已发展近百万公顷，在辽宁、山东、河北、北京、山西、陕西、天津、河南、江苏、安徽、甘肃等省市，均已代替了晚熟品种国光。

中国苹果生产主要集中在渤海湾、西北黄土高原两大产区。其中，西北黄土高原产区已经成为全国栽培规模最大、有较大发展潜力和产业竞争力的苹果优势产区，主要集中在陕西、山东、甘肃、宁夏、新疆等省地。红富士苹果是中国晚熟苹果主栽品种之一，在全国各地均有种植栽培，但果实品质各有所异。

作为中国苹果生产大省之一的甘肃，其既有悠久的栽培历史，又有适合各种落果树树种栽培的自然条件。与黄淮和渤海沿岸老苹果产区相比，甘肃苹果发展具有很高的潜力。甘肃省由于海拔高、昼夜温差大，果实品质佳而成为中国苹果的优势产业，栽培面积在全国的优势地位逐渐提高，居全国第二位。近些年，苹果产业受到政府部门的重视以及农民的生产积极性提高，苹果栽培规模的日益扩大，苹果产业已经是影响静宁县当地经济的发展的重要因素。

（一）静宁县红富士苹果种植现状

甘肃省红富士苹果主要集中天水市、陇南市、庆阳市和平凉市一带，尤以平凉市"平凉金果""静宁苹果"苹果品牌最为出名，在国内甚至国外都有相当的知名度和影响力，赢得了国内外消费者的青睐。"平凉金果"先后取得了原产地证明商标，地理标志产品保护，绿色食品，绿色食品原料标准化基地，中国良好农业规范认证等多项国家级认证，"静宁苹果"获国家地理，标志产品保护，静宁县连续被国家林业和草原局评定为"中国苹果之乡"。

静宁县是中国北方优质果品最适宜栽培区、黄土层深厚、日照时数长、昼夜温差大、无公害、无污染，具有生产绿色产品得天独厚的自然条件。全县果园面积已达到 100 万亩，年产量 78 万吨，年产值 32 亿元，果品人均纯收入 4900 元。被授予"全国经济林建设先进县""中国苹果之乡""中国果蔬无公害十强县""全国现代苹果产业 10 强县"，静宁苹果先后获得"中国驰名商标""首届消费者喜爱的 100 件甘肃商标品牌""2015 全国互联网地标产品（果品）50 强""2016 中国果品区域公用品牌价值十强"

"2016全国果菜产业百强地标品牌""2016全国果菜产业最具影响力地标品牌"等荣誉。静宁红富士苹果以色泽鲜艳、个大形正、果面光洁、质细汁多、酸甜适度、口感脆甜、硬度强、货架期长、极耐储藏和长途运输而著名。静宁县独特的地域、气候、土壤特点，非常有利于苹果生产，被农业农村部评为"黄土高原优生苹果最佳栽植区域"。

(二)静宁红富士苹果适宜性评价的目的

静宁县红富士苹果虽然有着悠久的种植历史及广泛的应用前景，但是静宁县红富士苹果种植也存在品种结构单一，产业布局不均衡；专业技术力量薄弱；产业化程度低和防御灾害的能力不强等问题，其产量远远跟不上市场需求，严重影响着红富士的现代化发展。为了避免红富士苹果引种扩种和连作障碍等问题带来的经济损失，研究红富士种植进行适宜性评价十分必要，对红富士科学引种栽培及精细化种植管理具有重大意义。

目前世界苹果发展正向生产成本低、劳动资源丰富和具有优势栽培区位的中国西北黄土高原集中，给甘肃苹果产业的发展注入了新的活力。对照现有静宁县红富士苹果种植现状和地区自然条件，政府应加大扶持力度，以巩固优势产区。加快各地现代化的苹果产业建设，保持苹果种植面积稳步适度增长，同时也把提质增效作为工作重心（郭珊珊，2019）。因此，十分有必要进行静宁县红富士苹果适宜性评价。

本次适宜性评价立足于平凉市静宁县红富士苹果产区产地气候、环境，收集静宁县红富士苹果产区水、热、光等气象资源数据和土壤资源数据，综合评价静宁县红富士苹果的品质特性。参考甘肃省农业科学院编写的《甘肃省特色优势农产品静宁苹果评价报告》对静宁县红富士适宜生长环境的要求，同时结合2022年3月4日在省耕地质量建设保护总站召开的项目成果评审会上各位专家的现场意见，构建静宁县红富士苹果特色优势农产品评价指标体系，利用该指标体系对静宁县的1 485 400.84亩耕地进行红富士苹果的适宜性评价。旨在用科学数据支撑静宁县红富士苹果生产环境佳、产品质量优、营养价值高的优势，为政府及时发布和推介静宁县红富士苹果优质、无污染特色产品，提升品牌形象和市场知名度，深度打造"甘味"知名品牌，提高红富士市场竞争能力提供依据和支撑。

(三)评价理论和流程

农作物的适宜性评价是针对不同的农作物特性，从耕地的农田管理、土壤养分、气象因素、立地条件、理化性状、剖面性状、盐碱状况等方面选择对评价作物影响较大的因子，通过建立层次分析模型和隶属函数模型对作物进行适宜性评价。

在农作物适宜性评价中，需要根据各参评因素对作物适宜性的贡献确定其权重。本评价中采用层次分析法（AHP）结合专家打分法来确定各参评因素的权重。对定性数据（概念型指标）采用德尔菲法直接给出相应的隶属度；对定量数据采用专家打分法与隶属函数法结合的方法确定各评价因子的隶属函数。用德尔菲法根据一组分布均匀的实测值评估出对应的一组隶属度，然后在计算机中绘制这两组数值的散点图，再根据散点图进行曲线拟合，寻求参评因素实际值与隶属度关系方程，从而建立起各参评指标的隶属函数。

最后通过计算耕地单元适宜性综合指数，根据评价地区的作物种植和生长情况用结合农业专家建议对耕地进行评价作物的适宜性等级划分，一般划分为4个等级：高度适宜、适宜、勉强适宜和不适宜。耕地适宜性综合指数计算方法如下：

$$P=\sum(C_i \times F_i)$$

式中：

P——耕地适宜性综合指数；

C_i——第 i 个评价指标的组合权重；

F_i——第 i 个评价指标的隶属度。

按照从大到小的顺序，在耕地单元适宜性指数曲线最高点到最低点间采用等距离法将耕地适宜性划分为4个等级：高度适宜、适宜、勉强适宜和不适宜。

（四）层次分析构型的建立

本次工作的层次模型建立经历了前期预评价，评价结果与实际产地区域对比调整，调整模型，召开专家评议会对模型讨论修正，确定模型等几个阶段。通过召开专家评议会，选定将≥10℃积温、年降雨量、年平均气温、年极端最低、海拔、地貌类型等6个因子作为静宁县红富士苹果适宜性评价的指标，然后根据各自的属性和特点，将它们分别归入到气象因素、立地条件状况2个准则层中。构造的层次结构如表6-24所示：

表6-24 红富士苹果适宜性评价层次模型结构

目标层	准则层	指标层
红富士苹果适宜性	气象因素	≥10℃积温
		年降雨量
		年平均气温
		年极端最低
	立地条件	海拔
		地貌类型

针对各准则层及指标层各指标之间的相互关系，由专家通过德尔菲法按照准则层对目标层、指标层各因素对准则层相应因素的相对重要性，根据表6-24中的判断标度，经专家反复对比与分析，最终建立了3个判断矩阵（表6-25至表6-27）。

表6-25 红富士适宜性评价判断矩阵及指标权重

指标	气象因素	立地条件	权重
气象因素	1.000 0	2.500 0	0.714 3
立地条件	0.400 0	1.000 0	0.285 7

表 6-26 静宁县富士苹果适宜性评价气象因素判断矩阵

指标	≥10℃积温	年降雨量	年平均气温	年极端最低	权重
≥10℃积温	1.000 0	1.250 0	1.428 6	2.000 0	0.332 5
年降雨量	0.800 0	1.000 0	1.250 0	1.666 7	0.274 9
年平均气温	0.700 0	0.800 0	1.000 0	1.428 6	0.228 8
年极端最低	0.500 0	0.600 0	0.700 0	1.000 0	0.163 7

表 6-27 静宁县富士苹果适宜性评价立地条件判断矩阵

指标	海拔	地貌类型	权重
海拔	1.000 0	2.000 0	0.666 7
地貌类型	0.500 0	1.000 0	0.333 3

(五) 计算各因子权重

在县域耕地资源管理系统中，运行层次分析模型编辑菜单，系统根据所构建的判别矩阵，首先获得各判别矩阵的权重值，然后计算同一层次所有因素对于总目标相对排序权值，即进行层次总排序，最终所得到的组合权重即为各红富士苹果适宜性评价因子的权重值，见表6-28。

表 6-28 静宁县红富士适宜性评价各因素的组合权重计算结果

准则层	气象因素	立地条件	组合权重
指标层	0.714 3	0.285 7	$\sum C_i A_i$
≥10℃积温	0.332 5		0.237 5
年降雨量	0.274 9		0.196 3
年平均气温	0.228 8		0.163 4
年极端最低	0.163 7		0.117 0
海拔		0.666 7	0.190 5
地貌类型		0.333 3	0.095 2

由以上层次分析结果可以看出，适宜性各评价因子对红富士苹果适宜性的影响程度从大到小的因素依次为：≥10℃积温、年降雨量、海拔、年平均气温、年极端最低、地貌类型。

(六) 隶属函数模型建立及其隶属度确定

根据模糊数学的理论，将选定的评价指标与作物适宜性之间的关系分为戒上型函数、戒下型函数、峰型函数、直线型函数以及概念性函数5种类型的隶属函数（表6-29）。各参评指标对农作物的适宜性的影响程度都是单因素概念，由于评价指标单因子间的数据量纲和数据类型不同，只有让每一个指标都处于同一量度后才能用来衡量综合因子对作物适宜性的影响程度。采用定量化的评价方法和自动化的评价手段，减少人为因素的影响。评价方法里对于可定量化的数据类型采用模糊数学方法，根据各因素对作物适宜性影响大小建立隶属函数，通过函数求得各因素隶属度；对于非定量因子即定性指标，则直接采用多专家打分，平均取值的方法获取。

表 6-29 常用隶属函数模型

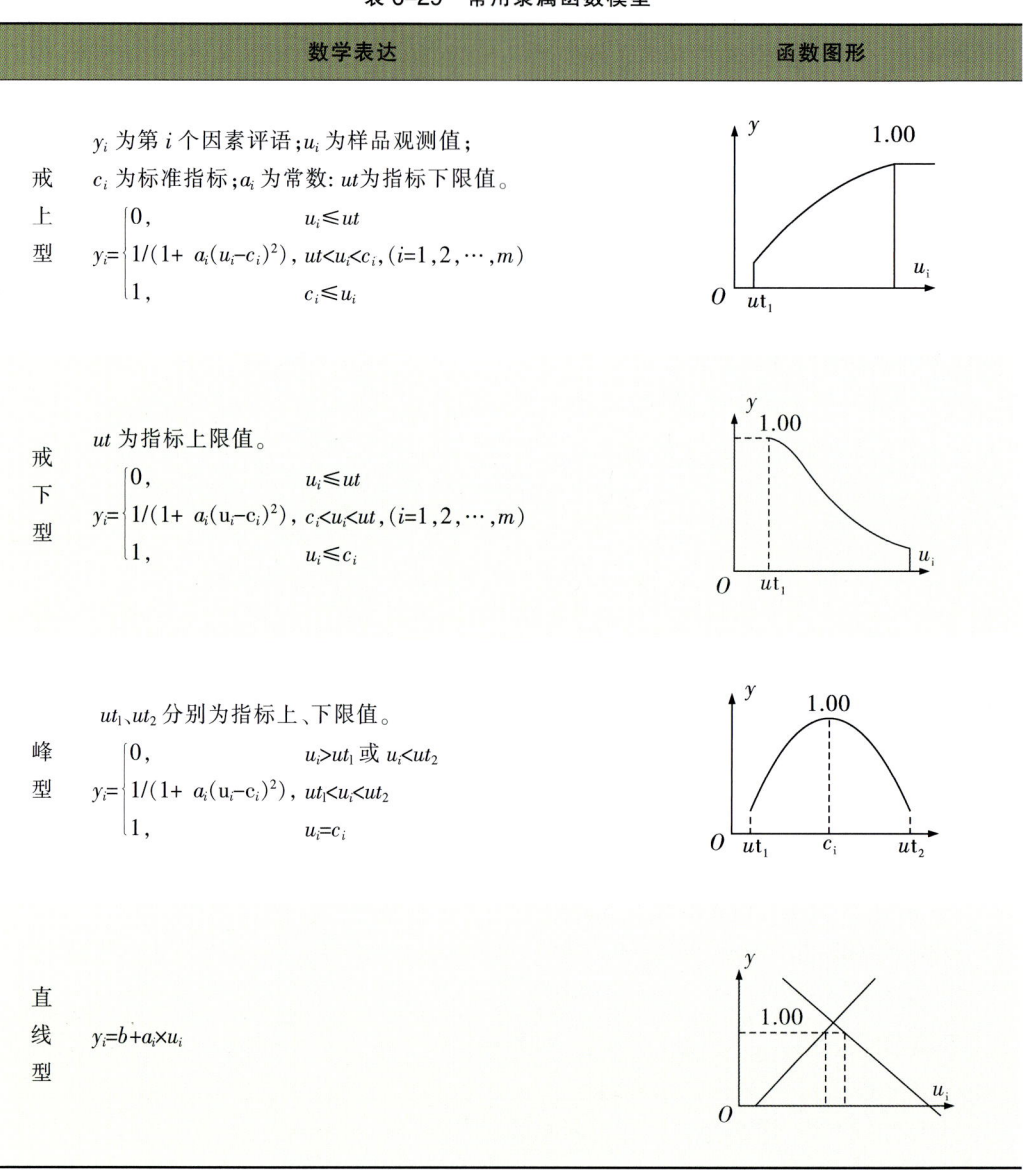

类型	数学表达	函数图形
戒上型	y_i 为第 i 个因素评语；u_i 为样品观测值；c_i 为标准指标；a_i 为常数；ut 为指标下限值。 $y_i = \begin{cases} 0, & u_i \leq ut \\ 1/(1+a_i(u_i-c_i)^2), & ut<u_i<c_i, (i=1,2,\cdots,m) \\ 1, & c_i \leq u_i \end{cases}$	
戒下型	ut 为指标上限值。 $y_i = \begin{cases} 0, & u_i \leq ut \\ 1/(1+a_i(u_i-c_i)^2), & c_i<u_i<ut, (i=1,2,\cdots,m) \\ 1, & u_i \leq c_i \end{cases}$	
峰型	ut_1、ut_2 分别为指标上、下限值。 $y_i = \begin{cases} 0, & u_i>ut_1 \text{ 或 } u_i<ut_2 \\ 1/(1+a_i(u_i-c_i)^2), & ut_1<u_i<ut_2 \\ 1, & u_i=c_i \end{cases}$	
直线型	$y_i = b + a_i \times u_i$	

构造隶属函数时，需要用德尔菲法对单个参评要素的一组实测值评估出相应的一组隶属度，然后建立该组实测值与评定的隶属度之间函数关系，要求两者之间的差值平方和最小，即满足最小二乘法要求的函数关系为该参评因素的隶属函数。根据模糊数学的理论和评价指标与耕地生产能力的关系，确定了静宁县红富士苹果适宜性评价隶属函数模型（表 6-30）。

表 6-30 静宁县红富士适宜性评价隶属函数模型详细信息表

指标名称	条件	函数类型	函数	a 值	b 值	c 值	U1	U2	条件内容
年降雨量	条件 1	峰型	$y=1/(1+a^2)$	0.000 008		608.185 33	200	1 668.84	<全部>
≥10℃积温	条件 1	峰型	$y=1/(1+a^*(u-c)^2)$	0.000 001		2 972.562 746	−27.44	5 972.56	<全部>
海拔	条件 1	戒下型	$y=1/(1+a^*(u-c)^2)$	0.000 003		1 215.995 483	1 215.995 48	1900	<全部>
年平均气温	条件 1	峰型	$y=1/(1+a^*(u-c)^2)$	0.020 207		10.416 933	0	31.52	<全部>
年极端最低	条件 1	峰型	$y=1/(1+a^*(u-c)^2)$	0.024 706		−15.553 185	−34.64	3.53	<全部>
地貌类型	条件 1	概念型	$y=a$	0.4					地貌类型='低山'
地貌类型	条件 2	概念型	$y=a$	0.4					地貌类型='高山'
地貌类型	条件 3	概念型	$y=a$	0.3					地貌类型='黄土塬'
地貌类型	条件 4	概念型	$y=a$	0.3					地貌类型='平原'
地貌类型	条件 5	概念型	$y=a$	1					地貌类型='丘陵'
地貌类型	条件 6	概念型	$y=a$	0.3					地貌类型='中山'

(七) 确定评价单元与评价单元赋值

1. 确定评价单元

评价单元是由对红富士苹果适宜性评价具有关键影响的各耕地要素组成的空间实体，是蔬菜适宜性评价的最基本单位、对象和基础图斑。同一评价单元内的耕地自然基本条件、耕地的个体属性和经济属性基本一致，不同耕地评价单元之间，既有差异性，又有可比性。红富士苹果适宜性评价就是要通过对每个评价单元的评价，确定其适宜性等级类别，把评价结果落实到实地和编绘到分布图上。因此，耕地评价单元划分得合理与否，直接关系到蔬菜、水果适宜性等级评价的结果以及工作量的大小。本次评价单元，是土壤图、农用地地块图和行政区划图叠加求交集得到最终的 29 634 个评价单元。

2. 评价单元赋值

由于影响红富士苹果适宜性等级的因子类型较多，且它们在计算机中的存贮方式、格式各异，因此如何准确地获取各评价单元评价指标的信息是评价中的重要环节。鉴于此，根据不同类型数据的特点，通过采样点分布图、空间插值、矢量图、等值线图为评价单元获取数据并赋值；指标赋值按照数值准确、来源真实、符合实际的原则选择赋值方法。本次评价工作使用的评价单元与红富士苹果的产地环境评价使用同一套评价单元。

(八) 红富士苹果种植适宜性评价及其结果

使用静宁县红富士苹果生产适宜性评价的层次分析模型和隶属函数模型，关联静宁县耕地资源管理单元的属性数据，对静宁县内所有耕地进行红富士苹果适宜性评价。本项目采用累积曲线分级法来划分静宁县红富士苹果适宜性评价等级。在划分等级过程中，考虑到部分评价结果可能与当地实际情况不符，第一轮评价结果出来后，联系当地专家，在当地专家经验指导下，经过不断调试，设置各等级起始分值，确定将静宁县红富士苹果适宜性评价定为4个等级。等级分值确定之后，系统依据评分生成不同等级的适宜性评价结果图，然后召开省级专家讨论会，对调整的评价结果进行现场讨论，记录专家意见，根据专家集体意见仔细修改，再对评价模型进行调整，最终形成了静宁县红富士苹果的适宜性评价结果图（图6-4）。

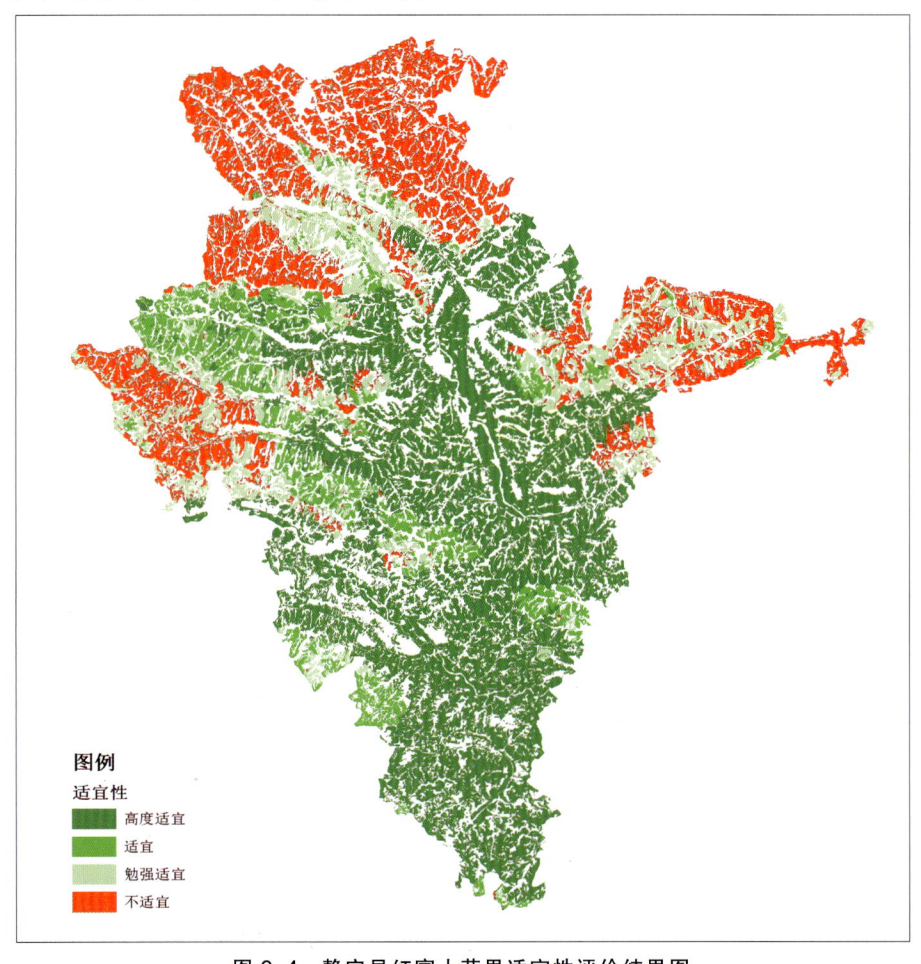

图6-4 静宁县红富士苹果适宜性评价结果图

由图6-4可知，静宁县耕地的红富士苹果适宜性评价分为高度适宜、适宜、勉强适宜和不适宜4个等级。其中静宁县内绝大多数耕地适宜红富士苹果种植。高度适宜种植红富士苹果的区域分布在静宁县的中部和南部地区，主要集中静宁县八里镇、李店镇、仁大镇、威戎镇、贾河乡、余湾乡、治平镇、古城乡、细巷镇、深沟乡、双岘镇、甘沟镇的部分区域等；高度适宜耕地总面积约717 117.2亩，占全县耕地总面积的48.3%。

适宜种植红富士苹果的区域主要分布在红寺镇、甘沟镇等，在双岘镇、雷大镇和李店镇的部分区域也有零星或带状分布；适宜耕地总面积约152 988.3亩，占全县耕地总面积的10.3%。

勉强适宜种植红富士苹果的区域在五到十等耕地均有分布，涉及全县6个乡镇的约197 648亩耕地，占全县耕地总面积的13.3%。

不适宜种植红富士苹果的区域主要分布在静宁县的北部、西南部和东北部地区，集中分布在三合镇、原安镇、曹务镇、灵芝乡、四河镇、界石铺镇等；不适宜耕地总面积约417 647.4亩，占全县耕地总面积的28.1%。

五、天水市麦积区花牛苹果适宜性评价

天水花牛苹果的种植始于20世纪50年代，天水市目前已成为全亚洲最大的元帅系苹果产区。1965年花牛苹果在香港夺得"世界王牌苹果"称号，成为与美国蛇果、日本富士相媲美的世界三大知名苹果品牌。1986年"花牛苹果"正式注册商标，成为中国最早的苹果商标；2007年花牛苹果开始实施地理标志产品保护；2015年花牛苹果荣获第十六届中国绿色食品博览会金奖；2020年天水"花牛品牌"位列全国果品品牌价值榜前15强。

（一）麦积区花牛苹果种植现状

天水是中国苹果生产的最佳适宜地区之一，所产花牛苹果色香味俱佳，果实外观鲜艳、果形高桩、五棱明显、口感好。花牛苹果平均单果质量200g左右，可溶性固形物含量12.5%~14%，可滴定酸0.2%~0.36%，去皮果肉硬度6.5 kg/cm^2；花牛苹果果实圆锥形，全面鲜红或浓红，色泽艳丽，色相片红或条红色，果实着色度90%~100%；果个整齐，果面光滑、亮洁，果形端正高桩、五棱突出明显，果形指数0.9~1.0。果肉黄白色，肉质细腻、松脆，汁液多，风味独特，香气浓郁，口感好，品质佳。

天水地处甘肃东南部，属暖温带半湿润半干旱气候。独特的气候条件和优越的地理资源孕育了具有地理标志的花牛苹果，花牛苹果是元帅苹果传统栽培品系之一。20世纪80年代，随着富士系苹果的普及，元帅系苹果的发展空间受到挤压，全球栽培面积呈萎缩态势。

甘肃省天水市自20世纪60年代规模化发展苹果产业以来，始终坚持以元帅系作为主导品系，天水元帅系苹果主要销往港澳地区及东南亚市场。花牛苹果为该区域的农村经济发展、农业的高效发展、农民的脱贫致富发挥了积极作用。据统计，天水地区适宜种苹果面积区域为3.33万公顷。2018年全市元帅系苹果种植面积在26万公顷左右，是中国最大的元帅系苹果生产基地。

近年，由于农村劳动力的减少，部分果园出现撂荒现象，且种植较为分散。另外，由于冻害、冰雹等自然灾害的发生，以2020年为例，4月底至5月初就受到2次冻害，川区受害严重，缓坡区域受害较小；5月至6月底部分区域前后受冰雹危害4次。这导致农户对果园的管理松懈，投入积极性大幅度降低。近年病虫害发生普遍，2019年的黑星病、2020年的锈病发生普遍，农户的防控意识相对较为薄弱。2019年果品采摘过早，使得果品品质和价格大幅度降低，使得农户的投入积极性降到新低。

目前，天水果品总面积达到350万亩，苹果总面积201万亩，其中花牛苹果面积138万亩，占全省苹果种植面积的20.8%，今年产量240多万吨。在2022年全国苹果大丰收的情况下，天水花牛苹果依然呈现出销售渠道广、产品受青睐的良好局面，实现了增产增收。"花牛"苹果成熟期比红富士早1个月，正值中秋节和国庆节上市，具有较强的市场竞争力。"花牛"苹果上市早的特点使其价格高，销路畅。除中国各大中城市外，还通过外贸及民间贸易销往泰国、印度、东南亚及俄罗斯等30个国家和地区。

（二）麦积区花牛苹果适宜性评价的目的

麦积区花牛苹果虽然有着悠久的种植历史及广泛的应用前景，但是麦积区花牛苹果种植也存在品种结构单一，产业布局不均衡；专业技术力量薄弱；产业化程度低和防御灾害的能力不强等问题，其产量远远跟不上市场需求，严重影响着花牛苹果的现代化发展。为了避免花牛苹果引种扩种和连作障碍等问题带来的经济损失，研究花牛苹果种植进行适宜性评价十分必要，对花牛苹果科学引种栽培及精细化种植管理具有重大意义。

目前世界苹果发展正向生产成本低、劳动资源丰富和具有优势栽培区位的中国西北黄土高原集中，给甘肃苹果产业的发展注入了新的活力。对照现有麦积区花牛苹果种植现状和地区自然条件，政府应加大扶持力度，以巩固优势产区。加快各地现代化的苹果产业建设，保持苹果种植面积稳步适度增长，同时也把提质增效作为工作重心（郭珊珊，2019），十分有必要进行麦积区花牛苹果适宜性评价。

本次适宜性评价立足于天水市麦积区花牛苹果产区产地气候、环境，收集麦积区花牛苹果产区水、热、光等气象资源数据、土壤资源数据，综合评价麦积区花牛苹果的品质特性。参考甘肃省农业科学院所编报告中对麦积区花牛苹果适宜生长环境的要求，同时结合2022年3月4日在省耕地质量建设保护总站召开的项目成果评审会上各位专家的现场意见，构建麦积区花牛苹果特色优势农产品评价指标体系，利用该指标体系对麦积区的59 840 hm² 耕地进行花牛苹果的适宜性评价。旨在用科学数据支撑麦积区花牛苹果生产环境佳、产品质量优、营养价值高的优势，为甘肃省政府及时发布和推介麦积区花牛苹果优质、无污染特色产品，提升品牌形象和市场知名度，深度打造"甘味"知名产品品牌，提高产品市场竞争能力提供依据和支撑。

（三）评价理论和流程

农作物的适宜性评价是针对不同的农作物特性，从耕地的农田管理、土壤养分、气象因素、立地条件、理化性状、剖面性状、盐碱状况等方面选择对评价作物影响较大的因子，通过建立层次分析模型和隶属函数模型对作物进行适宜性评价。

在农作物适宜性评价中，需要根据各参评因素对作物适宜性的贡献确定其权重。本评价中采用层次分析法（AHP）结合专家打分法来确定各参评因素的权重。对定性数据（概念型指标）采用德尔菲法直接给出相应的隶属度；对定量数据采用专家打分法与隶属函数法结合的方法确定各评价因子的隶属函数。用德尔菲法根据一组分布均匀的实测值评估出对应的一组隶属度，然后在计算机中绘制这两组数值的散点图，再根据散点图进行曲线拟合，寻求参评因素实际值与隶属度关系方程，从而建立起各参评指标的隶属函数。

最后通过计算耕地单元适宜性综合指数，根据评价地区的作物种植和生长情况用结合农业专家建议对耕地进行评价作物的适宜性等级划分，一般划分为4个等级：高度适宜、适宜、勉强适宜和不适宜。耕地适宜性综合指数计算方法如下：

$P=\sum(C_i \times F_i)$

式中：

P——耕地适宜性综合指数；

C_i——第i个评价指标的组合权重；

F_i——第i个评价指标的隶属度。

按照从大到小的顺序，在耕地单元适宜性指数曲线最高点到最低点间采用等距离法将耕地适宜性划分为4个等级：高度适宜、适宜、勉强适宜和不适宜。

（四）层次分析构型的建立

本次工作的层次模型建立经历了前期预评价，评价结果与实际产地区域对比调整，调整模型，召开专家评议会对模型讨论修正，确定模型等几个阶段。通过专家集体评议，选定年降雨量、年平均气温、年极端最低、海拔、地貌类型等5个因子作为花牛苹果适宜性评价的指标，然后根据各自的属性和特点，将它们分别归入到气象因素、立地条件2个准则层中。构造的层次结构如表6-31所示。

表6-31　天水市麦积区花牛苹果适宜性评价层次模型结构

目标层	准则层	指标层
花牛苹果适宜性	气象因素	年平均气温
		年降雨量
		年极端最低
	立地条件	海拔
		地貌类型

针对各准则层及指标层各指标之间的相互关系，由9位专家通过德尔菲法按照准则层对目标层、指标层各因素对准则层相应因素的相对重要性，根据表6-31中的判断标度，经专家反复对比与分析，最终建立了3个判断矩阵，见表6-32至表6-34。

表 6-32　麦积区花牛苹果适宜性评价判断矩阵及指标权重

指标	气象因素	立地条件	权重
气象因素	1.000 0	0.666 7	0.400 0
立地条件	1.500 0	1.000 0	0.600 0

表 6-33　麦积区花牛苹果适宜性评价气象因素判断矩阵

气象因素	年平均气温	年降雨量	年极端最低	权重
年平均气温	1.000 0	1.428 6	1.666 7	0.434 3
年降雨量	0.700 0	1.000 0	1.250 0	0.311 1
年极端最低	0.600 0	0.800 0	1.000 0	0.254 7

表 6-34　麦积区花牛苹果适宜性评价立地条件判断矩阵

立地条件	海拔	地貌类型	权重
海拔	1.000 0	1.666 7	0.625 0
地貌类型	0.600 0	1.000 0	0.375 0

（五）计算各因子权重

在县域耕地资源管理系统中，运行层次分析模型编辑菜单，系统根据所构建的判别矩阵，首先获得各判别矩阵的权重值，然后计算同一层次所有因素对于总目标相对排序权值，即进行层次总排序，最终所得到的组合权重即为各花牛苹果适宜性评价因子的权重值，见表 6-35。

表 6-35　麦积区花牛苹果适宜性评价各因素的组合权重计算结果

准则层	气象因素	立地条件	组合权重
指标层	0.40	0.60	$\sum C_i A_i$
年平均气温	0.434 3		0.173 7
年降雨量	0.311 1		0.124 4
年极端最低	0.254 7		0.101 9
海拔		0.625 0	0.375 0
地貌类型		0.375 0	0.225 0

由层次分析结果可以看出，各评价因子对花牛苹果适宜性的影响程度从大到小依次为：海拔、地貌类型、年平均气温、年降雨量、年极端最低。

（六）隶属函数模型建立及其隶属度确定

根据模糊数学的理论，将选定的评价指标与作物适宜性之间的关系分为戒上型函数、戒下型函数、峰型函数、直线型函数以及概念性函数 5 种类型的隶属函数（表 6-36）。各参评指标对农作物的适宜性的影响程度都是单因素概念，由于评价指标单因子间的数据量纲和数据类型不同，只有让每一个指标都处于同一量度后才能用来衡量综合因子对作物适宜性的影响程度。为了采用定量化的评价方法和自动化的评价手段，减少人为因素的影响，评价方法里对于可定量化的数据类型采用模糊数学方法，根据各因素对作物适宜性影响大小建立隶属函数，通过函数求得各因素隶属度；对于非定量因子，即定性指标，则直接采用多专家打分，平均取值的方法获取。

表 6-36　常用隶属函数模型

	数学表达	函数图形
戒上型	y_i 为第 i 个因素评语；u_i 为样品观测值；c_i 为标准指标；a_i 为常数；ut 为指标下限值。 $$y_i=\begin{cases}0, & u_i \leq ut \\ 1/(1+a_i(u_i-c_i)^2), & ut<u_i<c_i,(i=1,2,\cdots,m) \\ 1, & c_i \leq u_i\end{cases}$$	（戒上型函数图形）
戒下型	ut 为指标上限值。 $$y_i=\begin{cases}0, & u_i \leq ut \\ 1/(1+a_i(u_i-c_i)^2), & c_i<u_i<ut,(i=1,2,\cdots,m) \\ 1, & u_i \leq c_i\end{cases}$$	（戒下型函数图形）
峰型	ut_1、ut_2 分别为指标上、下限值。 $$y_i=\begin{cases}0, & u_i>ut_1 \text{ 或 } u_i<ut_2 \\ 1/(1+a_i(u_i-c_i)^2), & ut_1<u_i<ut_2 \\ 1, & u_i=c_i\end{cases}$$	（峰型函数图形）
直线型	$y_i=b+a_i \times u_i$	（直线型函数图形）

构造隶属函数时，需要用德尔菲法对单个参评要素的一组实测值评估出相应的一组隶属度，然后建立该组实测值与评定的隶属度之间函数关系，要求两者之间的差值平方和最小，即满足最小二乘法要求的函数关系为该参评因素的隶属函数。根据模糊数学的理论和评价指标与耕地生产能力的关系，确定麦积区苹果适宜性评价隶属函数，见表 6-37。

表6-37 麦积区花牛苹果评价隶属函数模型详细信息表

指标名称	函数类型	函数	a值	c值	U1	U2	条件内容
年平均气温	峰型	y=1/(1+a*(u-c)^2)	0.035 576	12.860 987	−3.05	28.76	<全部>
年降雨量	峰型	y=1/(1+a*(u-c)^2)	0.000 019	625.249 031	−63	1 313.49	<全部>
年极端最低	峰型	y=1/(1+a*(u-c)^2)	0.015 812	−11.191 481	−35.05	12.66	<全部>
海拔	峰型	y=1/(1+a*(u-c)^2)	0.000 005	1 354.633 395	1100	1600	<全部>
地貌类型	概念型	y=a	0.4				地貌类型='低山'
地貌类型	概念型	y=a	0.4				地貌类型='高山'
地貌类型	概念型	y=a	0.3				地貌类型='黄土塬'
地貌类型	概念型	y=a	0.3				地貌类型='平原'
地貌类型	概念型	y=a	0.9				地貌类型='丘陵'
地貌类型	概念型	y=a	1				地貌类型='中山'

（七）确定评价单元与评价单元赋值

1. 确定评价单元

评价单元是由对花牛苹果适宜性评价具有关键影响的各耕地要素组成的空间实体，是花牛苹果适宜性评价的最基本单位、对象和基础图斑。同一评价单元内的耕地自然基本条件、耕地的个体属性和经济属性基本一致，不同耕地评价单元之间，既有差异性，又有可比性。花牛苹果适宜性评价就是要通过对每个评价单元的评价，确定其适宜性等级类别，把评价结果落实到实地和编绘到分布图上。因此，耕地评价单元划分得合理与否，直接关系到花牛苹果适宜性等级评价的结果以及工作量的大小。本次评价单元，是由《麦积区土壤图》《麦积区农用地地块图》和《麦积区行政区划图》叠加求交集得到最终的4977个评价单元。

2. 评价单元赋值

由于影响花牛苹果适宜性等级的因子类型较多，且它们在计算机中的存贮方式、格式各异，因此如何准确地获取各评价单元评价指标的信息是评价中的重要环节。鉴于此，根据不同类型数据的特点，通过采样点分布图、空间插值、矢量图、等值线图为评价单元获取数据并赋值；指标赋值按照数值准确、来源真实、符合实际的原则选择赋值方法。评价单元赋值主要使用县域耕地资源管理信息系统v4.4.4软件、ArcGIS软件等。

（八）花牛苹果种植适宜性评价及其结果

通过建立的麦积区花牛苹果生产适宜性评价的层次分析模型和隶属函数模型，关联麦积区耕地资源管理单元的属性数据，对麦积区内所有耕地进行花牛苹果适宜性评价。本项目采用累积曲线分级法来划分麦积区花牛苹果适宜性评价等级。

在划分等级过程中，考虑到部分评价结果与当地实际情况不符，将第一轮评价结果返回当地专家，在当地专家经验指导下，经过不断调试，设置各等级起始分值，确定将麦积区花牛苹果适宜性评价定为 4 个等级。等级分值确定之后，系统依据评分生成不同等级的适宜性评价结果图（图 6–5）。

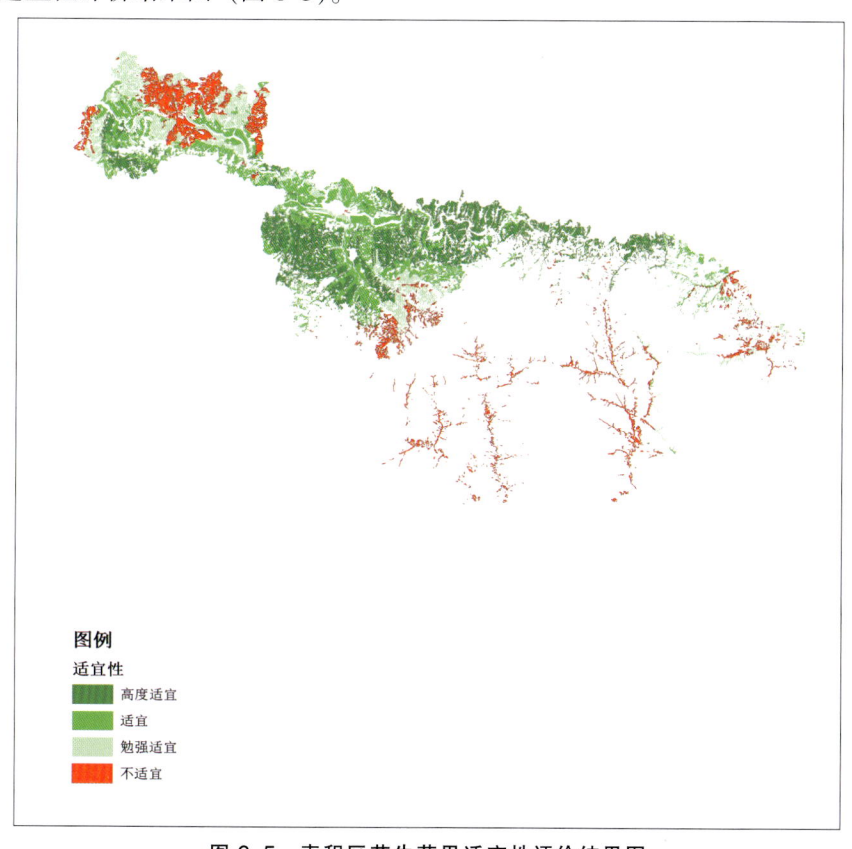

图 6–5　麦积区花牛苹果适宜性评价结果图

由图 6–5 可知，麦积区内多数耕地适合花牛苹果生产，其中高度适宜种植花牛苹果的区域分布在伯阳镇、甘泉镇、花牛镇、利桥镇、马跑泉镇、麦积镇、三岔镇、社棠镇、石佛镇、渭南镇、五龙镇、新阳镇、元龙镇、中滩镇等全区 14 个乡镇的 299 199.35 亩耕地，占全区总耕地面积的 33.33%；适宜种植花牛苹果区域涉及 18 个乡镇，总面积达到了 263 507.56 亩，占全区总耕地面积的 29.36%；勉强适宜种植花牛苹果的区域涉及全区 18 个乡镇的 151 914.81 亩耕地，占全区总耕地面积的 16.92%；不适宜种植花牛苹果区域主要分布在南、北部的耕地，涉及 19 个乡镇的 182 978.28 亩耕地，占全区总耕地面积的 20.39%。

六、兰州百合适宜性评价

兰州百合生长于南部山区高寒阴湿地区，是多年生草本植物，因其地下茎块由数十瓣鳞片相累抱合，由"百片合成"之意而得名。始栽于中国明万历三十三年（1605年），至今已有400多年的历史。被中国绿色食品发展中心认定为绿色食品的A级产品，2004年原国家质检总局正式批准"兰州百合"为原产地域保护产品（地理标志保护产品）。

（一）兰州百合种植现状

兰州百合主产区七里河区地处北纬36°，海拔1800~2600 m，年日照时长2400 h以上。典型的黄土高原疏松沙土与含水不涝的特殊山坡地貌，辅以极大的昼夜温差，形成了得天独厚的地理环境，造就了兰州百合"独一份"的品质特征。三年生，三年养，三年长，九年的漫长等待，孕育出一颗颗温润香甜的兰州百合。

兰州百合营养品质与龙牙百合、宜川百合相比，味极甜美，脆爽细腻，个头大、色泽洁白如玉，含糖量高，纤维含量低，口感细腻清甜，瓣大肉厚，是中国百合中的上品。多糖含量是所有百合中最高的，其多糖含量高达20%以上，这使得它具有植物多糖的各种生物活性，尤其在免疫调节、抗衰老、抗辐射方面表现突出。

蔗糖含量为10.39%，比其他产品的平均值4.26%高143.9%；免疫活性强，还原糖含量为3.00%，比其他产品的平均值高88.7%；口感脆爽细腻，粗纤维含量为0.67%，比其他产品的平均值低44.2%。兰州百合多糖主要有两种活性多糖(LDP1、LDP2)组成，其中LDP1为一种葡甘聚糖(葡萄糖：甘露糖摩尔比为72.2:27.8，主要键型为a-1，4糖苷键)，占比78.3%；LDP2由来苏糖、甘露糖、葡萄糖和半乳糖4种单糖组成（摩尔比为6.74:6.28:76.5:10.48，主要键型为a-1，6糖苷键），占比17.6%。特殊的组成结构使兰州百合多糖在提高机体特异性细胞免疫、体液免疫方面等方面表现突出，故有"兰州百合甲天下"之美誉。

通过计算耕地单元适宜性综合指数，根据评价地区的作物种植和生长情况用结合农业专家建议对耕地进行评价作物的适宜性等级划分，一般划分为4个等级：高度适宜、适宜、勉强适宜和不适宜。耕地适宜性综合指数计算方法如下：

$$P=\sum (C_i \times F_i)$$

式中：

P——耕地适宜性综合指数；

C_i——第 i 个评价指标的组合权重；

F_i——第 i 个评价指标的隶属度。

按照从大到小的顺序，在耕地单元适宜性指数曲线最高点到最低点间采用等距离法将耕地适宜性划分为4个等级：高度适宜、适宜、勉强适宜和不适宜。

（二）评价理论与流程

通过召开专家评议会，选定有效磷、有机质、有效土层厚度、耕层质地、海拔、地貌类型等6个因子作为百合适宜性评价的指标，然后根据各自的属性和特点，将它们分别归入到立地条件、理化性状、剖面性状 3 个准则层中。构造的层次结构如表 6-38 所示：

表 6-38　兰州百合适宜性评价层次模型结构

目标层	准则层	指标层
七里河百合适宜性	理化性状	有效磷
		有机质
	剖面性状	有效土层厚
		耕层质地
	立地条件	海拔
		地貌类型

针对各准则层及指标层各指标之间的相互关系，经多位专家通过德尔斐法按照准则层对目标层、指标层各因素对准则层相应因素的相对重要性，根据表 6-38 中的判断标度，经专家反复对比与分析，最终建立了 4 个判断矩阵见表 6-39、表 6-40、表 6-41、表 6-42。

表 6-39　兰州百合适宜性评价判断矩阵及指标权重

百合	理化性状	剖面性状	立地条件	权重
理化性状	1.00	0.40	0.24	0.12
剖面性状	2.50	1.00	0.36	0.26
立地条件	4.20	2.80	1.00	0.61

表 6-40　兰州百合适宜性评价土壤养分判断矩阵

土壤养分	有效磷	有机质	权重
有效磷	1.00	0.29	0.22
有机质	3.50	1.00	0.78

表 6-41　兰州百合适宜性评价剖面性状判断矩阵

剖面性状	有效土层厚	耕层质地	权重
有效土层厚度	1.00	0.45	0.31
耕层质地	2.20	1.00	0.69

表 6-42　兰州百合适宜性评价立地条件判断矩阵

立地条件	海拔	地貌类型	权重
海拔	1.00	0.25	0.20
地貌类型	4.00	1.00	0.80

(三) 计算各因子权重

在县域耕地资源管理系统中，运行层次分析模型编辑菜单，系统根据所构建的判别矩阵，首先获得各判别矩阵的权重值，然后计算同一层次所有因素对于总目标相对排序权值，即进行层次总排序，最终所得到的组合权重即为各百合适宜性评价因子的权重值，见表6-43。

表6-43 七里河百合适宜性评价各因素的组合权重计算结果

准则层	理化性状	剖面性状	立地条件	组合权重
指标层	0.13	0.26	0.61	$\sum C_i A_i$
有效磷	0.22			0.03
有机质	0.78			0.10
有效土层厚度		0.31		0.08
耕层质地		0.69		0.18
海拔			0.20	0.12
地貌类型			0.80	0.49

由层次分析结果可以看出，各评价因子对百合适宜性的影响程度从大到小依次为：地貌类型、耕层质地、海拔、有机质、有效土层厚度、有效磷。

(四) 隶属函数模型建立及其隶属度确定

根据模糊数学的理论，将选定的评价指标与作物适应性之间的关系分为戒上型函数、戒下型函数、峰型函数、直线型函数以及概念性函数5种类型的隶属函数（表6-44）。各参评指标对农作物的适宜性的影响程度都是单因素概念，由于评价指标单因子间的数据量纲和数据类型不同，只有让每一个指标都处于同一量度后才能用来衡量综合因子对作物适应性的影响程度。为了采用定量化的评价方法和自动化的评价手段，减少人为因素的影响，评价方法里对于可定量化的数据类型采用模糊数学方法，根据各因素对作物适宜性影响大小建立隶属函数，通过函数求得各因素隶属度；对于非定量因子，即定性指标，则直接采用多专家打分，平均取值的方法获取。

构造隶属函数时，需要用德尔菲法对单个参评要素的一组实测值评估出相应的一组隶属度，然后建立该组实测值与评定的隶属度之间函数关系，要求两者之间的差值平方和最小，即满足最小二乘法要求的函数关系为该参评因素的隶属函数。根据模糊数学的理论和评价指标与耕地生产能力的关系，确定兰州七里河百合适宜性评价隶属函数，见表6-45。

表 6-44 常用隶属函数模型表

数学表达	函数图形
戒上型 y_i 为第 i 个因素评语；u_i 为样品观测值；c_i 为标准指标；a_i 为常数：ut 为指标下限值。 $$y_i = \begin{cases} 0, & u_i \leq ut \\ 1/(1+a_i(u_i-c_i)^2), & ut<u_i<c_i, (i=1,2,\cdots,m) \\ 1, & c_i \leq u_i \end{cases}$$	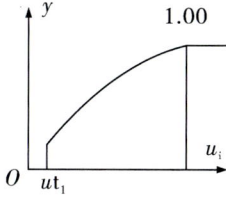
戒下型 ut 为指标上限值。 $$y_i = \begin{cases} 0, & u_i \leq ut \\ 1/(1+a_i(u_i-c_i)^2), & c_i<u_i<ut, (i=1,2,\cdots,m) \\ 1, & u_i \leq c_i \end{cases}$$	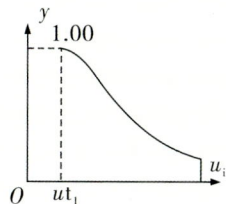
峰型 ut_1、ut_2 分别为指标上、下限值。 $$y_i = \begin{cases} 0, & u_i>ut_1 \text{ 或 } u_i<ut_2 \\ 1/(1+a_i(u_i-c_i)^2), & ut_1<u_i<ut_2 \\ 1, & u_i=c_i \end{cases}$$	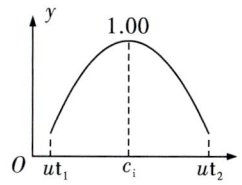
直线型 $y_i = b + a_i \times u_i$	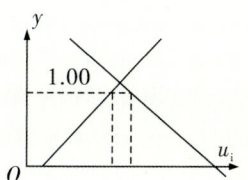

表6-45 兰州七里河百合适宜性评价隶属函数

指标名称	函数类型	函数	a值	c值	U1	U2	条件内容
有效磷	峰型	$y=1/(1+a*(u-c)^2)$	0.001 757	30.574 099	−41	30.574 099	<全部>
有机质	峰型	$y=1/(1+a*(u-c)^2)$	0.004 975	17.673 771	−24.86	17.673 771	<全部>
有效土层厚度	峰型	$y=1/(1+a*(u-c)^2)$	7.700 077	152.883 490	151.8	152.883 490	<全部>
海拔	峰型	$y=1/(1+a*(u-c)^2)$	3.000 000	934.619 144	934.619 144	936.35	<全部>
地貌类型	概念型	y=a	0.5				地貌类型='河谷平原'
地貌类型	概念型	y=a	1				地貌类型='丘陵梁峁区'
地貌类型	概念型	y=a	1				地貌类型='丘陵梁峁区'
地貌类型	概念型	y=a	0.9				地貌类型='山地'
耕层质地	概念型	y=a	0.6				地貌类型='黏土'
耕层质地	概念型	y=a	0.85				地貌类型='轻壤'

(五) 确定评价单元与评价单元赋值

1. 确定评价单元

评价单元是由对百合适宜性评价具有关键影响的各耕地要素组成的空间实体，是百合适宜性评价的最基本单位、对象和基础图斑。同一评价单元内的耕地自然基本条件、耕地的个体属性和经济属性基本一致，不同耕地评价单元之间，既有差异性，又有可比性。百合适宜性评价就是要通过对每个评价单元的评价，确定其适宜性等级类别，把评价结果落实到实地和编绘到分布图上。因此，耕地评价单元划分得合理与否，直接关系到百合适宜性等级评价的结果以及工作量的大小。本次评价单元，是由《七里河土壤图》《七里河农用地地块图》和《七里河行政区划图》叠加求交集最终共得到1014个评价单元。

2. 评价单元赋值

由于影响百合适宜性等级的因子类型较多，且它们在计算机中的存贮方式、格式各异，因此如何准确地获取各评价单元评价指标的信息是评价中的重要环节。鉴于此，根据不同类型数据的特点，通过采样点分布图、空间插值、矢量图、等值线图为评价单元获取数据并赋值；指标赋值按照数值准确、来源真实、符合实际的原则选择赋值方法。评价单元赋值主要使用县域耕地资源管理信息系统 v4.4.4 软件、ArcGIS 软件等。

（六）百合适宜性评价及其结果

通过建立的七里河百合生产适宜性评价的层次分析模型和隶属函数模型，关联七里河耕地资源管理单元的属性数据，对七里河内所有耕地进行百合适宜性评价。本项目采用累积曲线分级法来划分七里河百合适宜性评价等级。

在划分等级过程中，考虑到部分评价结果与当地实际情况不符，将第一轮评价结果返回当地专家，在当地专家经验指导下，经过不断调试，设置各等级起始分值，确定将七里河百合适宜性评价定为 4 个等级。等级分值确定之后，系统依据评分生成不同等级的适宜性评价结果，见图 6-6。

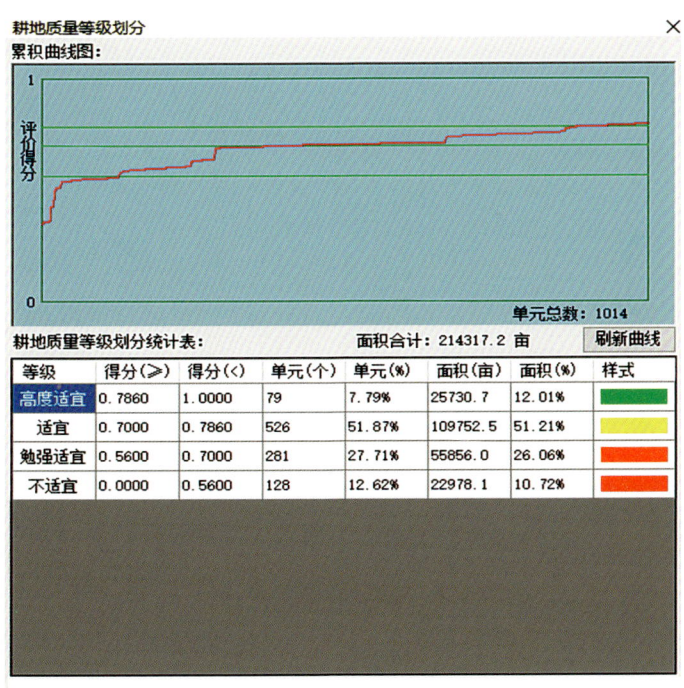

图 6-6　七里河百合适宜性评价划分等级

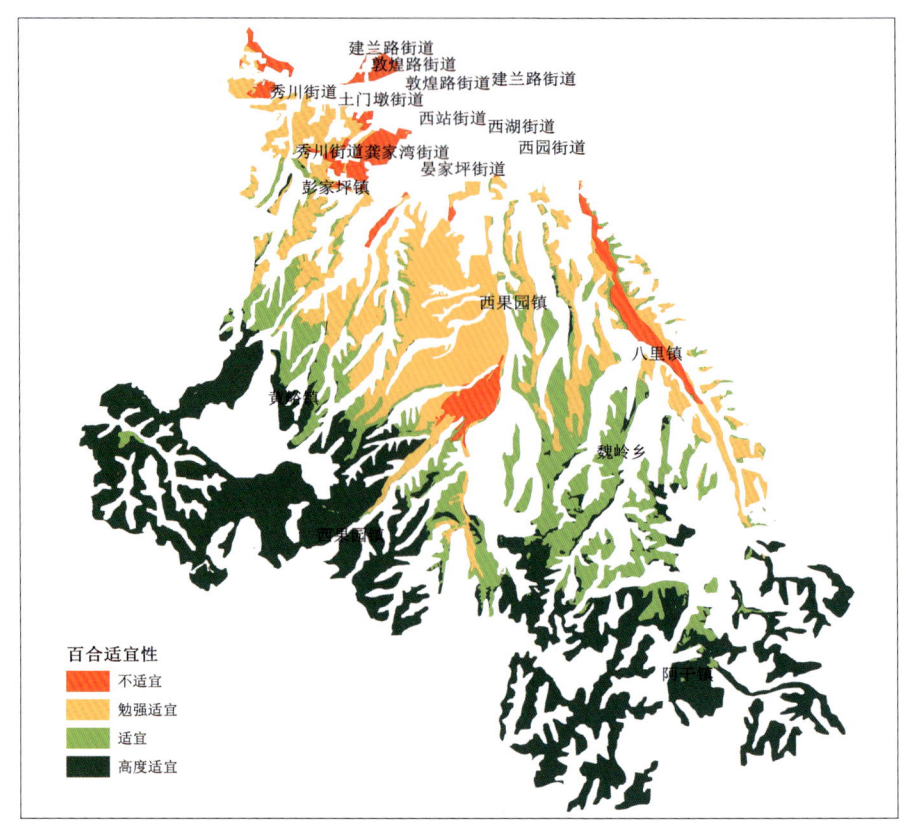

图 6-7 七里河百合生产适宜性评价

由图 6-7 可知，七里河内绝大多数耕地质量单元均适合百合生产，其中高度适宜种植百合的区域分布区域为西果园镇、黄峪乡、南峪乡 3 个乡镇的 2 129.08 hm² 耕地，占全区总耕地面积的 12.01%；适宜种植百合区域东部和中部分布，包含阿甘镇、西果园镇、黄峪乡、南峪乡等 9 个乡镇，总面积达到了 9 081.43 hm²，占全区总耕地面积的 51.21%；勉强适宜种植百合的区域主要有彭家坪镇、魏岭乡等全区 10 个乡镇的 4 621.78 hm² 耕地，占全区总耕地面积的 26.06%；不适宜种植百合区域主要分布在八里镇、阿甘镇等 10 个乡镇的 1 901.31 hm² 耕地，占全区总耕地面积的 10.72%。

七、永登县玫瑰种植适宜性评价

"苦山咸水玫瑰花，荒山秃陵孕丹霞"，苦水玫瑰已有 200 多年的种植历史，是药食同源植物，被国家卫生部认定为新资源食品原料。2003 年原国家质检总局批准对"苦水玫瑰"实施原产地产品保护；2015 年"苦水玫瑰"获得农业部农产品地理标志认证。

产地环境：永登县苦水镇平均海拔 1793m，年均温度 6.7℃，年降雨量 377 mm，年日照时数 2585 h，土壤富硒，环境洁净无污染，病虫害少。土壤 pH 值 8.1，偏碱性，符合《有机食品技术规范》对土壤环境质量的要求，可进行富硒苦水玫瑰的生产。

营养品质：苦水玫瑰精油得率平均高于国际知名油用玫瑰品种——大马士革玫瑰约 25%，最优得油率高出大马士革平均得油率 41.8%；精油香茅醇含量均值比大马士革玫瑰高36.2%。

苦水玫瑰绿原酸含量4.175mg/kg，比大马士革玫瑰、四季玫瑰、平阴玫瑰分别高出约高出15.0%、124.5%、184.0%；香豆酸平均含量7.02mg/kg，比四季玫瑰、大马士革玫瑰、平阴玫瑰花蕾中香豆酸的含量分别高出103.0%、337.4%、94.6%；花瓣中花色苷平均含量848.83mg/kg，比大马士革玫瑰、四季玫瑰、平阴玫瑰高出731.2%、153.2%、132.1%；花蕾中总酚含量为1 460.1mg/kg，比大马士革玫瑰、四季玫瑰、平阴玫瑰高出173.95%、139.03%、177.41%。

（一）评价理论和流程

农作物的适宜性评价是针对不同的农作物特性，从耕地的农田管理、土壤养分、气象因素、立地条件、理化性状、剖面性状、盐碱状况等方面选择对评价作物影响较大的因子，通过建立层次分析模型和隶属函数模型对作物进行适宜性评价。

通过计算耕地单元适宜性综合指数，根据评价地区的作物种植和生长情况用结合农业专家建议对耕地进行评价作物的适宜性等级划分，一般划分为4个等级：高度适宜、适宜、勉强适宜和不适宜。耕地适宜性综合指数计算方法如下：

$P=\sum(C_i \times F_i)$

式中：

P——耕地适宜性综合指数；

C_i——第i个评价指标的组合权重；

F_i——第i个评价指标的隶属度。

按照从大到小的顺序，在耕地单元适宜性指数曲线最高点到最低点间采用等距离法将耕地适宜性划分为4个等级：高度适宜、适宜、勉强适宜和不适宜。

（二）层次分析构型的建立

通过召开专家评议会，选定海拔、≥10℃活动积温、坡度、坡向、有机质、质地、质地构型、有效土层厚度等8个因子作为玫瑰适宜性评价的指标，然后根据各自的属性和特点，将它们分别归入到立地条件、理化性状、剖面性状3个准则层中。构造的层次结构如表6-46所示。

表6-46 永登县玫瑰适宜性评价层次模型结构

目标层	准则层	指标层
永登县玫瑰适宜性	立地条件	海拔
		≥10℃活动积温
		坡度
		坡向
	理化性状	有机质
		质地
	剖面性状	质地构型
		有效土层厚度

针对各准则层及指标层各指标之间的相互关系，经多位专家通过德尔菲法按照准则层对目标层、指标层各因素对准则层相应因素的相对重要性，根据表6-46中的判断标度，经专家反复对比与分析，最终建立了4个判断矩阵，见表6-47、表6-48、表6-49、表6-50。

表6-47　永登县苦水玫瑰适宜性评价准则层判断矩阵及指标权重

准则层	立地条件	理化性状	剖面性状	权重
立地条件	1.00	3.33	2.50	0.59
理化性状	0.30	1.00	0.83	0.18
剖面性状	0.40	1.20	1.00	0.23

表6-48　永登县苦水玫瑰适宜性评价立地条件判断矩阵

立地条件	海拔	≥10℃活动积温	坡度	坡向	权重
海拔	1.00	1.25	2.00	1.54	0.33
≥10℃活动积温	0.80	1.00	1.67	1.43	0.28
坡度	0.50	0.60	1.00	0.33	0.14
坡向	0.65	0.70	3.00	1.00	0.26

表6-49　永登县苦水玫瑰适宜性评价理化性状判断矩阵

理化性状	有机质	质地	权重
有机质	1.00	3.33	0.77
质地	0.30	1.00	0.23

表6-50　永登县苦水玫瑰适宜性评价剖面性状判断矩阵

剖面性状	质地构型	有效土层厚度	权重
质地构型	1.00	0.67	0.40
有效土层厚度	1.50	1.00	0.60

（三）计算各因子权重

在县域耕地资源管理系统中，运行层次分析模型编辑菜单，系统根据所构建的判别矩阵，首先获得各判别矩阵的权重值，然后计算同一层次所有因素对于总目标相对排序权值，即进行层次总排序，最终所得到的组合权重即为各玫瑰适宜性评价因子的权重值，见表6-51。

表6-51　永登县玫瑰适宜性评价各因素的组合权重计算结果

准则层	立地条件	理化性状	剖面性状	组合权重
指标层	0.59	0.18	0.23	$\sum C_i A_i$
海拔	0.33			0.19
≥10℃活动积温	0.28			0.16
坡度	0.14			0.08

续表

准则层	立地条件	理化性状	剖面性状	组合权重
坡向	0.26			0.15
有机质		0.77		0.14
质地		0.23		0.04
质地构型			0.40	0.09
有效土层厚度			0.60	0.14

由层次分析结果可以看出，各评价因子对玫瑰适宜性的影响程度从大到小依次为：海拔、≥10℃活动积温、坡向、有机质、有效土层厚度、质地构型、坡度、质地。

（四）隶属函数模型建立及其隶属度确定

根据模糊数学的理论，将选定的评价指标与作物适应性之间的关系分为戒上型函数、戒下型函数、峰型函数、直线型函数以及概念性函数5种类型的隶属函数（表6-52）。各参评指标对农作物的适宜性的影响程度都是单因素概念，由于评价指标单因子间的数据量纲和数据类型不同，只有让每一个指标都处于同一量度后才能用来衡量综合因子对作物适应性的影响程度。为了采用定量化的评价方法和自动化的评价手段，减少人为因素的影响，评价方法里对于可定量化的数据类型采用模糊数学方法，根据各因素对作物适宜性影响大小建立隶属函数，通过函数求得各因素隶属度；对于非定量因子，即定性指标，则直接采用多专家打分，平均取值的方法获取。

表6-52 常用隶属函数模型表

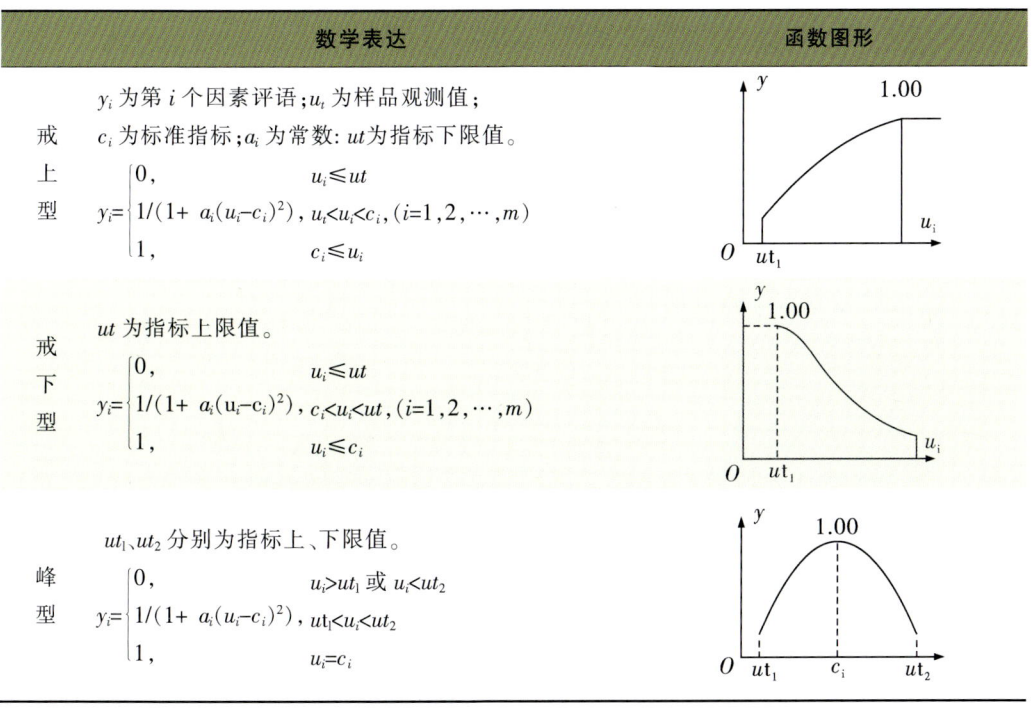

	数学表达	函数图形
戒上型	y_i为第i个因素评语；u_i为样品观测值；c_i为标准指标；a_i为常数：ut为指标下限值。 $y_i=\begin{cases}0, & u_i \leqslant ut \\ 1/(1+a_i(u_i-c_i)^2), & ut<u_i<c_i,(i=1,2,\cdots,m) \\ 1, & c_i \leqslant u_i\end{cases}$	
戒下型	ut为指标上限值。 $y_i=\begin{cases}0, & u_i \leqslant ut \\ 1/(1+a_i(u_i-c_i)^2), & c_i<u_i<ut,(i=1,2,\cdots,m) \\ 1, & u_i \leqslant c_i\end{cases}$	
峰型	ut_1、ut_2分别为指标上、下限值。 $y_i=\begin{cases}0, & u_i>ut_1 \text{ 或 } u_i<ut_2 \\ 1/(1+a_i(u_i-c_i)^2), & ut_1<u_i<ut_2 \\ 1, & u_i=c_i\end{cases}$	

数学表达	函数图形
直线型 $y_i=b+a_i\times u_i$	

构造隶属函数时，需要用德尔菲法对单个参评要素的一组实测值评估出相应的一组隶属度，然后建立该组实测值与评定的隶属度之间函数关系，要求两者之间的差值平方和最小，即满足最小二乘法要求的函数关系为该参评因素的隶属函数。根据模糊数学的理论和评价指标与耕地生产能力的关系，确定永登县作物适应性评价隶属函数，见表6-53。

表 6-53 永登县苦水玫瑰适宜性评价隶属函数表

编号	指标名称	条件	函数类型	函数公式	a值	b值	c值	U1值	U2值	条件内容
1	有机质	条件1	戒上型	y=1/(1+a*(u-c)^2)	0.007754		21.715403	-12.36	21.715403	'全部'
2	海拔	条件1	负直线型	y=b-a*u	0.000533	1.791111		1484.261	3359	'全部'
3	坡度	条件1	戒下型	y=1/(1+a*(u-c)^2)	0.005366		3.101666	3.101666	44.05	'全部'
4	坡向	条件1	概念型	y=a	0.3					坡向 = '北'
5	坡向	条件2	概念型	y=a	1					坡向 = '南'
6	坡向	条件3	概念型	y=a	0.5					坡向 = '东'
7	坡向	条件4	概念型	y=a	0.5					坡向 = '西'
8	坡向	条件5	概念型	y=a	1					坡向 = '平地'
9	坡向	条件6	概念型	y=a	0.7					坡向 = '东北'
10	坡向	条件7	概念型	y=a	0.5					坡向 = '东南'
11	坡向	条件8	概念型	y=a	0.7					坡向 = '西北'
12	坡向	条件9	概念型	y=a	0.75					坡向 = '西南'
13	质地	条件1	概念型	y=a	0.7					质地 = '轻壤'
14	质地	条件2	概念型	y=a	1					质地 = '中壤'
15	质地构型	条件1	概念型	y=a	0.8					质地构型 = '均质轻壤'
16	质地构型	条件2	概念型	y=a	1					质地构型 = '均质中壤'
17	质地构型	条件3	概念型	y=a	0.6					质地构型 = '黏身轻壤'
18	质地构型	条件4	概念型	y=a	0.7					质地构型 = '黏身中壤'
19	质地构型	条件5	概念型	y=a	0.5					质地构型 = '壤身砂壤'
20	有效土层厚度	条件1	戒上型	y=1/(1+a*(u-c)^2)	0.001008		91.655231	-2.84	91.655231	'全部'
21	≥10℃活动积温	条件1	概念型	y=a	0.3					≥10℃活动积温 = '800-1200'
22	≥10℃活动积温	条件2	概念型	y=a	0.5					≥10℃活动积温 = '1000-1200'
23	≥10℃活动积温	条件3	概念型	y=a	0.6					≥10℃活动积温 = '1200-2100'
24	≥10℃活动积温	条件4	概念型	y=a	0.7					≥10℃活动积温 = '2100-2600'
25	≥10℃活动积温	条件5	概念型	y=a	0.8					≥10℃活动积温 = '2100-2700'
26	≥10℃活动积温	条件6	概念型	y=a	1					≥10℃活动积温 = '2500-2900'

（五）确定评价单元与评价单元赋值

1. 确定评价单元

评价单元是由对玫瑰适宜性评价具有关键影响的各耕地要素组成的空间实体，是玫瑰适宜性评价的最基本单位、对象和基础图斑。同一评价单元内的耕地自然基本条件、耕地的个体属性和经济属性基本一致，不同耕地评价单元之间，既有差异性，又有可比性。玫瑰适宜性评价就是要通过对每个评价单元的评价，确定其适宜性等级类别，把评价结果落实到实地和编绘到分布图上。因此，耕地评价单元划分得合理与否，直接关系到玫瑰适宜性等级评价的结果以及工作量的大小。本次评价单元，是由《永登县土壤图》《永登县农用地地块图》和《永登县行政区划图》叠加求交集，最终共得到 38 850 个评价单元。

2. 评价单元赋值

由于影响玫瑰适宜性等级的因子类型较多，且它们在计算机中的存贮方式、格式各异，因此如何准确地获取各评价单元评价指标的信息是评价中的重要环节。鉴于此，根据不同类型数据的特点，通过采样点分布图、空间插值、矢量图、等值线图为评价单元获取数据并赋值；指标赋值按照数值准确、来源真实、符合实际的原则选择赋值方法。评价单元赋值主要使用县域耕地资源管理信息系统 v4.4.4 软件、ArcGIS 软件等。

（六）玫瑰种植适宜性评价及其结果

通过建立的永登县玫瑰生产适宜性评价的层次分析模型和隶属函数模型，关联永登县耕地资源管理单元的属性数据，对永登县内所有耕地进行玫瑰适宜性评价。本项目采用累积曲线分级法来划分永登县玫瑰适宜性评价等级。

在划分等级过程中，考虑到部分评价结果与当地实际情况不符，将第一轮评价结果返回当地专家，在当地专家经验指导下，经过不断调试，设置各等级起始分值，确定将永登县玫瑰适宜性评价定为 4 个等级，如图 6-8。等级分值确定之后，系统依据评分生成不同等级的适宜性评价结果，如图 6-9。

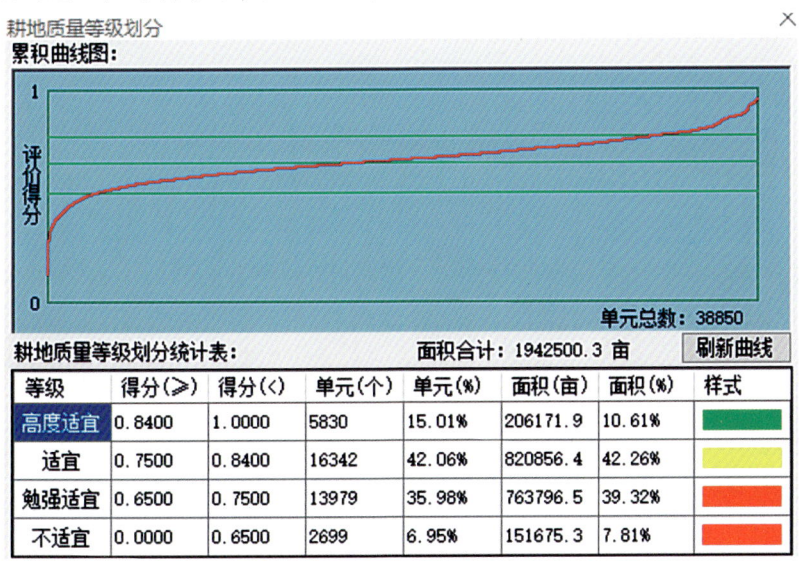

图 6-8　永登县苦水玫瑰适宜性评价划分等级

由图 6-9 可知，永登县内绝大多数耕地评价单元均适合玫瑰生产，其中高度适宜种植玫瑰的区域分布区域为苦水镇、红城镇、河桥镇等 13 744.80hm² 耕地，占全区总耕地面积的 10.61%；适宜种植玫瑰区域东部和中部分布，包含秦川镇、城关镇、大同镇、龙泉寺镇、树屏镇中川镇等，总面积达到了 54 723.79 hm²，占全区总耕地面积的 42.26%；勉强适宜种植玫瑰的区域主要分布在坪城乡、七山乡、中堡镇、通远乡、民乐乡等，涉及 50 919.79hm² 耕地，占全区总耕地面积的 39.32%；不适宜种植玫瑰区域主要分布在北部旱山区的连城镇、民乐乡、武胜驿镇等 10 111.69 hm² 耕地，占全区总耕地面积的 7.81%。

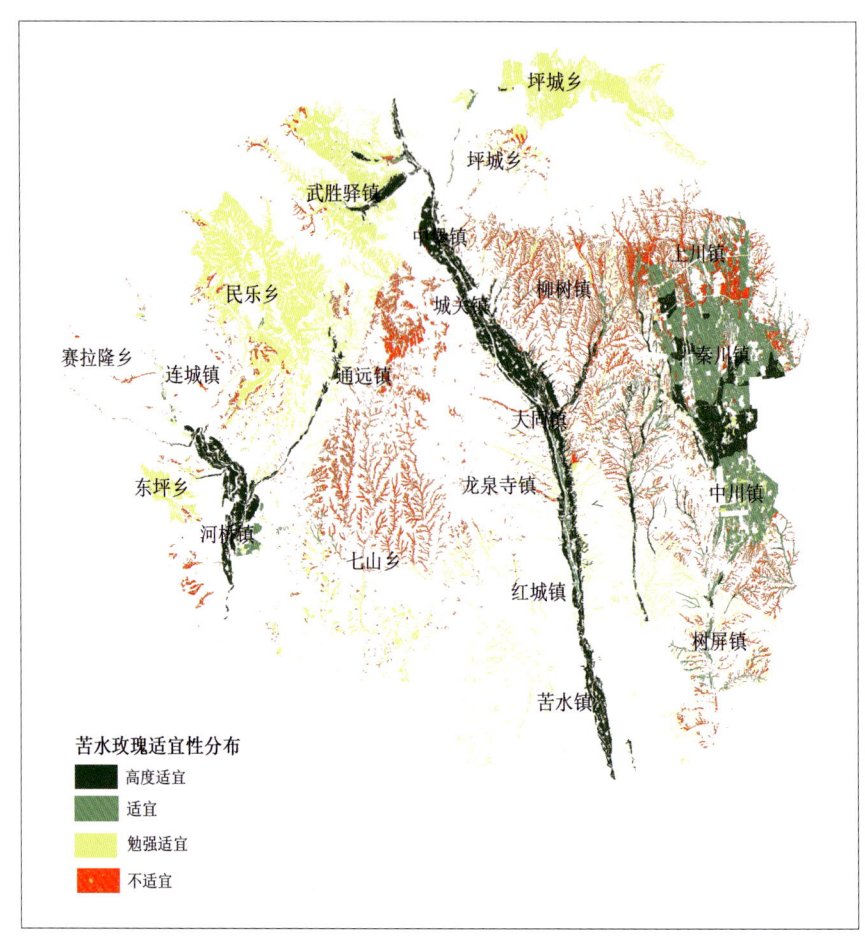

图 6-9 永登县苦水玫瑰生产适宜性评价结果

八、陇南油橄榄种宜性评价

陇南是中国的"油橄榄之乡",是中国四大油橄榄生产基地之一。温润的亚热带气候、河谷浅山型的地貌特征、弱碱性黄壤土质等为油橄榄的生长创造了最佳的地理环境。2005 年原国家质检总局批准对陇南"武都油橄榄"实施地理标志产品保护。2017 年,陇南橄榄油在国际橄榄油大赛上荣获金奖。

产地环境:陇南地处北纬 33°液体黄金带上,平均海拔 1400m 左右,平均气温 12℃左右,年降雨量在 500mm 左右,年日照时数 1500h 以上,土壤中性偏碱,森林覆被率高,生态环境良好,无重工业污染,油橄榄多在山地栽植,病虫危害很少,人工除草,不使用除草剂不施肥。

营养品质:陇南橄榄油果香值显著高于国外和省外橄榄油的果香值 429.97%和 2.66%,缺陷值显著低于国外、省外 83.97%和 3.41%;陇南橄榄油单一品种的油酸和亚油酸比值高于混合品种 37.3%,显著高于国外品种和省外品种;单不饱和脂肪酸和多不饱和脂肪酸比值高于混合品种 35.32%,较于国外和省外分别高出 34.58%和 58.53%。

陇南橄榄油混合品种中芳香类物质总和高于国外和省外品种，其中陇南橄榄油混合品种和单一品种苯环芳香类物质显著高于国外和省外品种 3.02%、0.27%、6.77%、3.91%；陇南橄榄油混合品种和单一品种醇类醛酮类化合物含量明显低于国外和省外品种 28.19%、19.62%、10.21%、2.87%；陇南橄榄油混合品种和单一品种中角鲨烯的含量高于国外和省外品种 77.93%、231.48%、50.95%、128.46%；陇南橄榄油混合品种和单一品种中维生素 E 的含量也高于国外和省外品种 287.08%、669.05%、161.54%、419.63%。

（一）评价理论和流程

农作物的适宜性评价是针对不同的农作物特性，从耕地的农田管理、土壤养分、气象因素、立地条件、理化性状、剖面性状、盐碱状况等方面选择对评价作物影响较大的因子，通过建立层次分析模型和隶属函数模型对作物进行适宜性评价。

在农作物适宜性评价中，需要根据各参评因素对作物适宜性的贡献确定其权重。本评价中采用层次分析法（AHP）结合专家打分法来确定各参评因素的权重。对定性数据（概念型指标）采用德尔菲法直接给出相应的隶属度；对定量数据采用专家打分法与隶属函数法结合的方法确定各评价因子的隶属函数。用德尔菲法根据一组分布均匀的实测值评估出对应的一组隶属度，然后在计算机中绘制这两组数值的散点图，再根据散点图进行曲线拟合，寻求参评因素实际值与隶属度关系方程，从而建立起各参评指标的隶属函数。

最后通过计算耕地单元适宜性综合指数，根据评价地区的作物种植和生长情况用结合农业专家建议对耕地进行评价作物的适宜性等级划分，一般划分为 4 个等级：高度适宜、适宜、勉强适宜和不适宜。耕地适宜性综合指数计算方法如下：

$P=\sum (C_i \times F_i)$

式中：

P——耕地适宜性综合指数；

C_i——第 i 个评价指标的组合权重；

F_i——第 i 个评价指标的隶属度。

按照从大到小的顺序，在耕地单元适宜性指数曲线最高点到最低点间采用等距离法将耕地适宜性划分为 4 个等级：高度适宜、适宜、勉强适宜和不适宜。

（二）层次分析构型的建立

通过召开专家评议会，选定有效磷、有机质、≥10℃积温、年降水量、质地、有效土层厚、坡向、海拔等 8 个因子作为油橄榄适宜性评价的指标，然后根据各自的属性和特点，将它们分别归入到养分状况、气候条件、剖面性状、立地条件 4 个准则层中。构造的层次结构如表 6-54 所示：

表 6-54　陇南油橄榄适宜性评价层次模型结构

目标层	准则层	指标层
武都区油橄榄适宜性	养分状况	有效磷
		有机质
	气候条件	≥10℃积温
		年降水量
	剖面性状	质地
		有效土层厚
	立地条件	坡向
		海拔

针对各准则层及指标层各指标之间的相互关系，经多位专家通过德尔菲法按照准则层对目标层、指标层各因素对准则层相应因素的相对重要性，根据表 6-54 中的判断标度，经专家反复对比与分析，最终建立了 5 个判断矩阵见表 6-55、表 6-56、表 6-57、表 6-58、表 6-59。

表 6-55　陇南油橄榄适宜性评价准则层判断矩阵

准则层	养分状况	气候条件	剖面性状	立地条件	权重
养分状况	1.00	0.67	0.29	0.22	0.09
气候条件	1.50	1.00	0.31	0.28	0.12
剖面性状	3.50	3.20	1.00	0.42	0.29
立地条件	4.50	3.60	2.40	1.00	0.49

表 6-56　陇南油橄榄适宜性评价养分状况判断矩阵

养分状况	有效磷	有机质	权重
有效磷	1.00	0.29	0.22
有机质	3.50	1.00	0.78

表 6-57　陇南油橄榄适宜性评价气候条件判断矩阵

气候条件	≥10°积温	年降水量	权重
≥10°积温	1.000 0	1.428 6	0.434 3
年降水量	0.700 0	1.000 0	0.311 1

表 6-58　陇南油橄榄适宜性评价剖面性状判断矩阵

剖面状况	质地	有效土层厚	权重
质地	1.00	0.25	0.20
有效土层厚	4.00	1.00	0.80

表 6-59　陇南油橄榄适宜性评价立地条件判断矩阵

立地条件	坡向	海拔	权重
坡向	1.00	0.27	0.21
海拔	3.70	1.00	0.79

（三）计算各因子权重

在县域耕地资源管理系统中，运行层次分析模型编辑菜单，系统根据所构建的判别矩阵，首先获得各判别矩阵的权重值，然后计算同一层次所有因素对于总目标相对排序权值，即进行层次总排序，最终所得到的组合权重即为各油橄榄适宜性评价因子的权重值（表 6-60）：

表 6-60　武都区油橄榄适宜性评价各因素的组合权重计算结果

准则层	养分状况	气候条件	剖面性状	立地条件	组合权重
指标层	0.09				$\sum C_i A_i$
有效磷	0.22				0.02
有机质	0.78				0.07
≥10℃积温		0.21			0.03
年降水量		0.79			0.10
质地			0.20		0.06
有效土层厚			0.80		0.24
坡向				0.21	0.11
海拔				0.79	0.39

由层次分析结果可以看出，各评价因子对油橄榄适宜性的影响程度从大到小依次为：海拔、有效土层厚、坡向、年降水量、有机质、质地、≥10℃积温、有效磷。

表 6-61　常用隶属函数模型表

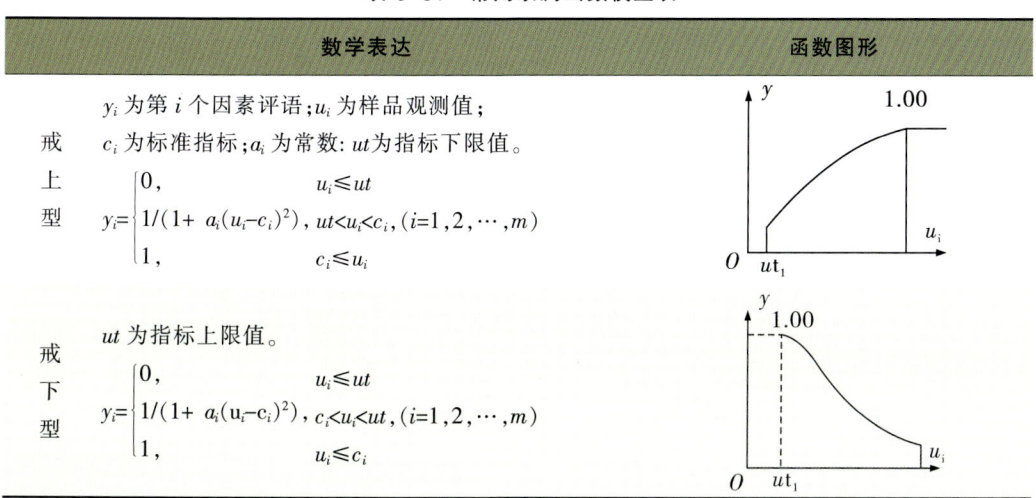

续表

数学表达	函数图形
峰型 ut_1、ut_2 分别为指标上、下限值。 $y_i = \begin{cases} 0, & u_i > ut_1 \text{ 或 } u_i < ut_2 \\ 1/(1 + a_i(u_i - c_i)^2), & ut_1 < u_i < ut_2 \\ 1, & u_i = c_i \end{cases}$	
直线型 $y_i = b + a_i \times u_i$	

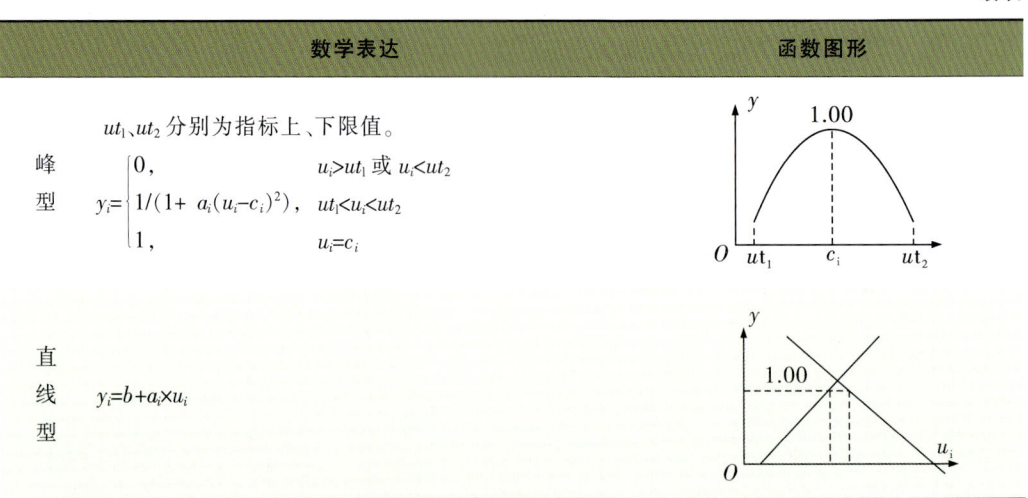

（四）隶属函数模型建立及其隶属度确定

根据模糊数学的理论，将选定的评价指标与作物适应性之间的关系分为戒上型函数、戒下型函数、峰型函数、直线型函数以及概念性函数5种类型的隶属函数（表6-61）。各参评指标对农作物的适宜性的影响程度都是单因素概念，由于评价指标单因子间的数据量纲和数据类型不同，只有让每一个指标都处于同一量度后才能用来衡量综合因子对作物适应性的影响程度。为了采用定量化的评价方法和自动化的评价手段，减少人为因素的影响，评价方法里对于可定量化的数据类型采用模糊数学方法，根据各因素对作物适宜性影响大小建立隶属函数，通过函数求得各因素隶属度；对于非定量因子，即定性指标，则直接采用多专家打分，平均取值的方法获取。

构造隶属函数时，需要用德尔菲法对单个参评要素的一组实测值评估出相应的一组隶属度，然后建立该组实测值与评定的隶属度之间函数关系，要求两者之间的差值平方和最小，即满足最小二乘法要求的函数关系为该参评因素的隶属函数。根据模糊数学的理论和评价指标与耕地生产能力的关系，确定陇南油橄榄适宜性评价隶属函数，见表6-62。

（五）确定评价单元与评价单元赋值

1. 确定评价单元

评价单元是由对油橄榄适宜性评价具有关键影响的各耕地要素组成的空间实体，是油橄榄适宜性评价的最基本单位、对象和基础图斑。同一评价单元内的耕地自然基本条件、耕地的个体属性和经济属性基本一致，不同耕地评价单元之间，既有差异性，又有可比性。油橄榄适宜性评价就是要通过对每个评价单元的评价，确定其适宜性等级类别，把评价结果落实到实地和编绘到分布图上。因此，耕地评价单元划分得合理与否，直接关系到油橄榄适宜性等级评价的结果以及工作量的大小。本次评价单元，是由《武都区土壤图》《武都区农用地地块图》和《武都区行政区划图》叠加求交集，最终共得到5590个评价单元。

表 6-62 陇南油橄榄适宜性评价隶属函数

编号	指标名称	条件	函数类型	函数公式	a值	b值	c值	U1值	U2值	条件内容
1	有效磷	条件1	戒上型	$y=1/(1+a*(u-c)^2)$	0.003502		29.03749	-139.95	29.03749	〈全部〉
2	有机质	条件1	戒上型	$y=1/(1+a*(u-c)^2)$	0.043114		14.530310	-33.64	14.530310	〈全部〉
3	≥10℃积温	条件1	戒上型	$y=1/(1+a*(u-c)^2)$	8.526178		4287.46218	4284.03	4287.46218	〈全部〉
4	年降水量	条件1	戒上型	$y=1/(1+a*(u-c)^2)$	4.37635		624.075467	619.29	624.075467	〈全部〉
5	质地	条件1	概念型	$y=a$	0.45					质地='轻黏土'
6	质地	条件2	概念型	$y=a$	0.8					质地='轻壤土'
7	质地	条件3	概念型	$y=a$	0.75					质地='砂壤土'
8	质地	条件4	概念型	$y=a$	0.4					质地='中黏土'
9	质地	条件5	概念型	$y=a$	0.95					质地='中壤土'
10	质地	条件6	概念型	$y=a$	0.25					质地='重黏土'
11	质地	条件7	概念型	$y=a$	0.3					质地='重壤土'
12	有效土层厚	条件1	戒上型	$y=1/(1+a*(u-c)^2)$	0.000321		130.325488	-427.83	130.325488	〈全部〉
13	坡向	条件1	概念型	$y=a$	0.7					坡向='东南'
14	坡向	条件2	概念型	$y=a$	0.8					坡向='南'
15	坡向	条件3	概念型	$y=a$	0.5					坡向='西南'
16	海拔	条件1	负直线型	$y=b-a*u$	0.000422	1.4888		1158.294	3527.962085	〈全部〉

2. 评价单元赋值

由于影响油橄榄适宜性等级的因子类型较多，且它们在计算机中的存贮方式、格式各异，因此如何准确地获取各评价单元评价指标的信息是评价中的重要环节。鉴于此，根据不同类型数据的特点，通过采样点分布图、空间插值、矢量图、等值线图为评价单元获取数据并赋值；指标赋值按照数值准确、来源真实、符合实际的原则选择赋值方法。评价单元赋值主要使用县域耕地资源管理信息系统 v4.4.4 软件、ArcGIS 软件等。

(六) 油橄榄种植适宜性评价及其结果

通过建立的武都区油橄榄生产适宜性评价的层次分析模型和隶属函数模型，关联武都区耕地资源管理单元的属性数据，对武都区内所有耕地进行油橄榄适宜性评价。本项目采用累积曲线分级法来划分武都区油橄榄适宜性评价等级。

在划分等级过程中，考虑到部分评价结果与当地实际情况不符，将第一轮评价结果返回当地专家，在当地专家经验指导下，经过不断调试，设置各等级起始分值，确定将武都区油橄榄适宜性评价定为 4 个等级，如图 6-10。等级分值确定之后，系统依据评分生成不同等级的适宜性评价结果，如图 6-11。

耕地质量等级划分统计表：　面积合计：2367226.1 亩　刷新曲线

等级	得分(≥)	得分(<)	单元(个)	单元(%)	面积(亩)	面积(%)	样式
高度适宜	0.7500	1.0000	503	9.00%	256275.4	10.83%	
适宜	0.6500	0.7500	2280	40.79%	841884.7	35.56%	
勉强适宜	0.5800	0.6500	1983	35.47%	898669.4	37.96%	
不适宜	0.0000	0.5800	824	14.74%	370396.6	15.65%	

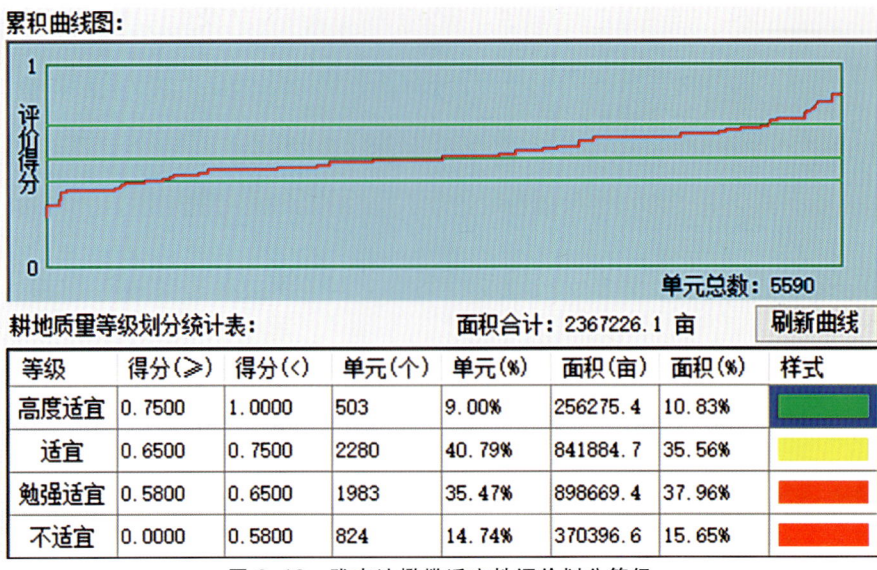

图 6-10　陇南油橄榄适宜性评价划分等级

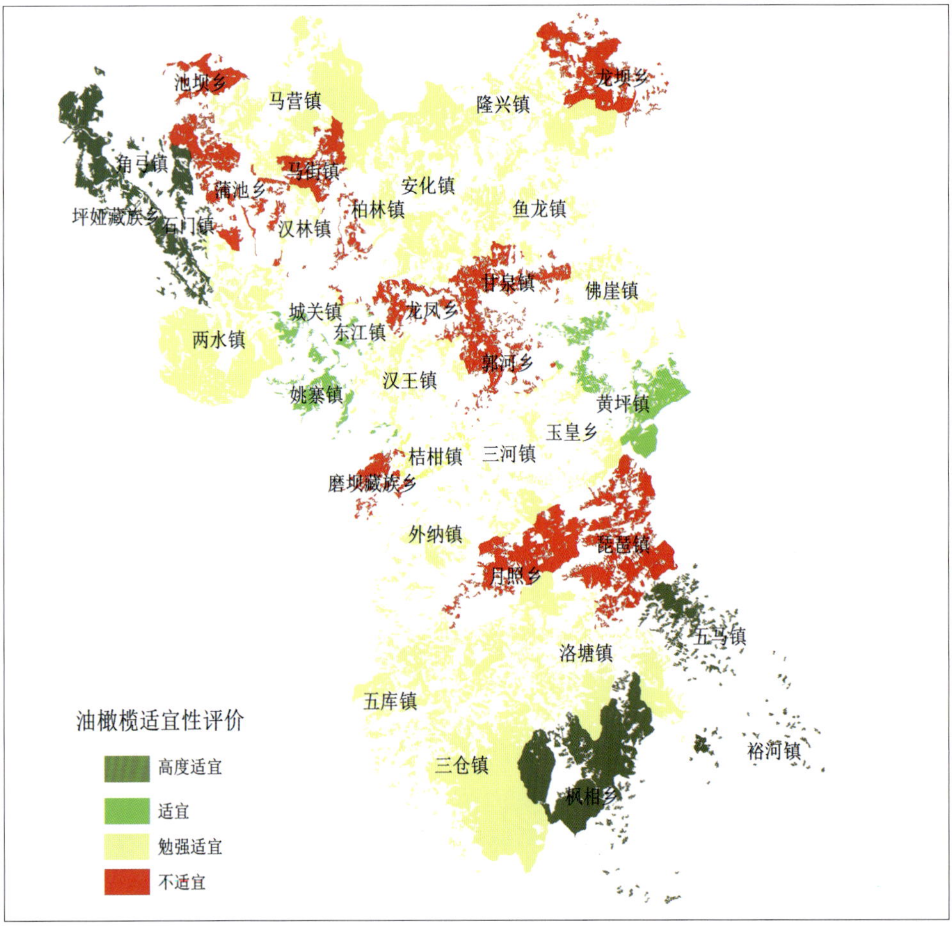

图 6-11　陇南油橄榄生产适宜性评价结果

由图 6-11 可知，武都区内绝大多数耕地评价单元均适合油橄榄生产，其中高度适宜种植油橄榄的区域为枫相乡、角弓镇、裕河乡、石门乡、五马乡等 17 085.04 hm² 耕地，占全区总耕地面积的 10.83%；适宜种植油橄榄区域涉及城关镇、城郊乡、东江镇、汉王镇、两水镇、隆兴乡、坪垭乡等 29 个乡镇，总面积达到了 56 125.68 hm²，占全区总耕地面积的 35.56%；勉强适宜种植油橄榄的区域在所有耕地均有分布，涉及安化镇、池坝乡、佛崖乡、汉林乡、龙坝乡、磨坝乡、琵琶镇、蒲池乡等 25 个乡镇的 59 911.32 hm² 耕地，占全区总耕地面积的 37.96%；不适宜种植油橄榄区域主要分布在北部和中部山区的柏林乡、郭河乡、马街镇、琵琶镇、月照乡等 20 个乡镇的 24 693.12 hm² 耕地，占全区总耕地面积的 15.65%。

九、金塔县葡萄适宜性评价

金塔县历来被称为全省"瓜果之乡"，这里土质肥沃、日照长、昼夜温差大，特别适合瓜果种植。金塔县聚焦做优特色产业，大力发展葡萄种植，推动葡萄品种更新换代，巩固提升葡萄产业品质，葡萄面积保持在 1.13 万亩以上，并逐步形成了以红地球为主体品种，里扎马特、无核白鸡心、甜蜜蓝宝石等为搭配品种的种植体系，实现了早中晚熟的合理搭配，有效填补市场空白，持续助力农民增收。

金塔葡萄产地环境，平均海拔 1138m，年平均气温 8.5℃，昼夜温差 16.0℃，全年日照时数达 3 246.7 h，年降雨量 67 mm，年蒸发量 2505 mm，≥10℃积温 3650℃，具备生产绿色无公害优质葡萄果品的优越条件。

金塔葡萄营养品质，红地球葡萄突出的特点是口感甘甜爽口，甜而不腻。可溶性固形物和可溶性糖含量高，分别达到 19.56%、4.22%，比其他产区平均值高 16.81%、101.43%；可滴定酸含量 3.24g/kg，糖酸比适宜，维生素 C 含量为 2.13mg/100g，比国内其他产区平均值高 90.18%。红地球葡萄水分含量为 84.5g/100g，硬度 4.1kg/cm²；巨峰葡萄含水量 92.5g/100g，硬度 2.4kg/cm²；敦煌红地球葡萄含水量低，肉质脆而硬，适合长途运输，经过贮藏能够反季供应，丰富葡萄市场。

（一）评价理论和流程

农作物的适宜性评价是针对不同的农作物特性，从耕地的农田管理、土壤养分、气象因素、立地条件、理化性状、剖面性状、盐碱状况等方面选择对评价作物影响较大的因子，通过建立层次分析模型和隶属函数模型对作物进行适宜性评价。

在农作物适宜性评价中，需要根据各参评因素对作物适宜性的贡献确定其权重。本评价中采用层次分析法（AHP）结合专家打分法来确定各参评因素的权重。对定性数据（概念型指标）采用德尔菲法直接给出相应的隶属度；对定量数据采用专家打分法与隶属函数法结合的方法确定各评价因子的隶属函数。用德尔菲法根据一组分布均匀的实测值评估出对应的一组隶属度，然后在计算机中绘制这两组数值的散点图，再根据散点图进行曲线拟合，寻求参评因素实际值与隶属度关系方程，从而建立起各参评指标的隶属函数。

最后通过计算耕地单元适宜性综合指数，根据评价地区的作物种植和生长情况用结合农业专家建议对耕地进行评价作物的适宜性等级划分，一般划分为4个等级：高度适宜、适宜、勉强适宜和不适宜。耕地适宜性综合指数计算方法如下：

$$P=\sum(C_i \times F_i)$$

式中：

P——耕地适宜性综合指数；

C_i——第i个评价指标的组合权重；

F_i——第i个评价指标的隶属度。

按照从大到小的顺序，在耕地单元适宜性指数曲线最高点到最低点间采用等距离法将耕地适宜性划分为4个等级：高度适宜、适宜、勉强适宜和不适宜。

（二）层次分析构型的建立

根据金塔葡萄对产地环境等的需求，选定耕层质地、有机质、有效磷、速效钾、灌溉能力、排水能力、耕层含盐量、盐渍化程度等8个因子作为葡萄适宜性评价的指标，然后根据各自的属性和特点，将它们分别归入到理化性状、土壤养分、农田管理、盐碱状况4个准则层中。构造的层次结构如表6-63所示：

表6-63　金塔县葡萄适宜性评价层次模型结构

目标层	准则层	指标层
金塔县葡萄适宜性评价	理化性状	耕层质地
		有机质
	土壤养分	有效磷
		速效钾
	农田管理	灌溉能力
		排水能力
	盐碱状况	耕层含盐量
		盐渍化程度

针对各准则层及指标层各指标之间的相互关系，经多位专家通过德尔菲法按照准则层对目标层、指标层各因素对准则层相应因素的相对重要性，根据表6-63中的判断标度，经专家反复对比与分析，最终建立了5个判断矩阵见表6-64、表6-65、表6-66、表6-67、表6-68。

表6-64　金塔县葡萄适宜性评价准则层判断矩阵及指标权重

准则层	理化性状	土壤养分	农田管理	盐碱状况	权重
理化性状	1.000 0	0.250 0	0.400 0	0.400 0	0.103 3
土壤养分	4.000 0	1.000 0	0.666 7	0.666 7	0.264 7
农田管理	2.500 0	1.500 0	1.000 0	0.500 0	0.260 9
盐碱状况	2.500 0	1.500 0	2.000 0	1.000 0	0.371 1

表 6-65　金塔县葡萄适宜性评价理化性状判断矩阵

理化性状	耕层质地	有机质	权重
耕层质地	1.000 0	0.400 0	0.285 7
有机质	2.500 0	1.000 0	0.714 3

表 6-66　金塔县葡萄适宜性评价土壤养分判断矩阵

土壤养分	有效磷	速效钾	权重
有效磷	1.000 0	0.400 0	0.285 7
速效钾	2.500 0	1.000 0	0.714 3

表 6-67　金塔县葡萄适宜性评价农田管理判断矩阵

农田管理	灌溉能力	排水能力	权重
灌溉能力	1.000 0	0.588 2	0.370 4
排水能力	1.700 0	1.000 0	0.629 6

表 6-68　金塔县葡萄适宜性评价判断矩阵

障碍因素	耕层含盐量	盐渍化程度	权重
耕层含盐量	1.000 0	0.500 0	0.333 3
盐渍化程度	2.000 0	1.000 0	0.666 7

（三）计算各因子权重

在县域耕地资源管理系统中，运行层次分析模型编辑菜单，系统根据所构建的判别矩阵，首先获得各判别矩阵的权重值，然后计算同一层次所有因素对于总目标相对排序权值，即进行层次总排序，最终所得到的组合权重即为各葡萄适宜性评价因子的权重值，见表 6-69。

由层次分析结果可以看出，各评价因子对葡萄适宜性的影响程度从大到小依次为：盐渍化程度、速效钾、排水能力、耕层含盐量、灌溉能力、有效磷、有机质、耕层质地。

表 6-69　金塔县葡萄适宜性评价各因素的组合权重计算结果

准则层	剖面性状	土壤养分	农田管理	障碍因素	组合权重
指标层	0.103 3	0.264 7	0.260 9	0.371 1	$\sum C_i A_i$
耕层质地	0.285 7				0.029 5
有机质	0.714 3				0.073 8
有效磷		0.285 7			0.075 6
速效钾		0.714 3			0.189 1
灌溉能力			0.370 4		0.096 6
排水能力			0.629 6		0.164 3
耕层含盐量				0.333 3	0.123 7
盐渍化程度				0.666 7	0.247 4

（四）隶属函数模型建立及其隶属度确定

根据模糊数学的理论，将选定的评价指标与葡萄适宜性之间的关系分为戒上型函数、戒下型函数、峰型函数、直线型函数以及概念性函数等 5 种类型的隶属函数（表 6-70）。各参评指标对农作物的适宜性的影响程度都是单因素概念，由于评价指标单因子间的数据量纲和数据类型不同，只有让每一个指标都处于同一量度后才能用来衡量综合因子对葡萄适宜性的影响程度。为了采用定量化的评价方法和自动化的评价手段，减少人为因素的影响，评价方法里对于可定量化的数据类型采用模糊数学方法，根据各因素对作物适宜性影响大小建立隶属函数，通过函数求得各因素隶属度；对于非定量因子，即定性指标，则直接采用多专家打分，平均取值的方法获取。

表 6-70 常用隶属函数模型表

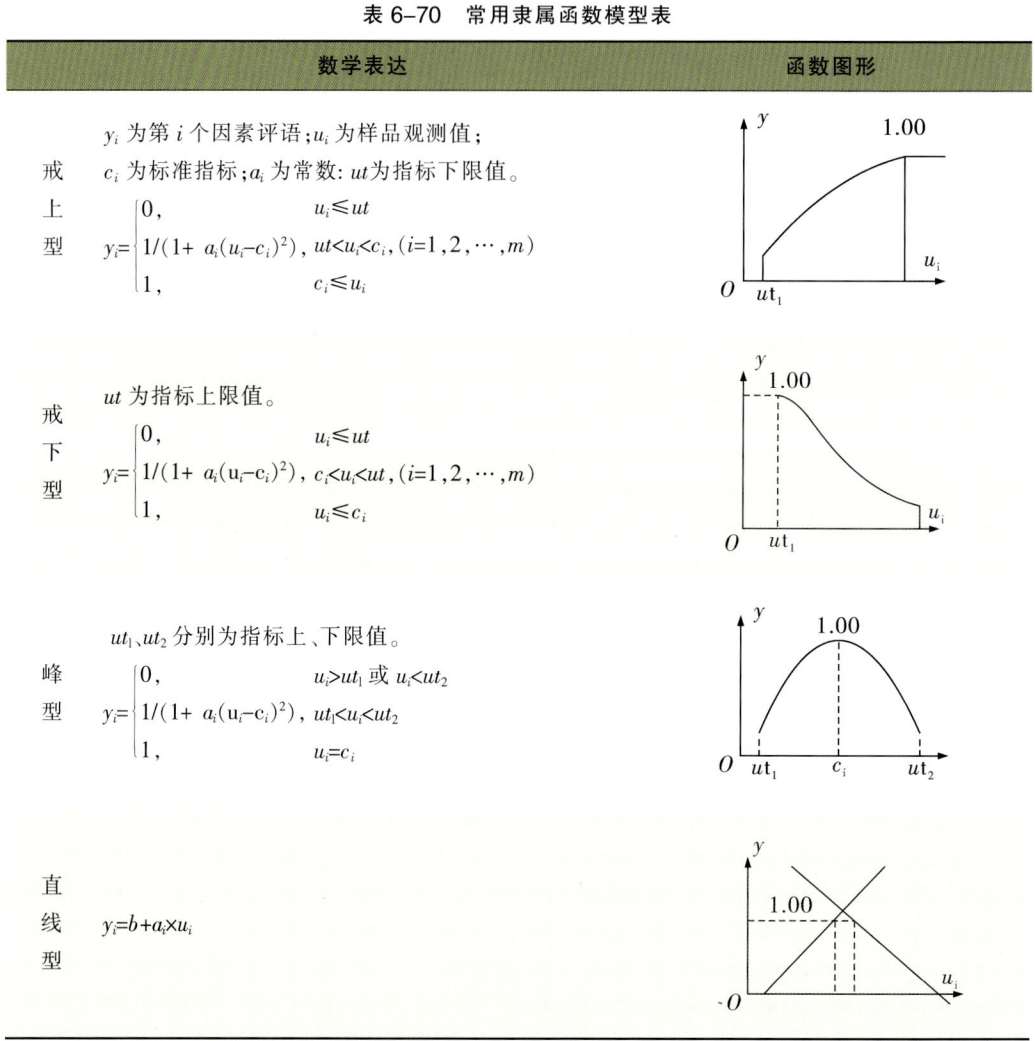

类型	数学表达	函数图形
戒上型	y_i 为第 i 个因素评语；u_i 为样品观测值；c_i 为标准指标；a_i 为常数；ut 为指标下限值。 $y_i = \begin{cases} 0, & u_i \leq ut \\ 1/(1+a_i(u_i-c_i)^2), & ut<u_i<c_i, (i=1,2,\cdots,m) \\ 1, & c_i \leq u_i \end{cases}$	
戒下型	ut 为指标上限值。 $y_i = \begin{cases} 0, & u_i \leq ut \\ 1/(1+a_i(u_i-c_i)^2), & c_i<u_i<ut, (i=1,2,\cdots,m) \\ 1, & u_i \leq c_i \end{cases}$	
峰型	ut_1、ut_2 分别为指标上、下限值。 $y_i = \begin{cases} 0, & u_i>ut_1 \text{ 或 } u_i<ut_2 \\ 1/(1+a_i(u_i-c_i)^2), & ut_1<u_i<ut_2 \\ 1, & u_i=c_i \end{cases}$	
直线型	$y_i = b + a_i \times u_i$	

构造隶属函数时，需要用德尔菲法对单个参评要素的一组实测值评估出相应的一组隶属度，然后建立该组实测值与评定的隶属度之间函数关系，要求两者之间的差值平方和最小，即满足最小二乘法要求的函数关系为该参评因素的隶属函数。根据模糊数学的

理论和评价指标与耕地生产能力的关系，确定金塔县葡萄适宜性评价隶属函数，见表6-71。

表6-71 金塔县葡萄适宜性评价隶属函数

编号	指标名称	条件名称	函数类型	函数公式	a值	b值	c值	U1值	U2值	条件内容
1	有机质	条件1	戒上型	y=1/(1+a*(u-c)^2)	0.130230		14.965660	6.65	14.965660	<全部>
2	耕层质地	条件1	概念型	y=a	1					耕层质地 = '轻壤'
3	耕层质地	条件2	概念型	y=a	0.2					耕层质地 = '砂壤'
4	耕层质地	条件3	概念型	y=a	0.1					耕层质地 = '砂土'
5	耕层质地	条件4	概念型	y=a	0.8					耕层质地 = '重壤'
6	有效磷	条件1	戒上型	y=1/(1+a*(u-c)^2)	0.011805		32.390971	4.77	32.390971	<全部>
7	速效钾	条件1	戒上型	y=1/(1+a*(u-c)^2)	0.000540		164.972873	35.87	164.972873	<全部>
8	灌溉能力	条件1	概念型	y=a	0.7					灌溉能力 = '基本满足'
9	灌溉能力	条件2	概念型	y=a	1					灌溉能力 = '满足'
10	排水能力	条件1	概念型	y=a	1					排水能力 = '充分满足'
11	排水能力	条件2	概念型	y=a	0.5					排水能力 = '基本满足'
12	排水能力	条件3	概念型	y=a	1					排水能力 = '满足'
13	耕层含盐量	条件1	戒下型	y=1/(1+a*(u-c)^2)	0.637779		0.136143	0.136143	3.89	<全部>
14	盐渍化程度	条件1	概念型	y=a	0.4					盐渍化程度 = '轻度'
15	盐渍化程度	条件2	概念型	y=a	1					盐渍化程度 = '无'

（五）确定评价单元与评价单元赋值

1. 确定评价单元

评价单元是由对葡萄适宜性评价具有关键影响的各耕地要素组成的空间实体，是葡萄适宜性评价的最基本单位、对象和基础图斑。同一评价单元内的耕地自然基本条件、耕地的个体属性和经济属性基本一致，不同耕地评价单元之间，既有差异性，又有可比性。葡萄适宜性评价就是要通过对每个评价单元的评价，确定其适宜性等级类别，把评价结果落实到实地和编绘到分布图上。因此，耕地评价单元划分得合理与否，直接关系到葡萄适宜性等级评价的结果以及工作量的大小。本次评价单元，是由《金塔县土壤图》《金塔县农用地地块图》和《金塔县行政区划图》叠加求交集，共得到1195个评价单元。

2. 评价单元赋值

由于影响葡萄适宜性等级的因子类型较多，且它们在计算机中的存贮方式、格式各异，因此如何准确地获取各评价单元评价指标的信息是评价中的重要环节。鉴于此，根据不同类型数据的特点，通过采样点分布图、空间插值、矢量图、等值线图为评价单元获取数据并赋值；指标赋值按照数值准确、来源真实、符合实际的原则选择赋值方法。评价单元赋值主要使用县域耕地资源管理信息系统v4.4.4软件、ArcGIS软件等。

（六）葡萄种植适宜性评价及其结果

通过建立的金塔县葡萄生产适宜性评价的层次分析模型和隶属函数模型，关联金塔县耕地资源管理单元的属性数据，对金塔县内所有耕地进行葡萄适宜性评价。本项目采用累积曲线分级法来划分金塔县葡萄适宜性评价等级。

在划分等级过程中，考虑到部分评价结果与当地实际情况不符，将第一轮评价结果返回当地专家，在当地专家经验指导下，经过不断调试，设置各等级起始分值，确定将金塔县葡萄适宜性评价定为4个等级，如图6-12。等级分值确定之后，系统依据评分生成不同等级的适宜性评价结果图6-13。

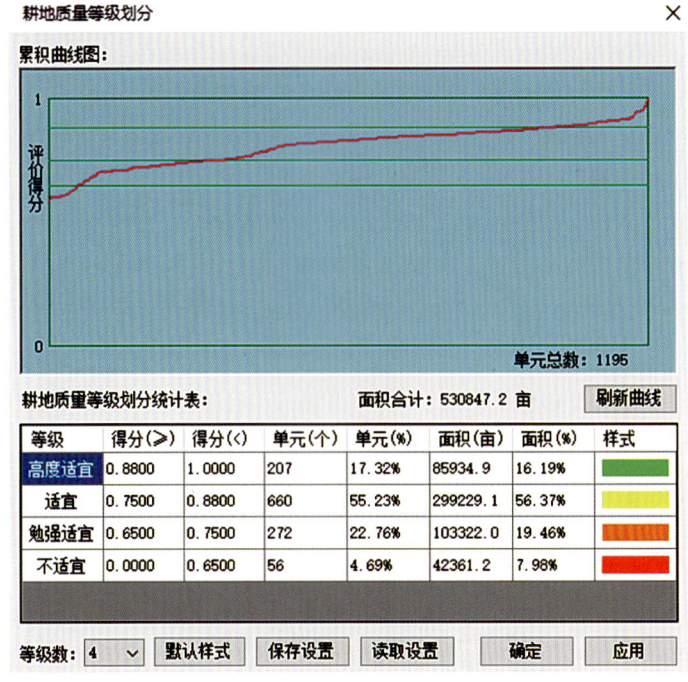

图 6-12 金塔县葡萄适宜性评价划分等级

由图 6-13 可知，金塔县内绝大多数耕地评价单元均适合葡萄生产，其中高度适宜种植葡萄的区域分布区域为鼎新镇、东坝镇、三合乡、羊井子湾镇等 5 729.00 hm² 耕地，占全区总耕地面积的 16.19%；适宜种植葡萄区域在中部分布，主要在大庄子乡、金塔镇、三合乡、西坝乡等，总面积达到了 19 948.61 hm²，占全区总耕地面积的 56.37%；勉强适宜种植葡萄的主要分布在古城乡、航天镇、东坝乡等 6 888.14 hm² 耕地，占全区总耕地面积的 19.46%；不适宜种植葡萄区域主要主要分布在航天镇、鼎新镇等 2 824.08 hm² 耕地，占全区总耕地面积的 7.98%。

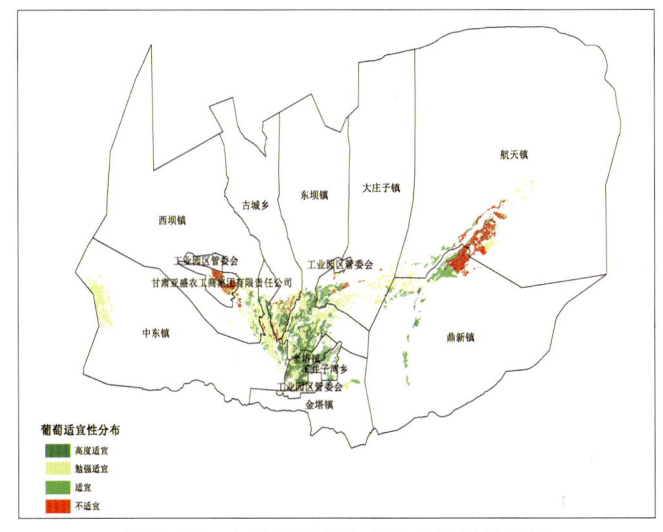

图 6-13 金塔县葡萄生产适宜性评价结果

十、文县纹党适宜性评价

文县生长着一味养生珍草,因根体具有横纹而得名纹党参。力能补脾养胃,润肺生津,健运中气,健脾而不燥,滋胃而不湿,润肺而不犯寒凉,养血而不偏滋腻。纹党参野生家种始于清代同治年间,有300多年的种植历史。2008年原国家质检总局批准对"文县纹党"实施地理标志产品保护。

纹党产地环境,《文县志》记载:"文处万山,产药极丰,品如党参。"纹党参喜温和、凉爽气候。文县山峰海拔在550~4187m之间。气候垂直变化较明显,属亚热带向暖温带过渡区,为亚热带北缘山地气候。年平均气温5℃~15℃,无霜期260d左右,降水量400~1000mm,年平均日照数1200~1800h。夏无酷暑,冬无严寒。独特的气候以及优渥的土壤造就了纹党参独特的性状。

纹党参作为《中国药膳大辞典》收载的食疗中药,蛋白质含量约为7.14%,是川党参的1.3倍,是白条党的1.1倍;膳食纤维含量为36.57%;脂肪含量为0.32%,富含人体必需的氨基酸,总氨基酸含量为5.54%。丰富的营养成分造就了纹党药膳食疗佳品的特质。纹党参醇浸出物含量为64.21%,显著高于药典规定水平;多糖和低聚糖成分含量分别为22.06%和8.76%,是潞党的1.43倍和1.23倍;党参炔苷和紫丁香苷含量分别为1.80mg/g和23.86μg/g;党参炔苷是川党参的2.0倍、潞党参的2.57倍、贵州产党参的6.67倍、白条党的2.77倍;紫丁香苷是川党参的1.87倍,潞党参的1.52倍;苍术内酯Ⅲ的含量为23.96μg/g,是川党参的4倍。铁元素含量约为370.98μg/g。因而纹党参具有更加显著的健脾益肺、养血生津的功效。

(一)评价理论和流程

农作物的适宜性评价是针对不同的农作物特性,从耕地的农田管理、土壤养分、气象因素、立地条件、理化性状、剖面性状、盐碱状况等方面选择对评价作物影响较大的因子,通过建立层次分析模型和隶属函数模型对作物进行适宜性评价。

在农作物适宜性评价中,需要根据各参评因素对作物适宜性的贡献确定其权重。本评价中采用层次分析法(AHP)结合专家打分法来确定各参评因素的权重。对定性数据(概念型指标)采用德尔菲法直接给出相应的隶属度;对定量数据采用专家打分法与隶属函数法结合的方法确定各评价因子的隶属函数。用德尔菲法根据一组分布均匀的实测值评估出对应的一组隶属度,然后在计算机中绘制这两组数值的散点图,再根据散点图进行曲线拟合,寻求参评因素实际值与隶属度关系方程从而建立起各参评指标的隶属函数。

最后通过计算耕地单元适宜性综合指数,根据评价地区的作物种植和生长情况用结合农业专家建议对耕地进行评价作物的适宜性等级划分,一般划分为4个等级:高度适宜、适宜、勉强适宜和不适宜。耕地适宜性综合指数计算方法如下:

$P = \sum (C_i \times F_i)$

式中:

P——耕地适宜性综合指数;

C_i——第i个评价指标的组合权重;

F_i——第 i 个评价指标的隶属度。

按照从大到小的顺序，在耕地单元适宜性指数曲线最高点到最低点间采用等距离法将耕地适宜性划分为 4 个等级：高度适宜、适宜、勉强适宜和不适宜。

（二）层次分析构型的建立

通过召开专家评议会，选定速效钾、有效磷、有机质、质地构型、有效土层厚、海拔、地形部位等 7 个因子作为纹党适宜性评价的指标，然后根据各自的属性和特点，将它们分别归入到立地条件、理化性状、剖面性状 3 个准则层中。构造的层次结构如表 6-72 所示。

表 6-72　文县纹党适宜性评价层次模型结构

目标层	准则层	指标层
文县纹党适宜性	土壤养分	速效钾
		有效磷
		有机质
	剖面性状	质地构型
		有效土层厚
	立地条件	海拔
		地形部位

针对各准则层及指标层各指标之间的相互关系，经多位专家通过德尔菲法按照准则层对目标层、指标层各因素对准则层相应因素的相对重要性，根据表 6-72 中的判断标度，经专家反复对比与分析，最终建立了 4 个判断矩阵，见表 6-73、表 6-74、表 6-75、表 6-76。

表 6-73　文县纹党适宜性评价准则层判断矩阵

准则层	土壤养分	剖面性状	立地条件	权重
土壤养分	1.000 0	0.400 0	0.285 7	0.140 2
剖面性状	2.500 0	1.000 0	0.500 0	0.310 4
立地条件	3.500 0	2.000 0	1.000 0	0.549 4

表 6-74　文县纹党适宜性评价土壤养分判断矩阵

土壤养分	速效钾	有效磷	有机质	权重
速效钾	1.000 0	0.454 5	0.277 8	0.143 4
有效磷	2.200 0	1.000 0	0.434 8	0.281 3
有机质	3.600 0	2.300 0	1.000 0	0.575 3

表 6-75　文县纹党适宜性评价剖面性状判断矩阵

剖面性状	质地构型	有效土层厚	权重
质地构型	1.000 0	0.303 0	0.232 6
有效土层厚	3.300 0	1.000 0	0.767 4

表 6-76　文县纹党适宜性评价立地条件判断矩阵

立地条件	海拔	地形部位	权重
海拔	1.000 0	0.666 7	0.400 0
地形部位	1.500 0	1.000 0	0.600 0

（三）计算各因子权重

在县域耕地资源管理系统中，运行层次分析模型编辑菜单，系统根据所构建的判别矩阵，首先获得各判别矩阵的权重值，然后计算同一层次所有因素对于总目标相对排序权值，即进行层次总排序，最终所得到的组合权重即为各纹党适宜性评价因子的权重值，见表 6-77。

表 6-77　文县纹党适宜性评价各因素的组合权重计算结果

准则层	土壤养分	剖面性状	立地条件	组合权重
指标层	0.140 2	0.310 4	0.549 4	$\sum C_i A_i$
速效钾	0.143 4			0.020 1
有效磷	0.281 3			0.039 4
有机质	0.575 3			0.080 6
质地构型		0.232 6		0.072 2
有效土层厚		0.767 4		0.238 2
海拔			0.400 0	0.219 8
地形部位			0.600 0	0.329 6

由层次分析结果可以看出，各评价因子对纹党适宜性的影响程度从大到小依次为：地形部位、有效土层厚、海拔、有机质、质地构型、有效磷、速效钾。

（四）隶属函数模型建立及其隶属度确定

根据模糊数学的理论，将选定的评价指标与作物适应性之间的关系分为戒上型函数、戒下型函数、峰型函数、直线型函数以及概念性函数 5 种类型的隶属函数（表 6-78）。各参评指标对农作物的适宜性的影响程度都是单因素概念，由于评价指标单因子间的数据量纲和数据类型不同，只有让每一个指标都处于同一量度后才能用来衡量综合因子对作物适应性的影响程度。为了采用定量化的评价方法和自动化的评价手段，减少人为因素的影响，评价方法里对于可定量化的数据类型采用模糊数学方法，根据各因素对作物适宜性影响大小建立隶属函数，通过函数求得各因素隶属度；对于非定量因子，即定性指标，则直接采用多专家打分，平均取值的方法获取。

表 6-78 常用隶属函数模型表

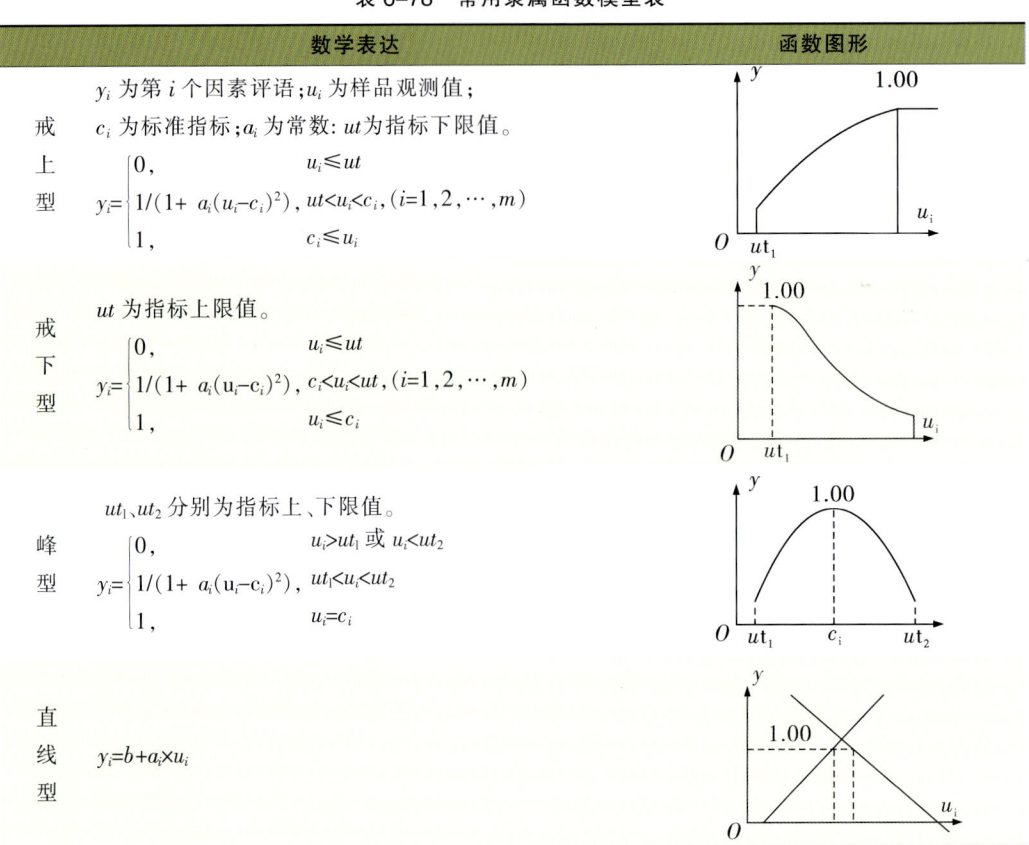

	数学表达	函数图形
戒上型	y_i 为第 i 个因素评语；u_i 为样品观测值；c_i 为标准指标；a_i 为常数；ut 为指标下限值。 $$y_i=\begin{cases}0, & u_i \leq ut \\ 1/(1+a_i(u_i-c_i)^2), & ut<u_i<c_i, (i=1,2,\cdots,m) \\ 1, & c_i \leq u_i\end{cases}$$	
戒下型	ut 为指标上限值。 $$y_i=\begin{cases}0, & u_i \leq ut \\ 1/(1+a_i(u_i-c_i)^2), & c_i<u_i<ut, (i=1,2,\cdots,m) \\ 1, & u_i \leq c_i\end{cases}$$	
峰型	ut_1、ut_2 分别为指标上、下限值。 $$y_i=\begin{cases}0, & u_i>ut_1 \text{ 或 } u_i<ut_2 \\ 1/(1+a_i(u_i-c_i)^2), & ut_1<u_i<ut_2 \\ 1, & u_i=c_i\end{cases}$$	
直线型	$y_i=b+a_i \times u_i$	

构造隶属函数时，需要用特尔菲法对单个参评要素的一组实测值评估出相应的一组隶属度，然后建立该组实测值与评定的隶属度之间函数关系，要求两者之间的差值平方和最小，即满足最小二乘法要求的函数关系为该参评因素的隶属函数。根据模糊数学的理论和评价指标与耕地生产能力的关系，确定文县纹党适宜性评价隶属函数，见表6-79。

表 6-79 文县纹党适宜性评价隶属函数

编号	指标名称	条件名称	函数类型	函数公式	a值	b值	c值	U1值	U2值	条件内容
1	有机质	条件1	戒上型	y=1/(1+a*(u-c)^2)	0.004342		22.227333	-23.31	22.227333	<全部>
2	海拔	条件1	负直线型	y=b-a*u	0.000533	1.257778		484	2359	<全部>
3	质地构型	条件1	概念型	y=a	0.4					质地构型 = '紧实型'
4	质地构型	条件2	概念型	y=a	0.7					质地构型 = '上松下紧型'
5	质地构型	条件3	概念型	y=a	1					质地构型 = '松散型'
6	质地构型	条件4	概念型	y=a	0.3					质地构型 = '薄层型'
7	质地构型	条件5	概念型	y=a	0.8					质地构型 = '海绵型'
8	质地构型	条件6	概念型	y=a	0.6					质地构型 = '夹层型'
9	有效土层厚	条件1	戒上型	y=1/(1+a*(u-c)^2)	0.000112		134.965693	-148.51	134.965693	<全部>
10	有效磷	条件1	戒上型	y=1/(1+a*(u-c)^2)	0.010967		35.495681	6.84	35.495681	<全部>
11	速效钾	条件1	戒上型	y=1/(1+a*(u-c)^2)	9.1		218	217	218	<全部>
12	地形部位	条件1	概念型	y=a	0.7					地形部位 = '丘陵下部'
13	地形部位	条件2	概念型	y=a	0.5					地形部位 = '丘陵中部'
14	地形部位	条件3	概念型	y=a	0.5					地形部位 = '山地坡上'
15	地形部位	条件4	概念型	y=a	0.6					地形部位 = '山地坡中'
16	地形部位	条件5	概念型	y=a	0.6					地形部位 = '山地坡下'

（五）确定评价单元与评价单元赋值

1. 确定评价单元

评价单元是由对纹党适宜性评价具有关键影响的各耕地要素组成的空间实体，是纹党适宜性评价的最基本单位、对象和基础图斑。同一评价单元内的耕地自然基本条件、耕地的个体属性和经济属性基本一致，不同耕地评价单元之间，既有差异性，又有可比性。纹党适宜性评价就是要通过对每个评价单元的评价，确定其适宜性等级类别，把评价结果落实到实地和编绘到分布图上。因此，耕地评价单元划分得合理与否，直接关系到纹党适宜性等级评价的结果以及工作量的大小。本次评价单元，是由《文县土壤图》《文县农用地地块图》和《文县行政区划图》叠加求交集得到，最终共得到7106个评价单元。

2. 评价单元赋值

由于影响纹党适宜性等级的因子类型较多，且它们在计算机中的存贮方式、格式各异，因此如何准确地获取各评价单元评价指标的信息是评价中的重要环节。鉴于此，根据不同类型数据的特点，通过采样点分布图、空间插值、矢量图、等值线图为评价单元获取数据并赋值；指标赋值按照数值准确、来源真实、符合实际的原则选择赋值方法。评价单元赋值主要使用县域耕地资源管理信息系统v4.4.4软件、ArcGIS软件等。

（六）纹党种植适宜性评价及其结果

通过建立的文县纹党生产适宜性评价的层次分析模型和隶属函数模型，关联文县耕地资源管理单元的属性数据，对文县内所有耕地进行纹党适宜性评价。本项目采用累积曲线分级法来划分文县纹党适宜性评价等级。

在划分等级过程中，考虑到部分评价结果与当地实际情况不符，将第一轮评价结果返回当地专家，在当地专家经验指导下，经过不断调试，设置各等级起始分值，确定将文县纹党适宜性评价定为4个等级，如图6-14。等级分值确定之后，系统依据评分生成不同等级的适宜性评价结果，见图6-15。

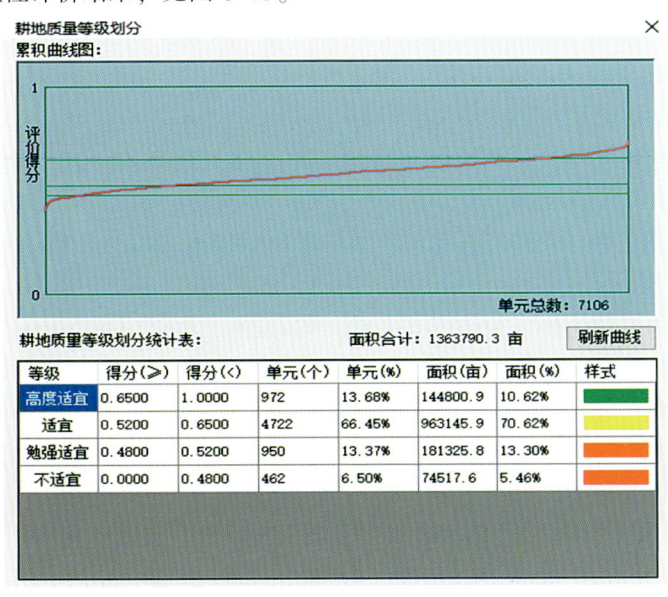

图6-14 文县纹党适宜性评价划分等级

由图 6-15 可知，文县内绝大多数耕地评价单元均适合纹党生产，其中高度适宜种植纹党的区域分布在范坝镇、中庙乡、玉垒乡、桥头乡等 13 个乡镇的 9 653.40 hm² 耕地，占全区总耕地面积的 10.62%；适宜种植纹党区域主要有城关镇、林场保护区、刘家坪乡、石坊乡等 21 个区域，总面积达到了 64 209.76 hm²，占全区总耕地面积的 70.62%；勉强适宜种植当归的区域主要有舍书乡、铁楼乡、梨萍乡等 17 个乡镇的 12 088.40 hm² 耕地，占全区总耕地面积的 13.3%；不适宜种植当归区域主要分布在口头坝乡、尖山乡、临江乡等 15 个乡镇的 4 967.84 hm² 耕地，占全区总耕地面积的 5.46%。

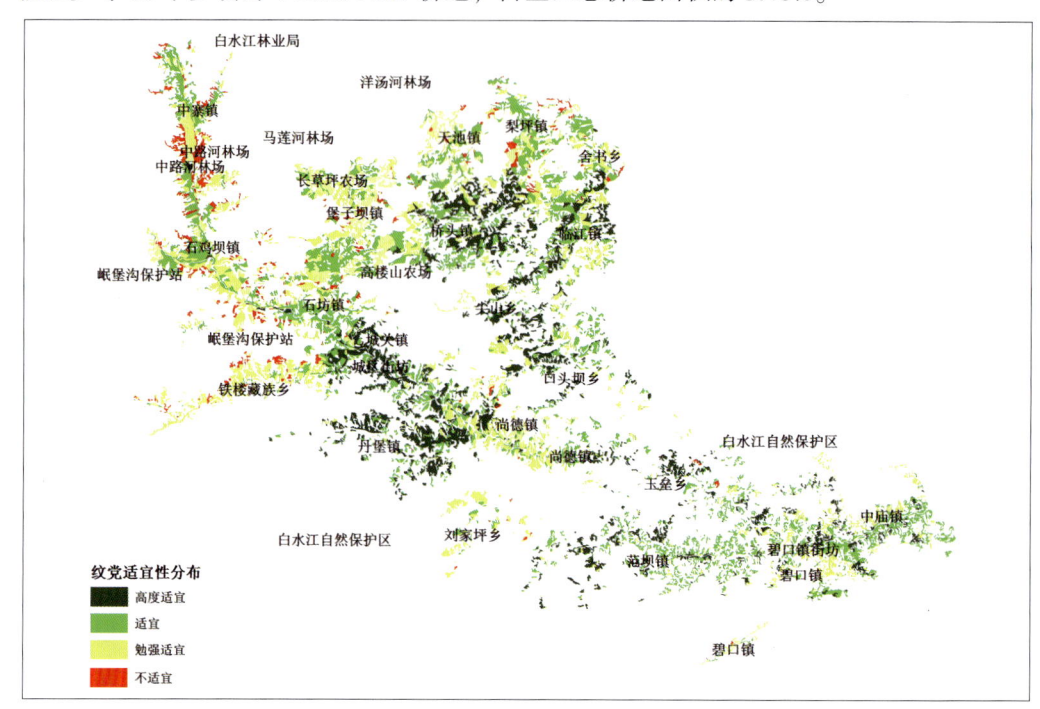

图 6-15 文县纹党适宜性评价结果

十一、临泽县玉米适宜性评价

临泽位于祁连山下、黑河岸边，因水丰多泽得名，是历史悠久的灌耕农业区，曾是全国一熟制地区夏粮单产冠军县，是国家重要的商品粮基地。全国生产的每 100 粒玉米种子当中，有 13 粒产自临泽。临泽是国家级杂交玉米种子生产基地，早在 1982 年，临泽县"中单 2 号"玉米制种面积超过 1 万亩，当时就是远近闻名的"万亩制种县"；2013 年被认定为国家级杂交玉米种子生产基地，2015 年获批实施国家玉米制种基地建设项目，同年被列入"超大规模制种大县"予以奖励扶持。

昔日的"粮仓"已变为玉米"种仓"。近年来，临泽县把玉米制种产业作为富民强县的主导产业，用足用活国家玉米制种基地（甘肃）建设项目和"超大规模制种大县"奖励政策，连续 15 年制种面积稳定在 25 万亩左右。目前，全县近 60% 的耕地用于玉米制种、60% 的农民收入直接或者间接来源于玉米制种、60% 的农民从事玉米制种产业，玉米制种产业已成为带动全县农民增收致富的"黄金产业"。

(一)评价理论和流程

农作物的适宜性评价是针对不同的农作物特性,从耕地的农田管理、土壤养分、气象因素、立地条件、理化性状、剖面性状、盐碱状况等方面选择对评价作物影响较大的因子,通过建立层次分析模型和隶属函数模型对作物进行适宜性评价。

在农作物适宜性评价中,需要根据各参评因素对作物适宜性的贡献确定其权重。本评价中采用层次分析法(AHP)结合专家打分法来确定各参评因素的权重。对定性数据(概念型指标)采用德尔菲法直接给出相应的隶属度;对定量数据采用专家打分法与隶属函数法结合的方法确定各评价因子的隶属函数。用德尔菲法根据一组分布均匀的实测值评估出对应的一组隶属度,然后在计算机中绘制这两组数值的散点图,再根据散点图进行曲线拟合,寻求参评因素实际值与隶属度关系方程从而建立起各参评指标的隶属函数。

最后通过计算耕地单元适宜性综合指数,根据评价地区的作物种植和生长情况用结合农业专家建议对耕地进行评价作物的适宜性等级划分,一般划分为4个等级:高度适宜、适宜、勉强适宜和不适宜。耕地适宜性综合指数计算方法如下:

$P=\sum (C_i \times F_i)$

式中:

P——耕地适宜性综合指数;

C_i——第 i 个评价指标的组合权重;

F_i——第 i 个评价指标的隶属度。

按照从大到小的顺序,在耕地单元适宜性指数曲线最高点到最低点间采用等距离法将耕地适宜性划分为4个等级:高度适宜、适宜、勉强适宜和不适宜。

(二)层次分析构型的建立

通过召开专家评议会,选定质地构型、有效土层厚、有效磷、有机质、生物多样性、地形部位等6个因子作为玉米适宜性评价的指标,然后根据各自的属性和特点,将它们分别归入到立地条件、理化性状、剖面性状3个准则层中。构造的层次结构如表6-80所示。

表6-80 临泽县玉米适宜性评价层次模型结构

目标层	准则层	指标层
临泽县玉米适宜性	剖面性状	质地构型
		有效土层厚
	理化性状	有效磷
		有机质
	立地条件	生物多样性
		地形部位

针对各准则层及指标层各指标之间的相互关系,经多位专家通过德尔斐法按照准则层对目标层、指标层各因素对准则层相应因素的相对重要性,根据表6-80中的判断标

度，经专家反复对比与分析，最终建立了 4 个判断矩阵见表 6-81、表 6-82、表 6-83、表 6-84。

表 6-81 临泽县玉米适宜性评价准则层判断矩阵

玉米适宜性	剖面性状	理化性状	立地条件	权重
剖面性状	1.000 0	0.666 7	0.333 3	0.186 3
理化性状	1.500 0	1.000 0	0.666 7	0.307 3
立地条件	3.000 0	1.500 0	1.000 0	0.506 4

表 6-82 临泽县玉米适宜性评价剖面性状判断矩阵

剖面性状	质地构型	有效土层厚	权重
质地构型	1.000 0	0.555 6	0.357 1
有效土层厚	1.800 0	1.000 0	0.642 9

表 6-83 临泽县玉米适宜性评价理化性状判断矩阵

理化性状	有效磷	有机质	权重
有效磷	1.000 0	0.666 7	0.400 0
有机质	1.500 0	1.000 0	0.600 0

表 6-84 临泽县玉米适宜性评价立地条件判断矩阵

立地条件	生物多样性	地形部位	权重
生物多样性	1.000 0	0.555 6	0.357 1
地形部位	1.800 0	1.000 0	0.642 9

（三）计算各因子权重

在县域耕地资源管理系统中，运行层次分析模型编辑菜单，系统根据所构建的判别矩阵，首先获得各判别矩阵的权重值，然后计算同一层次所有因素对于总目标相对排序权值，即进行层次总排序，最终所得到的组合权重即为各玉米适宜性评价因子的权重值，见表 6-85。

表 6-85 临泽县玉米适宜性评价各因素的组合权重

准则层	理化性状	剖面性状	立地条件	组合权重
指标层	0.186 3	0.307 3	0.506 5	$\sum C_i A_i$
质地构型	0.357 1			0.066 5
有效土层厚	0.642 9			0.119 8
有效磷		0.400 0		0.122 9
有机质		0.600 0		0.184 4
生物多样性			0.357 1	0.180 8
地形部位			0.642 9	0.325 5

由层次分析结果可以看出，各评价因子对玉米适宜性的影响程度从大到小依次为地形部位、有机质、生物多样性、有效磷、有效土层厚、质地构型。

（四）隶属函数模型建立及其隶属度确定

根据模糊数学的理论，将选定的评价指标与作物适宜性之间的关系分为戒上型函数、戒下型函数、峰型函数、直线型函数以及概念性函数 5 种类型的隶属函数（表 6-86）。各参评指标对农作物的适宜性的影响程度都是单因素概念，由于评价指标单因子间的数据量纲和数据类型不同，只有让每一个指标都处于同一量度后才能用来衡量综合因子对作物适宜性的影响程度。为了采用定量化的评价方法和自动化的评价手段，减少人为因素的影响，评价方法里对于可定量化的数据类型采用模糊数学方法，根据各因素对作物适宜性影响大小建立隶属函数，通过函数求得各因素隶属度；对于非定量因子，即定性指标，则直接采用多专家打分，平均取值的方法获取构造隶属函数时，需要用德尔菲法对单个参评要素的一组实测值估出相应的一组隶属度，然后建立该组实测值与评定的隶属度之间函数关系，要求两者之间的差值平方和最小，即满足最小二乘法要求的函数关系为该参评因素的隶属函数。根据模糊数学的理论和评价指标与耕地生产能力的关系，确定临泽县作物适宜性评价隶属函数，见表 6-87。

表 6-86　常用隶属函数模型表

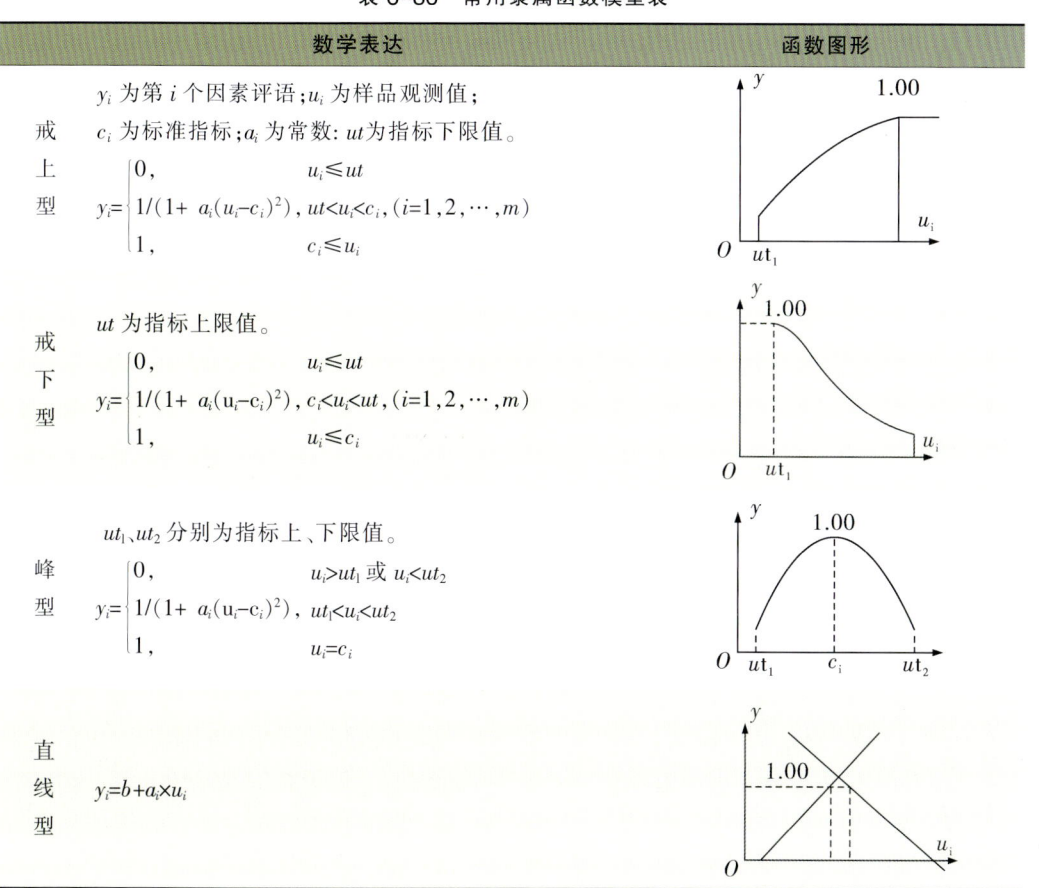

表 6-87 临泽县作物适宜性评价隶属函数

编号	指标名称	条件名称	函数类型	函数公式	a值	b值	c值	U1值	U2值	条件内容
1	质地构型	条件1	概念型	y=a	0.3					质地构型 = '薄层型'
2	质地构型	条件2	概念型	y=a	0.8					质地构型 = '海绵型'
3	质地构型	条件3	概念型	y=a	0.6					质地构型 = '夹层型'
4	质地构型	条件4	概念型	y=a	0.5					质地构型 = '紧实型'
5	质地构型	条件5	概念型	y=a	0.5					质地构型 = '上紧下松型'
6	质地构型	条件6	概念型	y=a	0.8					质地构型 = '上松下紧型'
7	有效土层厚	条件1	戒上型	y=1/(1+a*(u-c)^2)	0.000806		93.536082	-12.14	93.536082	'全部'
8	有效磷	条件1	戒上型	y=1/(1+a*(u-c)^2)	0.004284		49.593089	3.75	49.593089	'全部'
9	有机质	条件1	戒上型	y=1/(1+a*(u-c)^2)	0.010967		27.495681	-1.16	27.495681	'全部'
10	地形部位	条件1	概念型	y=a	1					地形部位 = '平原低阶'
11	地形部位	条件2	概念型	y=a	0.8					地形部位 = '平原中阶'
12	地形部位	条件3	概念型	y=a	0.6					地形部位 = '山地坡下'
13	生物多样性	条件1	概念型	y=a	0.5					生物多样性 = '不丰富'
14	生物多样性	条件2	概念型	y=a	1					生物多样性 = '丰富'
15	生物多样性	条件3	概念型	y=a	0.7					生物多样性 = '一般'

(五) 确定评价单元与评价单元赋值

1. 确定评价单元

评价单元是由对玉米适宜性评价具有关键影响的各耕地要素组成的空间实体，是玉米适宜性评价的最基本单位、对象和基础图斑。同一评价单元内的耕地自然基本条件、耕地的个体属性和经济属性基本一致，不同耕地评价单元之间，既有差异性，又有可比性。玉米适宜性评价就是要通过对每个评价单元的评价，确定其适宜性等级类别，把评价结果落实到实地和编绘到分布图上。因此，耕地评价单元划分得合理与否，直接关系到玉米适宜性等级评价的结果以及工作量的大小。本次评价单元，是由《临泽县土壤图》《临泽县农用地地块图》和《临泽县行政区划图》叠加求交集，最终共得到2266个评价单元。

2、评价单元赋值

由于影响玉米适宜性等级的因子类型较多，且它们在计算机中的存贮方式、格式各异，因此如何准确地获取各评价单元评价指标的信息是评价中的重要环节。鉴于此，根据不同类型数据的特点，通过采样点分布图、空间插值、矢量图、等值线图为评价单元获取数据并赋值；指标赋值按照数值准确、来源真实、符合实际的原则选择赋值方法。评价单元赋值主要使用县域耕地资源管理信息系统v4.4.4软件、ArcGIS软件等。

(六) 玉米种植适宜性评价及其结果

通过建立的临泽县玉米生产适宜性评价的层次分析模型和隶属函数模型，关联临泽县耕地资源管理单元的属性数据，对临泽县内所有耕地进行玉米适宜性评价。本项目采用累积曲线分级法来划分临泽县玉米适宜性评价等级。

在划分等级过程中，考虑到部分评价结果与当地实际情况不符，将第一轮评价结果返回当地专家，在当地专家经验指导下，经过不断调试，设置各等级起始分值，确定将临泽县玉米适宜性评价定为4个等级，如图6-16。等级分值确定之后，系统依据评分生成不同等级的适宜性评价结果，如图6-17。

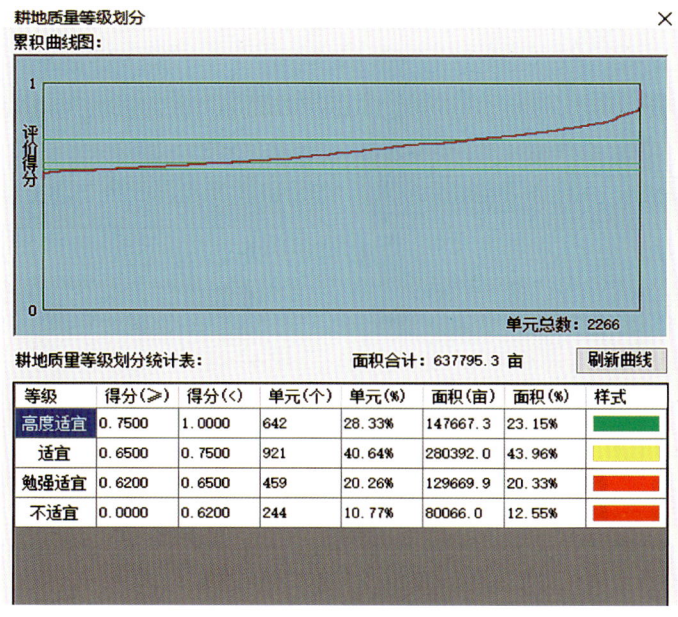

图 6-16　临泽县玉米适宜性评价划分等级界面

由图 6-17 可知，临泽县内绝大多数耕地评价单元均适合玉米生产，其中高度适宜种植玉米的区域主要为沙河镇、倪家营镇、新华镇等 5 个乡镇的 9 844.49 hm² 耕地，占全区总耕地面积的 23.15%；适宜种植玉米区域在南部和中部分布，涉及新华镇、梦泉镇、鸭暖镇等 7 个乡镇，总面积达到了 18 692.81 hm²，占全区总耕地面积的 43.96%；勉强适宜种植玉米的区域主要分布在平川镇、梦泉镇、板桥镇等 6 个乡镇的 8 644.67 hm² 耕地，占全区总耕地面积的 20.33%；不适宜种植玉米区域主要有板桥镇、鸭暖镇等 5 337.74 hm² 耕地，占全区总耕地面积的 12.55%。

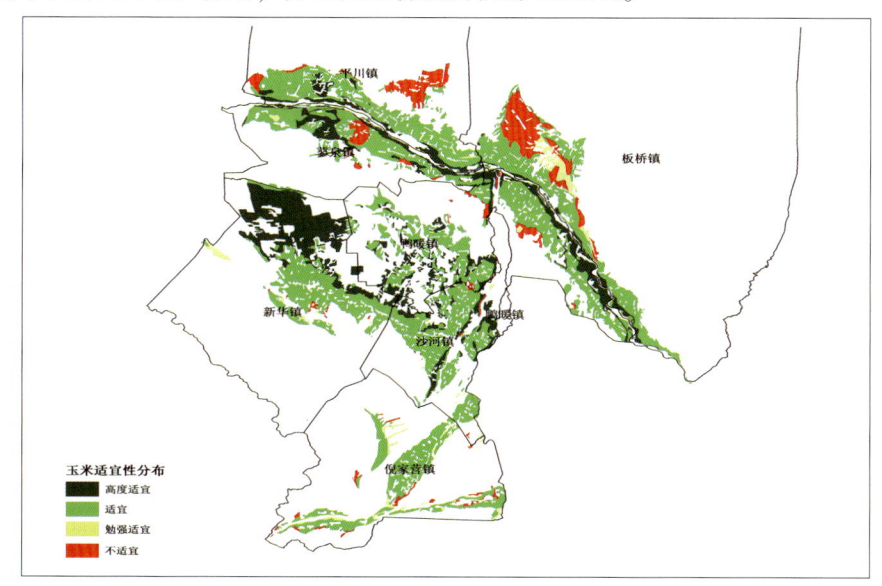

图 6-17　临泽县玉米生产适宜性评价结果

第七章　甘味农产品产地溯源探究

一、甘肃省马铃薯产地环境溯源探究

利用安定区马铃薯生产适宜性评价的层次分析模型和隶属函数模型，关联甘肃省耕地资源管理单元的属性数据，对甘肃省内所有耕地进行马铃薯适宜性评价。采用累积曲线分级法来划分安定区马铃薯适宜性评价等级。

在划分等级过程中，考虑到部分评价结果可能与当地实际情况不符，第一轮评价结果出来后，在当地专家经验指导下，经过不断调试，设置各等级起始分值，确定将甘肃省马铃薯适宜性评价定为4个等级。等级分值确定之后，系统依据评分生成不同等级的适宜性评价结果图，然后召开省级专家讨论会，对调整的评价结果进行现场讨论，记录专家意见，根据专家集体意见，再对评价模型进行调整，生成适宜性评价结果图后，再与马铃薯的主审专家一一联系听取意见，如此反复，直到结果得到各位马铃薯的主审专家的认可为止。最终形成了甘肃省马铃薯的适宜性评价结果，如图7-1。

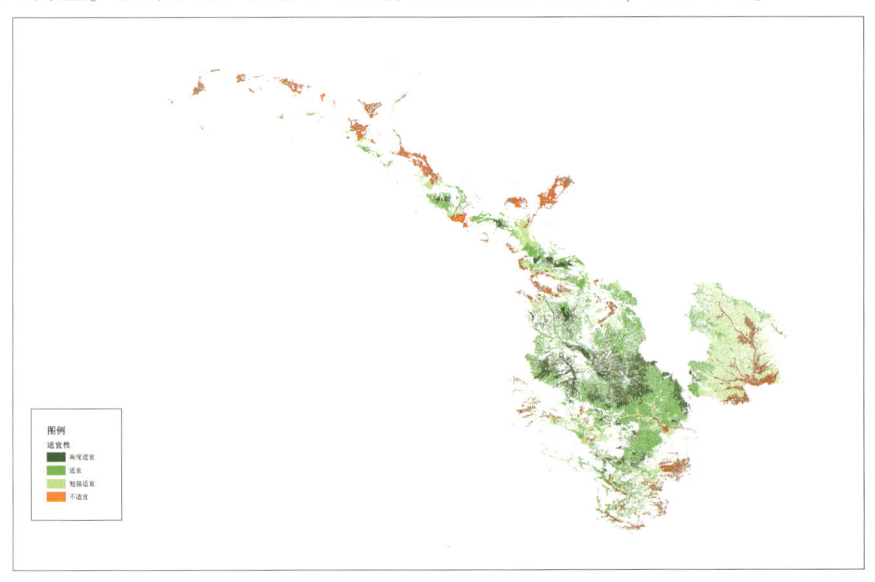

图7-1　甘肃省马铃薯适宜性评价结果图

由图7-1可知，甘肃省内绝大多数耕地均适合马铃薯生产，其中高度适宜种植马铃薯的区域分布在甘肃省中部地区，主要集中在定西市安定区、会宁县、通渭县、陇西县、渭源县、临洮县、东乡族自治县，另外，古浪县、永昌县、民乐县、永登县、广河县、康乐县、临夏县、庄浪县、张家川回族自治县小部分地区也有分布。耕地总面积1

177.26万亩，占全区总耕地面积的15.1%；适宜种植马铃薯区域主要分布在定西市、平凉市、天水市、陇南市、临夏州、兰州市、白银市、武威市、金昌市等地，耕地总面积3 062.5万亩，占全省总耕地面积的39.2%；勉强适宜种植马铃薯的区域主要在庆阳市、陇南市、甘南州、兰州市、白银市等地分布，耕地总面积2 138.3万亩，占全省总耕地面积的27.4%；不适宜种植马铃薯区域主要分布在酒泉市、张掖市、嘉峪关市、武威市、金昌市金川区等，耕地总面积1 431.95万亩，占全省总耕地面积的18.3%。

二、甘肃省高原夏菜产地环境溯源探究

以榆中县高原夏菜适宜性评价的层次分析模型和隶属函数模型为基础，关联甘肃省耕地资源管理单元的属性数据，对甘肃省内所有耕地进行高原夏菜适宜性评价。采用累积曲线分级法来划分甘肃省高原夏菜适宜性评价等级。

在划分等级过程中，考虑到部分评价结果可能与当地实际情况不符，第一轮评价结果出来后，在当地专家经验指导下，经过不断调试，设置各等级起始分值，确定将甘肃省高原夏菜适宜性评价定为4个等级。等级分值确定之后，系统依据评分生成不同等级的适宜性评价结果图，然后召开省级专家讨论会，对调整的评价结果进行现场讨论，记录专家意见，根据专家集体意见，再对评价模型进行调整，生成适宜性评价结果图后，再与高原夏菜的主审专家一一联系听取意见，如此反复，直到结果得到各位高原夏菜的主审专家的认可为止。最终形成的甘肃省高原夏菜的适宜性评价结果，如图7-2所示。

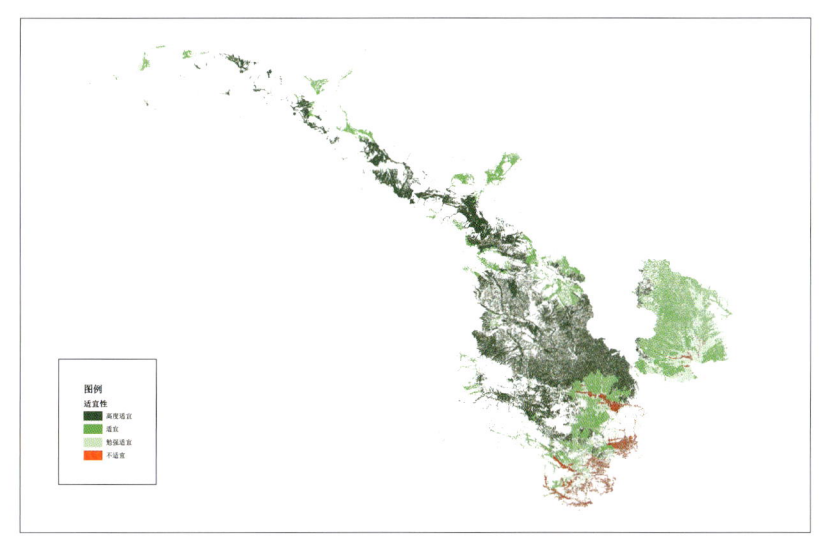

图7-2　甘肃省高原夏菜适宜性评价结果图

由图7-2可知，甘肃省内绝大多数耕地均适合高原夏菜生产，分布在甘肃省中部地区，主要集中在兰州市、定西市、临夏州、张掖市、金昌市、武威市大部分区域，其中高度适宜种植高原夏菜的区域分布在甘州区、民乐县、凉州区、古浪县、临夏县、安定区、通渭县、静宁县、庄浪县、渭源县，耕地总面积3 986.15万亩，占全区总耕地面积

的51.02%；适宜种植高原夏菜区域主要分布在景泰县、平川区、秦安县、秦州区、清水县、礼县、西和县、成县、庆城县、环县、镇原县、正宁县等地，耕地总面积2 975.35万亩，占全区总耕地面积的38.08%；勉强适宜种植高原夏菜的区域主要在宁县、泾川县、夏河县等地，耕地总面积473.5万亩，占全区总耕地面积的6.06%；不适宜种植高原夏菜区域主要分布在泾川县、宁县、甘谷县、麦积区、徽县、两当县、武都区、康县、文县等地，耕地总面积378万亩，占全区总耕地面积的4.84%。

三、甘肃省当归产地环境溯源探究

以岷县当归适宜性评价的层次分析模型和隶属函数模型为基础，关联甘肃省耕地资源管理单元的属性数据，对甘肃省内所有耕地进行当归适宜性评价。采用累积曲线分级法来划分甘肃省全省当归适宜性评价等级。

在划分等级过程中，考虑到部分评价结果可能与当地实际情况不符，第一轮评价结果出来后，联系当地专家，在当地专家经验指导下，经过不断调试，设置各等级起始分值，确定将全省当归适宜性评价定为4个等级。等级分值确定之后，系统依据评分生成不同等级的适宜性评价结果图，然后召开省级专家讨论会，对调整的评价结果进行现场讨论，记录专家意见，根据专家集体意见仔细修改，再对评价模型进行调整，最终形成的甘肃省当归的适宜性评价结果，如图7-3所示。

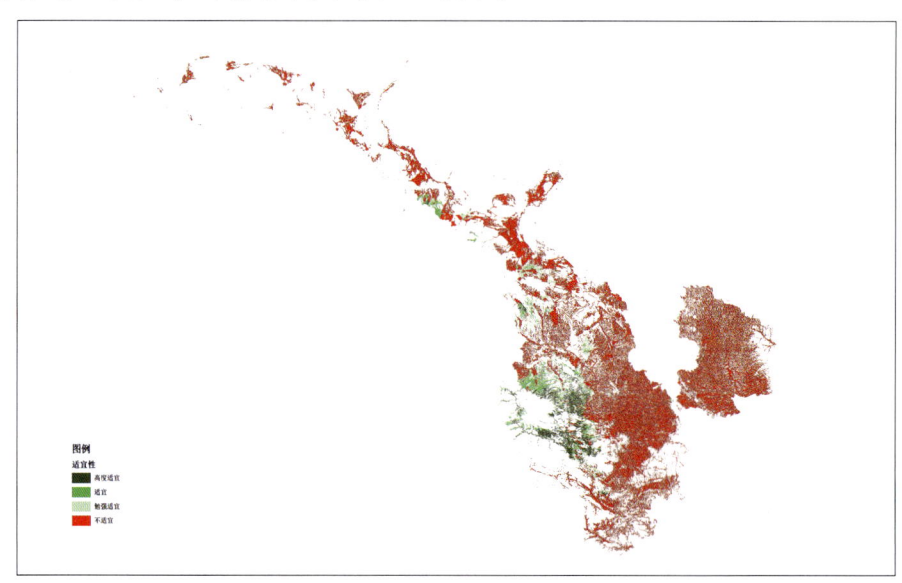

图7-3 甘肃省当归适宜性评价结果图

由上图7-3可知，甘肃省耕地的当归适宜性评价分为高度适宜、适宜、勉强适宜和不适宜4个等级。全省只有少数耕地评价单元为适宜或高度适宜当归种植。其中，高度适宜种植当归的区域分布在甘肃省的定西市、甘南州北部一带，主要集中在岷县、渭源县、宕昌县、广河县、和政县、康乐县、莲花山林场、临潭县、临洮县、临夏县、漳县、卓尼县等地，此外在肃南县、永登县、夏河县、民乐县和礼县的西南角也有零星分布；高度适宜耕地总面积约404.7万亩，占全省耕地总面积的5.2%。

适宜种植当归区域主要分布在安定区、宕昌县、东乡县、古浪县、广河县、合作市、和政县、康乐县、礼县、临洮县、临夏市、临夏县、碌曲县、民乐县、岷县、渭源县、西固区、夏河县、永登县、榆中县、肃南裕固族自治县等地，适宜耕地总面积394.5万亩，占全省总耕地面积的5.0%。

勉强适宜种植当归的地区主要分布在安定区、宕昌县、东乡县、古浪县、广河县、会宁县、康乐县、礼县、临洮县、临夏县、陇西县、民乐县、岷县、七里河区、山丹马场、山丹县、肃南县、天祝县、通渭县、夏河县、永昌县、永登县、榆中县、庄浪县、卓尼县等地，勉强适宜耕地面积约281.1万亩耕地，占全省耕地总面积的3.6%。

不适宜种植当归的区域占全省耕地的绝大部分，不适宜当归种植主要分布在庆阳市、平凉市、酒泉市、张掖市、武威市、嘉峪关市、金昌市、白银市、陇南市和定西市的通渭县、陇西县等地，不适宜耕地面积约6 734.7万亩，占全省耕地总面积的86.2%。

四、甘肃省富士苹果产地环境溯源探究

使用之前建立的全省红富士苹果生产适宜性评价的层次分析模型和隶属函数模型，关联甘肃省耕地资源管理单元的属性数据，对甘肃省内所有耕地进行红富士苹果适宜性评价。本项目采用累积曲线分级法来划分甘肃省全省红富士苹果适宜性评价等级。

在划分等级过程中，考虑到部分评价结果可能与当地实际情况不符，第一轮评价结果出来后，联系当地专家，在当地专家经验指导下，经过不断调试，设置各等级起始分值，确定将全省红富士苹果适宜性评价定为4个等级。等级分值确定之后，系统依据评分生成不同等级的适宜性评价结果图，然后召开省级专家讨论会，对调整的评价结果进行现场讨论，记录专家意见，根据专家集体意见仔细修改，再对评价模型进行调整，最终形成了甘肃省红富士苹果的适宜性评价结果图（图7-4）。

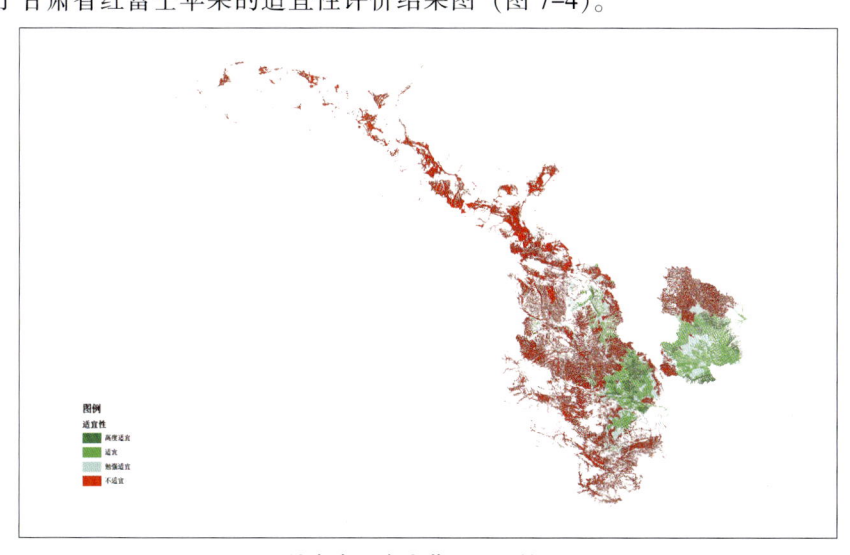

图7-4 甘肃省红富士苹果适宜性评价结果图

由图7-4可知，甘肃省耕地的红富士苹果适宜性评价分为高度适宜、适宜、勉强适宜和不适宜4个等级。全省只有少数耕地为适宜红富士苹果种植。其中，高度适宜种植

红富士苹果的区域分布在甘肃省的庆阳市、平凉市、天水市和白银市靖远县、平川区一带，主要集中平凉市静宁县、庄浪县、灵台县，庆阳市庆城县、合水县、宁县、正宁县的部分区域，天水市麦积区、秦安县、甘谷县的部分区域，此外，在白银市靖远县、平川区也有带状分布；高度适宜耕地总面积约408.6万亩，占全省耕地总面积的5.2%。

适宜种植红富士苹果区域主要分布在白银区、崇信县、甘谷县、合水县、会宁县、泾川县、靖远县、静宁县、崆峒区、礼县、灵台县、陇西县、麦积区、宁县、平川区、秦安县、秦州区、庆城县、通渭县、武山县、西峰区、西和县、永靖县、榆中县、张家川县、镇原县、正宁县、庄浪县等县区，适宜耕地总面积1 406.5万亩，占全省总耕地面积的18.0%。

勉强适宜种植红富士苹果的地区主要分布在安定区、安宁区、白银区、城关区、东乡县、甘谷县、华池县、环县、会宁县、泾川县、景泰县、靖远县、静宁县、崆峒区、礼县、临洮县、灵台县、陇西县、麦积区、平川区、七里河区、秦州区、清水县等地；勉强适宜耕地面积约601.6万亩耕地，占全省耕地总面积的7.7%。

不适宜种植红富士苹果的耕地占全省耕地的绝大部分，不适宜区域主要分布在酒泉市、张掖市、武威市、嘉峪关市、临夏州、甘南州、陇南市和定西市的渭源县、漳县等地区；不适宜耕地面积约5 395.99万亩，占全省耕地总面积的69.1%。

五、甘肃省花牛苹果产地环境溯源探究

以麦积区花牛苹果生产适宜性评价的层次分析模型和隶属函数模型为基础，关联甘肃省耕地资源管理单元的属性数据，对甘肃省内所有耕地进行花牛苹果适宜性评价。采用累积曲线分级法来划分麦积区花牛苹果适宜性评价等级。

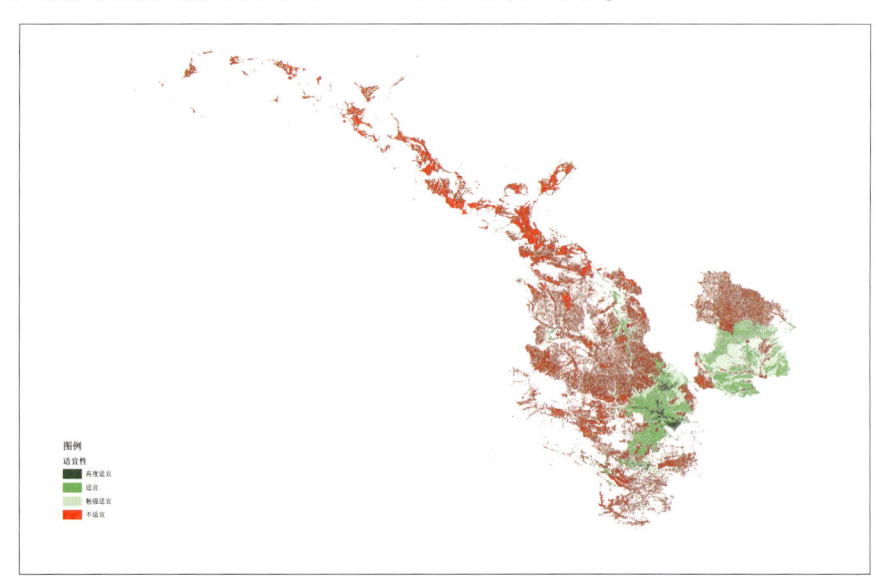

图7-5 甘肃省花牛苹果适宜性评价结果图

在划分等级过程中，考虑到部分评价结果可能与当地实际情况不符，第一轮评价结果出来后，联系当地专家，在当地专家经验指导下，经过不断调试，设置各等级起始分值，确定将甘肃省花牛苹果适宜性评价定为4个等级。等级分值确定之后，系统依据评分生成不同等级的适宜性评价结果图，然后召开省级专家讨论会，对调整的评价结果进行现场讨论，记录专家意见，根据专家集体意见，再对评价模型进行调整，生成适宜性评价结果图后，再与花牛苹果的主审专家一一联系听取意见，如此反复，直到结果得到各位花牛苹果的主审专家的认可为止。最终形成了甘肃省花牛苹果的适宜性评价结果，见图7-5。

由图7-5可知，甘肃省内高度适宜种植花牛苹果的区域分布在甘肃省东部地区，主要集中在麦积区大部分区域、甘谷县、静宁县、礼县、秦安县、秦州区、西和县、庄浪县小部分区域。耕地总面积125.31万亩，占全区总耕地面积的1.60%；适宜种植花牛苹果区域主要分布在崇信县、甘谷县、合水县、会宁县、泾川县、靖远县、静宁县、崆峒区、礼县、灵台县、陇西县、麦积区、民勤县、宁县、平川区、秦安县、秦州区、清水县、庆城县、通渭县、武山县、西峰区、西和县、永靖县、榆中县、张家川县、镇原县、正宁县、庄浪县，耕地总面积1 600.72万亩，占全省总耕地面积的20.49%；勉强适宜种植花牛苹果的区域主要在庄浪县、正宁县、镇原县、张家川县、榆中县、永靖县、西峰区、武山县、武都区、通渭县、庆城县、清水县、平川区、宁县、民勤县、麦积区、陇西县、灵台县、崆峒区、康县、静宁县、靖远县、景泰县、泾川县、会宁县、环县、华池县、合水县、成县，耕地总面积5 57.09万亩，占全省总耕地面积的7.13%；不适宜种植花牛苹果区域主要分布全省大部分市县，耕地总面积5 529.88万亩，占全省总耕地面积的70.78%。

参 考 文 献

[1] 国家药典委员会.中华人民共和国药典:2015年版 一部[M].北京:中国医药科技出版社,2015:112.
[2] 刘方舟,李园白,王静,等.当归药材道地性系统评价与分析[J].世界科学技术:中医药现代化,2018,20(09):1531-1539.
[3] 董培良,李慧,韩华.当归及其药对的研究进展[J].中医药信息,2019,36(02):127-130.
[4] 严辉,段金廒,宋秉生,等.我国当归药材生产现状与分析[J].中国现代中药,2009,11(04):12-17.
[5] 曹颜冬.当归化学成分及药理作用的分析[J].世界最新医学信息文摘,2019,19(02):93-95.
[6] 陈方,向阳,朱立彬,等.当归药材质量标准提升研究[J].中国药师,2018,21(10):1861-1864.
[7] 孙红梅,张本刚,齐耀东,等.当归药材资源调查与分析[J].中国农学通报,2009,25(23):437-441.
[8] 邓振镛,尹宪志,尹东等.岷当气候生态适应性研究[J].中国中药杂志,2005,30(12):889-892.
[9] 孙红梅.当归药材资源调查与品质特征的研究[D].北京:北京协和医学院,2010:20.
[10] 晋玲,吴迪,崔治家,等.当归药材资源种类及分布研究[J].中兽医医药杂志,2013,32(1):74-77.
[11] 吴宝华,隋立军,钟心尧,等.当归属植物资源及开发利用[J].安徽农业科学,2014,42(3):702-703.
[12] 孙红梅,张本刚,齐耀东,等.当归药材资源调查与分析[J].中国农学通报,2009,25(23):437-441.
[13] 张瑛,王亚丽,潘新波.当归历史资源分布本草考证[J].中药材,2016,39(8):1908-1909.
[14] 李应东,蔺海明,封士兰,等.甘肃道地药材当归研究[M].兰州:甘肃科学技术出版社,2012.
[15] 甘肃发展年鉴编委会.甘肃发展年鉴:2021[M].北京:中国统计出版社,2021.
[16] 徐小琼,张小波,陈娟,等.甘肃产当归生态适宜性研究[J].中药材,2020,51(12):3304-3307.